Ciencia

Biblioteca de autor

Ikram Antaki
Ciencia

Joaquín Mortiz

Diseño de la portada: Elisa Orozco
Ilustración de la portada: detalle de *Le Souffleur à la pipe*,
Georges de la Tour, Tokio, Fuji Art Museum
Fotografía de la autora: Mario Mejía

Primera edición en colección booket: octubre de 2002
Segunda reimpresión: abril de 2007
ISBN: 968-27-0881-8

Impreso en los talleres de Grafiscanner, S.A. de C.V.
Bolívar número 455, local 1, colonia Obrera, México D.F.
Impreso y hecho en México – *Printed and made in Mexico*

www.editorialplaneta.com.mx
www.planeta.com.mx
info@planeta.com.mx

Ikram Antaki

(Damasco 1948–México, DF 2000)

Nació en una familia de juristas, humanistas y amantes de los libros. Su madre trabajó toda su vida sobre la literatura rusa del siglo XIX y su abuelo (que fue el último gobernador de Antioquía) salvó a miles de armenios del exterminio en 1915, durante el asedio otomano. La saga familiar de los Antaki puede rastrearse hasta el siglo XI, por lo que Ikram se sabía heredera y continuadora de una importante historia ancestral.

A los cuatro años ingresó a una escuela de monjas franciscanas francesas, por lo que aprendió a leer simultáneamente en árabe y francés, y permaneció ahí hasta que concluyó el bachillerato. En 1969 viajó a Europa, en donde estudió literatura comparada, lingüística y antropología social. Se posgraduó en etnología del mundo árabe en la universidad de París VII y en la École Pratique des Hautes Études.

En 1975 abandonó Francia para dirigirse a México. Ikram Antaki contaba que esa decisión la tomó abriendo un compás sobre un mapamundi y, siguiendo una línea horizontal imaginaria paralela al Ecuador, determinó que México era el país más lejano a Siria, es decir, "era el fin del mundo…" un lugar que ella quería conocer. Llegó al DF el 14 de diciembre.

Un año después nació su hijo Maruan, razón por la cual tuvo que afincarse y combinar la maternidad con un arduo trabajo intelectual. La capacidad de organización de Ikram le permitió dedicarse a la docencia, el ensayo, el periodismo y la radio con gran éxito.

Desde muy joven tuvo una idea clara de lo quería y la disciplina para hacerlo. "A los ocho años anotaba en un cuaderno todos los títulos de todos los libros que iba a escribir cuando fuera grande" —decía Ikram— y a los trece, leía tres obras literarias o de ensayo a la semana. Al llegar al final de su vida había publicado 29 libros y dejó en borrador muchos proyectos.

Ikram Antaki siempre se mantuvo al margen de los círculos intelectuales mexicanos, aunque manifestaba su admiración por Octavio Paz. Construyó su propio camino: "Ahora me proclamo, de manera un poco simple, conservadora, aunque de hecho no es exactamente así; en la práctica sigo la frase de Averroes: 'sean renovadores en todo lo que se refiere a la ciencia y el pensamiento, sean conservadores en lo que se refiere a los asuntos de los hombres'."

Al morir, Ikram Antaki estaba completamente dedicada a cumplir con la meta más ambiciosa de su vida: "He descubierto, en este país, que soy 'un buen maestro', no sólo 'un escritor', alguien que sabe algunas cosas y que no las quiere guardar, sino compartir."

Nota de los editores

El presente volumen de *Ikram Antaki en El banquete de Platón* reúne la obra completa de esta autora sobre ciencia. El orden de los textos corresponde al de los libros originales y se reproduce la nota que la autora preparó en cada caso.

El origen de esta nueva colección se remonta a la publicación de la primera serie de *El banquete de Platón*, cuyo propósito era rescatar el trabajo de investigación y los contenidos de los programas más logrados de la emisión radiofónica que lleva el mismo nombre: "una modesta y desordenada enciclopedia de bolsillo [...] que pretende ser, a la vez, rigurosa y fácilmente asimilable", explicaba Ikram.

Ese objetivo se cumplió indiscutiblemente y, con el paso del tiempo, el proyecto editorial fue consolidando su propio camino. La palabra impresa le permitió a la autora reflexionar con mayor profundidad sobre cada uno de los temas, algo que la naturaleza y la fugacidad de la radio no siempre permiten.

En palabras de Ikram Antaki: "[...] los lectores podrán recurrir a la memoria del papel a falta de la propia: unas pocas páginas les ayudarán, así, a tener una idea rápida de las cruzadas, la cultura griega, la obra de Dante, el pensamiento de Maquiavelo, etcétera, sin tener que buscar en veinte referencias y libros diferentes e inencontrables. El mérito, de su parte, está en el hermoso y agradecible deseo de saber. El mérito, de mi parte, está en la tentativa de síntesis."

En la tercera serie, la autora definió claramente su papel como divulgadora del conocimiento. "Aquí no soy ningún creador: simplemente quiero tener la gloria de ser un maestro; que el papel del maestro —si es que lo logra— consiste en dirigir los pasos y ahorrar algo de fatiga y errores a los demás, ya que conoció, antes que ellos, el camino."

En vida, Ikram publicó 13 libros de *El banquete de Platón*, que en esta nueva versión el lector podrá disfrutar en cinco volúmenes: *Historia, Religión, Ciencia, Grandes temas/Arte* y *Filosofía/Espiritualidad.*

Estamos ante una obra deslumbrante que revela a una autora en su plena madurez intelectual, una razón más para lamentar su desaparición. El mejor homenaje que le podemos tributar a Ikram es leerla y dialogar con las inquietantes ideas que propone.

I

Nota de la autora

Aquí hablaremos de temas científicos. La autora parte del lúcido estudio de Edgar Morín sobre la naturaleza humana y la fundación de las matemáticas hasta hacer un análisis del origen de las lenguas, las razas y el racismo, la inteligencia, el paleolítico, la herencia genética, el principio del universo, el azar y el caos, las paradojas...

Desde lo infinitamente pequeño, hasta lo inmensamente grande, este ensayo de ciencia es el paseo curioso de una enamorada del conocimiento.

Primera edición: *Ikram Antaki en El banquete de Platón. Ciencia*, Joaquín Mortiz, México, 1997.

La historia de la ciencia da voz al tumulto. No es una simple lectura del mundo. Contemplar no es comprender, mirar no es ver, ver no es saber. Además, no todo se deja ver. Lejos de exhibirse en la luz de la evidencia, el universo oculta sus leyes. La realidad es capaz de no ser más que una ilusión y la evidencia no es garantía de verdad. Lo que nos parece hoy racional ha tenido que imponerse, nunca fue inmediatamente reconocido como tal. La racionalidad es una construcción y puede construirse sobre irracionalidades que ella misma ha engendrado.

La ciencia es, con frecuencia, contraria al sentido común. Hace veinticinco siglos, en un poema titulado "De la naturaleza", Parménides llamó a cuidarse de este sentido demasiado rudimentario y lleno de inexactitudes. El sentido común designa el lugar geométrico de nuestros prejuicios, donde el pensamiento se reduce tan sólo a su inercia, sin la reflexión que lo vuelve dinámico; otorga todas las respuestas hechas; inhibe y condiciona nuestros reflejos; fabrica y canaliza nuestras reacciones; construye nuestras normas. Este "corazón sin el temblor de la verdad" (Parménides, fragmentos I-29) es, según Kant, un recurso desesperado al cual no hay que recurrir mientras nos quede algo de sentido crítico. "Llamar al sentido común es permitir al más descolorido de los habladores desafiar con toda seguridad al cerebro más sólido", y consiste en "entregarse al juicio del número, aquellos aplausos que avergüenzan al pensador y son el triunfo del bufón popular". El sentido común es insidioso. Por supuesto, sería ridículo negar su utilidad práctica cotidiana. La vida se lo recuerda al que se olvida de él. Tiene una utilidad funcional esencial, pero su campo de validez es muy limitado. Es más una calidad del carácter que del espíritu, y es algo así como el sueldo mínimo de la inteligencia. Una inquietud elevada debe vigilarlo y recordarle la infinidad de su ignorancia. Arcaico, simple, acaba siempre por ser demasiado simple. Las victorias más prestigiosas de la física no han sido hechas con el sentido común sino contra él, no obstante la evidencia.

El sentido común no piensa, sólo traduce sus necesidades. Es para toda ciencia el primer obstáculo que hay que vencer.

"Allá donde se veía una clara distinción entre el hombre de cerebro voluminoso y el primate, cabeza de chorlito, hoy aparece el valle fértil de la hominización", dice Edgar Morín. Allá donde se veía al *homo sapiens* saltar majestuosamente fuera de la naturaleza y producir con su bella inteligencia la técnica, el lenguaje, la sociedad, la cultura, vemos la naturaleza, la sociedad, la inteligencia, la técnica, el lenguaje y la cultura coproducir al *homo sapiens* a lo largo de un proceso de varios millones de años. La tarjeta de identidad del hombre no está clara: *¿faber?, ¿socius?* Cronológicamente, el lenguaje y la cultura precedieron al *sapiens*. En estas condiciones ya ni siquiera le queda al hombre una fecha de nacimiento. Geertz decía: "Los hombres tienen fechas de nacimiento, el hombre no la tiene". Lo que significa que la humanidad tiene múltiples nacimientos, antes de *sapiens*, con *sapiens*, después de *sapiens* y quizá promete un nuevo nacimiento después de nosotros.

El estudio de grupos de simios y antropoides en libertad —babuinos, macacos y chimpancés— muestra que ya no son la horda sometida a la tiranía del macho polígamo, sino una organización social con diferenciación interna, intercomunicaciones, reglas, normas, prohibiciones. Estas sociedades son territoriales, demográficamente autorreguladas, mantienen en forma constante un número medio de individuos del orden de varias decenas, y una repartición relativamente invariable, según el sexo y la edad. Hay exclusión o éxodo del excedente, o por dispersión solitaria, o por fundación de colonias autónomas. El tipo de sociedad varía según la especie y el medio: se pueden distinguir sociedades de selva como los chimpancés, o de sabana como los babuinos. Las sociedades de selva, donde la vida arbórea presenta una gran seguridad, son descentralizadas; el liderazgo se adquiere más bien por exibicionismo o cualidades hedonistas. Las sociedades de la sabana son centralizadas, la jerarquía se adquiere por la lucha y los combates, los subordinados tienen los ojos clavados en el jefe macho, que ejerce el poder en función de su agresividad o voluntad de potencia. En el seno de estas diversas sociedades se dibujan fronteras entre machos adultos, hembras y jóvenes, hasta constituir castas en el caso de los machos adultos, bandas en el caso de jóvenes y ginoceos en el caso de las hembras. No sólo es una diferenciación jerárquica sino también de estatus, de papel, de actividades: un embrión de clases biosociales. Así, los machos protegen el territorio, dirigen la lucha contra los depredadores, guían al grupo, mantienen la estructura jerárquica alejando a los jóvenes, impidiéndoles el libre acceso a las hembras. Las hembras se dedican a las ocupaciones maternales y a la socialización de los niños. Los jóvenes están marginados, aunque en ocasiones innovan. Las mujeres constituyen el núcleo de estabilidad y de cohesión social. En la cumbre del poder hay inestabilidad y competencia. Tarde o temprano un macho dominante será vencido y remplazado por otro. Los jóvenes tienen un estatus inestable, entre la exclusión y la integración. Las relaciones de dominación-sumisión regulan las relaciones jerárquicas entre clases e individuos. El principio de la dominación es complejo: no es suficiente la potencia física, ni la sola potencia sexual, ni únicamente la inteligencia para llegar al poder. La potencia social da poderes sexuales y políticos, permite el florecimiento personal; es una mezcla variable. El ejercicio del poder oscila entre la agresividad y el exhibicionismo. El líder mantiene su autoridad por intimidación y por el recuerdo constante de su presencia y de su importancia. La subordinación también es compleja: el subordinado trata de soportar su condición alejándose, complaciendo o presentando su trasero al macho dominante. Una hembra de estatus medio sin hijo, o un macho de clase media, se ofrecen para proteger y acariciar con servilismo a los hijos de una hembra de estatus superior. En la periferia encontramos individuos temporalmente solitarios, casi fuera de la ley, rechazados y marginados. La jerarquía colectiva de clase se cruza con la jerarquía individual del rango; entre las hembras esta jerarquía está en función del rango de su macho, quien les otorga un conjunto de derechos y deberes. El estilo de conducta no es inmutable ya que depende de la situación en la cual se encuentra el individuo; por lo que tenemos movilidad social, no sólo desigualdad social.

Cuando la jerarquía es rígida la desigualdad social es desigualdad de vida. En la casta alta los individuos tienen una gran libertad de movimiento y pocas inhibiciones. El poder otorga todas las ventajas, libertades y posibilidades de desarrollo personal. En los rangos bajos hay obligaciones, frustraciones, inhibiciones, prohibiciones, neurosis; la desigualdad social es una desigualdad en la felicidad; es mucho menos fuerte en las sociedades descentralizadas de la selva y más opresiva en las tropas militarizadas de la sabana. La desigualdad es atenuada por la relativa movilidad social: los jóvenes se vuelven adultos, los adultos viejos decaen; la edad no es un factor automático de promoción; ya antes de la hominización existen destinos individuales en el ascenso y en la decadencia social. Las sociedades de babuinos, macacos y chimpancés presentan caracteres de jerarquía, castas, casi clases sociales, una diversidad y variedad muy grande. Sin embargo, el núcleo primigenio de la sociedad, la familia, es poco desarrollado. Los grupos donde hay machos monógamos constituyen, en algunas especies, un principio de sociedad y de familia; la formación de la familia se ve atrofiada, en el grupo con machos polígamos, en provecho de la organización social del conjunto. Hay una relación entre madre e hijo, entre macho y hembra, pero no existe el núcleo familiar del padre, la madre y los hijos. Entre los macacos, el papel del macho no implica cuidados paternos.

Pero, si bien la figura original del padre hace falta, la relación sexual entre genitora y progenitura tampoco existe: no hay unión incestuosa madre-hijo; la madre jamás olvida que su hijo, llegado a la madurez sexual, es su hijo, ni éste olvida que aquélla es su madre —la inhibición sigue ligada a un estatus y un papel que perduran más allá de la infancia. Por el contrario, existe objetivamente la posibilidad del incesto entre padre e hija y éste ha debido existir hasta el nacimiento de la noción de padre en la hominización; la mutación que ha reducido el número de cromosomas de 48 en el antropoide, a 46 en el hombre, supone uniones incestuosas padre-hijas.

Alrededor de la relación madre-hijos se tejen relaciones más profundas y más duraderas que entre los mamíferos y los primates inferiores. La prolongación del periodo de infancia lleva a extender, más allá de ella, las relaciones afectivas maternas y filiales; entre los chimpancés hay relaciones personales entre hermanos y hermanas, es decir, desarrollo de un núcleo prefamiliar alrededor de la madre, pero no de un núcleo familiar trinitario: padre-madre-hijos. En cambio, la emergencia de la individualidad es mucho más grande —la gran diversidad social de los roles y de los estatus permite la diferenciación individual en el comportamiento. El desarrollo de la individualidad en la relación con la inteligencia y con la afectividad permite diversificar las relaciones sociales. Las amistades se tejen entre adolescentes, entre excluidos, entre pares de la casta superior; simétricamente surgen enemistades, rivalidades, antipatías, actitudes de apaciguamiento, relaciones de sumisión, de servilismo, se da la competencia repulsiva entre machos, los celos entre hembras; la relación jerárquica estabiliza estos desórdenes sin resolverlos; los dos tipos de comportamiento están ligados, uno y otro, al campo de la reproducción biológica (atracción madre-hijo, repulsión macho-macho).

Existe una unidad compleja de la sociedad y de la individualidad de los primates más evolucionados, pero la misma ley no reina para todos. Arriba se vive encima de la ley a la cual están sometidos los subordinados. Los marginados viven en las fronteras de la ley; aun los solitarios se ponen fuera de la ley. La diversidad de los individuos nutre la diversidad de los roles y de los estatus; hay una cierta flexibilidad organizacional donde la diversidad individual puede insertarse; la sociedad dispone de modos de conducta transindividuales, de clase o de rol social, que son estables, mientras que los individuos transitan de la adolescencia a la edad adulta, a la vejez, de una clase a otra y de un papel a otro. Se trata de una estructura social objetiva independiente de los individuos. La diversidad le da a los individuos una cierta independencia: éstos pueden, eventualmente, circular en la jerarquía. La sociedad de los antropoides avanzados controla así a los individuos por sus jerarquías, pero no uniforma las individualidades, lo que les permite mostrar sus diferencias. Cuando la jerarquía es rígida y autoritaria, sólo los privilegiados del estrato superior pueden reafirmar su individualidad. Sociedad e individualismo son dos realidades complementarias y antagónicas. La sociedad aplasta a la individualidad imponiéndole sus marcos y obligaciones y le ofrece estructuras; utiliza la diversidad individual que, si no fuera utilizada, se dispersaría al azar. La variedad individual utiliza la variedad social para ubicarse en ella. La sociedad enmarca y este marco está constituido por relaciones interindividuales. Sociedad e individualidad no son dos realidades separadas que se ajustan, son complementarias. Hay mucho ruido, desórdenes y desperdicios. Si observamos a la sociedad más individualizada, la de los chimpancés, al igual que en las sociedades humanas, hay un prodigioso desperdicio de hechos, palabras, bromas, etcétera, sin utilidad social; pero esta agitación y este ruido son a la vez un aspecto de su riqueza. A través de movimientos desordenados por un lado, obligaciones demasiado rígidas por el otro, se establecen interferencias que constituyen la sociedad y el individuo. La complejidad reside en esta combinación de individuos con la sociedad, en medio del desorden y de la incertidumbre.

Un rasgo de la complejidad va a desarrollarse en las sociedades humanas: la relación entre individuos, la relación del individuo con el grupo, impuesta por un principio de cooperación-solidaridad por un lado, de competencia-antagonismo por el otro. Así, vemos producirse un fenómeno que admiraba a Hegel: el individuo cree obrar por sus fines personales cuando, de hecho, está sometido a una trampa de la razón que le hace trabajar objetivamente por el interés colectivo. La combinación es siempre bastarda, incierta, aleatoria, entre el egocentrismo individual y el sociocentrismo colectivo. El juego no siempre resulta en provecho de la colectividad; hay siempre integración de agresiones, pulsiones, conflictos en la jerarquía, el rango, el estatus; pero el carácter bastardo e incierto se parece a un orden que se alimenta del desorden. Hay caracteres específicos en los primates sociales avanzados como el desarrollo del cerebro, el juego sutil entre lo innato y lo adquirido, el debilitamiento de la intolerancia entre machos que permiten organizarse. Los tres subgrupos: adultos machos, hembras y jóvenes, son biocastas y casi conforman bioclases, pero la organización social no es pura traducción de las diferencias de sexo y edad —la intolerancia sexual entre machos tiende a convertirse en fundamento competitivo de la jerarquía social. La sociedad protege la reproducción biológica de la especie. El calor de la pequeña infancia va a constituir la placenta de las simpatías, ternuras, amistades de la vida adolescente e incluso adulta. No hay una frontera clara entre lo biológico, lo social y lo individual, sino unidad y confusión. La sociedad de los primates avanzados constituye un éxito de integración compleja de elementos muy diversos, combina elementos complementarios, sublima antagonismos. La complejidad social se expresa a través de la relación de competencia y de jerarquía. Esta competencia lleva a la jerarquía rígida o a la dispersión. La sociedad homínida sólo podrá progresar reduciendo la competencia y la jerarquía entre machos y estableciendo puentes afectivos interindividuales. La integración social de los primates avanzados ya es compleja, en el sentido en que comporta antagonismos y desórdenes. La cooperación no es una noción que se oponga absolutamente a la competencia, a los conflictos, a los antagonismos. Esta ambigüedad se encuentra en todos los niveles: hay rigidez de la jerarquía y movilidad social de los individuos, antagonismo potencial y complementariedad, potencial entre el individuo que persigue sus intereses personales y el de la organización colectiva. El sistema no es tan armónico como lo hubiera soñado Hegel, ya que impone grandes desperdicios, enormes sacrificios y frustraciones entre los que están en los niveles bajos de la escalera social: un rostro que integra y un rostro que explota. Hemos heredado las raíces de la desigualdad social; este problema no es insoluble, simplemente es radical. En las sociedades de selva, los antagonismos individuales y colectivos son menos violentos. El antagonismo se resuelve por la exclusión de aquel que se desvía o por la caída del poderoso. La sociedad de los primates más evolucionados está sometida a contradicciones, pero éstas son las condiciones de su complejidad y un obstáculo a su progreso. En este tipo de sociedad hay siempre fuerzas de desorden propiamente sociales que amenazan con desintegrarla. El orden social renace sin cesar, se recupera el desorden y se transforma en su opuesto (jerarquía), o se mantiene a la periferia (bandas marginales de jóvenes). Ahí es donde aparece la lógica, el secreto, el misterio y el sentido profundo de la organización de la sociedad que se autodestruye constantemente.

Dentro de este proceso emergen pequeñas innovaciones que pueden estar integradas en el comportamiento social, como antecedentes de transmisiones culturales propias de las sociedades humanas. Cuando se estudiaron los macacos se encontró que limpiaban los tubérculos con la mano. Luego alguno de ellos descubrió que el agua de mar ahorra la limpieza manual y da un sabor diferente al tubérculo. Este descubridor fue imitado por otros jóvenes pero no por los viejos. La utilización del agua de mar para lavar los tubérculos se expandió en la generación siguiente. Los macacos ampliaron, entonces, su espacio social incluyendo la orilla del mar, lo que llevó a la integración de pequeños crustáceos y conchas en su alimentación. Un embrión de cultura, de prácticas y de conocimientos de carácter no innato fue adquirido por los macacos. Este proceso de innovación surgió de un joven y fue difundido en el grupo marginal de los jóvenes; con la llegada de éstos a la clase adulta, la innovación integrada se volvió costumbre, lo que conllevó una cascada de pequeñas innovaciones, que a su vez se transformaron en costumbres. Las condiciones de la innovación son las frecuentes conductas extrañas entre los jóvenes, es decir, el desorden y el ruido. Un ruido se transforma en información: estamos en el alba de la evolución sociocultural.

Entre todos los primates vivos el más cercano al hombre es el chimpancé. Es omnívoro, ocasionalmente carnívoro, practica de vez en cuando la caza, es decir la cooperación, la estrategia de cerco, la diversión; algunas veces utiliza palos; otras fabrica instrumentos, esto es, modifica el objeto natural (como este popote que introduce en el nido de las termitas para aspirarlas). En ocasiones camina sobre sus miembros inferiores; de vez en cuando manifiesta rasgos específicos de la especie humana, como la técnica y el bipedismo. Entre los chimpancés la relación infantil con su madre es larga, dura casi cuatro años; la pubertad se manifiesta entre los siete y ocho años y la adolescencia social dura mucho tiempo. Los sentimientos de afecto, ternura, amistad, parecen particularmente desarrollados. El hijo guarda durante mucho tiempo una relación muy particular con la madre, los hermanos y las hermanas, y cuando han sido criados juntos siguen siendo amigos toda la vida. La mano, igual que para el hombre, es un instrumento muy importante de comunicación afectiva, ya que con ella acaricia y saluda. Se ve emerger la instrumentación rítmica y la danza. El desarrollo de la afectividad va junto con el desarrollo de la inteligencia. También se observa la adaptabilidad del chimpancé a condiciones de vida muy diferentes, manifestaciones de ingenio, aptitudes intelectuales invisibles, principios de un lenguaje gestual como el de los sordomudos. Los chimpancés componen frases; lo que les hace falta no es la aptitud cerebral sino la aptitud glótica y la estimulación social, para disponer de un sistema de comunicación más rico que el que utilizan en su existencia "hippie" en la selva. Pero son aptos para usar, de manera elemental, un lenguaje no fonético y pueden efectuar operaciones lógicas, sólo que, para ello, necesitan de la ayuda tutelar del hombre. Solos no lo pueden hacer, pero sí nos envían un mensaje: "Somos capaces de pensar".

Es un poco ocioso concebir a la sociedad más compleja de primates como el modelo de las sociedades humanas más arcaicas, pues le falta la técnica, el lenguaje, la cultura, la noción de paternidad; pero los rasgos fundamentales de una sociedad de primates avanzada, cuya evolución podría llevar a la sociedad arcaica del *homo sapiens,* es la complejidad de la integración social, es decir, una fuerte solidaridad del grupo hacia el exterior, además de la jerarquía y desigualdad hacia el interior, nociones de rango, estatus, rol, emergencia del parentesco, cooperación, movilidad social; todo esto muy cercano a los más antiguos sistemas sociales de los protohomínidos. Estábamos acostumbrados a la idea de que nuestra fisiología y nuestra anatomía descienden de los primates; debemos hacernos a la idea de que nuestro cuerpo social también viene de ahí, así como la afectividad y la inteligencia. El chimpancé es ocasionalmente *faber,* cazador, bípedo. Cuando se vuelve bípedo es bimanual; toma un palo, se masturba, acaricia, saluda con la mano, es virtualmente apto para el lenguaje elemental, el ejercicio lógico y semántico. Estas aptitudes son tan poco utilizadas por él, como las aptitudes del enorme cerebro de *sapiens* que tenemos hoy nosotros. Es evidente que el antropoide superior no está tan alejado del hombre. Cinco millones de años de prehistoria han sido poblados por bípedos. Los menos evolucionados entre ellos presentan rasgos homínidos mezclados con rasgos antropoides. Los más evolucionados no difieren del *sapiens* sino por el tamaño del cerebro. Encontramos a pequeños seres gráciles, hombres por sus pies, niños por su tamaño, casi chimpancés por la dimensión del cráneo; pero ya son *faber* edificando hogares, trabajando la piedra, practicando la caza; ¿acaso hay que considerar a este tipo pequeño como el representante de la especie propiamente homínida? Han podido existir sobre la madre tierra africana, durante dos o tres millones de años, dos o tres especies diferentes. Una era muy cercana aun a los antropoides más avanzados, pero todavía lejana del *homo sapiens*. Los antropoides homínidos practicaban casi el mismo tipo de vida en la sabana, fabricaban armas, instrumentos, hogares, disponían de una organización social de la misma complejidad. Establecer la relación entre el antropoide y el homínido, entre el homínido y el hombre, constituye la llave que se abre sobre una cadena de hominización.

Es probable que no sólo los instrumentos, sino la caza, el lenguaje y la cultura aparecieron en el curso de la hominización, antes de que naciera la especie propiamente humana; es decir, el *homo sapiens*; esto significa que la hominización es un proceso complejo de desarrollo que emerge de la historia natural. La relación entre primate y hombre aclara un espacio donde no había ni hombre ni animal ni cultura ni naturaleza.

Ahora vemos un animal humano, una sociedad natural y una elaboración cultural ligada a una evolución biológica. Los conceptos de vida, de animal, de hombre y de cultura pierden rigidez. La hominidad no está reintegrada en un marco biológico, ya que un concepto cerrado no se cambia por otro concepto cerrado. Abrimos la noción de hombre.

El hombre no puede explicarse solamente a partir del cerebro del *sapiens*, pues éste es el resultado de un proceso muy largo y complejo. El homínido se distingue ante todo del chimpancé no por el volumen del cerebro ni por sus aptitudes intelectuales, sino por la locomoción bípeda y la postura vertical; éste es el elemento decisivo que va a liberar la mano y hacer de ella un instrumento polivalente. La mano libera la mandíbula y la mandíbula libera la caja craneana. Son mutaciones que ocurren en un medio natural adecuado: la sabana. Un nuevo modo de vida hace de este animal a la vez presa y predador, desarrolla —en una dialéctica pie-mano-cerebro— aptitudes cerebrales hasta entonces no explotadas sistemáticamente por el chimpancé; lleva a la utilización de armas defensivas y ofensivas, a la construcción de hogares, al desarrollo de una complejidad social. Es un proceso multidimensional, no sólo una evolución biológica sino también ecológica, cerebral, social, cultural. Todos estos rasgos son esenciales unos a otros. Jamás hay que olvidar que la hominización es un juego de interferencias que supone eventos, eliminaciones, selecciones, interrelaciones, migraciones, fracasos, éxitos, desastres, innovaciones, desestructuraciones y reorganizaciones.

Es también lo que desaparece, es la extinción de especies que fueron triunfadoras como el *homo habilis* o el *homo erectus*, cazados como presa, devorados por los recién llegados. Las minorías felices transforman en mayorías a aquellas que eran minorías.

Hacia el final de la era terciaria la sequía hace retroceder a la selva y la sabana se expande. Los primeros homínidos son primates que han dejado los árboles, que fueron dejados por los árboles. La presión ecológica hace progresar a la sequía. Así pues, la hominización empieza por un debate ecológico, por una desviación genética, una disidencia sociológica, es decir, por una modificación en la autorreproducción del sistema. Parece ser que los anormales, los rechazados, los aventureros, los rebeldes, fueron los iniciadores de la revolución homínida. El mutante de las sabanas fue hijo del amotinado de las selvas. Había una selva protectora nodriza. Hay una sabana agresiva y cruel que crea la condición del uso pleno de las aptitudes a partir de las necesidades y de los peligros. Éstos constituyen una estimulación. La desaparición de los árboles entrega a la sabana un ser desnudo. La búsqueda del alimento se vuelve peligrosa. La vigilancia, la atención y la malicia se vuelven vitales. En estas condiciones van en pequeños grupos. Al principio, los pesados austrolopitecus, robustos, vegetarianos, que monopolizan la comida vegetal poco abundante, obligan a los gráciles mutantes omnívoros a orientarse hacia la comida animal. Estos seres gráciles cambian las presiones selectivas a favor de la agilidad, la habilidad, la técnica, todos rasgos más homínidos, mientras que las tropas robustas de vegetarianos no necesitan galopar. Las aptitudes van a desarrollarse en el pequeño cazador-cazado. Así, los que eran débiles en el origen se vuelven más hábiles, ágiles e inteligentes y finalmente les ganan a los robustos. Es el nuevo ecosistema, la sabana, que ha creado la dialéctica pie-mano-cerebro, madre de la técnica y de todos los desarrollos y de las aptitudes del cazador cazado y que ha conducido a la victoria solitaria del homínido.

La caza ha marcado la mayor parte del destino de la humanidad y del homínido. Lo propio del *homo sapiens* será su posibilidad de emanciparse de la caza que lo ha emancipado. La caza alcanzó su apogeo en el magdaleniense, va a bajar como eje del desarrollo de la humanidad a partir de los últimos ocho mil años. La caza debe ser considerada como un fenómeno humano total. Transforma la relación de hombre a hombre, de hombre a mujer, de adulto a joven, es decir, el individuo, la sociedad y la especie; estimula las aptitudes estratégicas del animal predador. Será una larga aventura seguida por la utilización del fuego. El fuego no sólo es innovación técnica. La cocción permite la predigestión externa y hace más ligero el trabajo del aparato digestivo. El carnívoro dormía un pesado sueño digestivo después de devorar a su presa; el homínido, amo del fuego, queda disponible después de comer. El fuego libera el sueño y representa la seguridad nocturna de los cazadores; el fuego crea el hogar. El fuego favorece la libertad del sueño y la cocción reduce la mandíbula y la dentadura, libera la caja craneana. Toda esta loca aventura empezó con la caza, es decir, con la predación, el asesinato de otro ser para comerlo. Ahora me entiendo mejor a mí misma.

Una sociedad, cuya complejidad implica ya una cultura, emerge antes del *sapiens*. Las sociedades de selva son poco centralizadas. La sociedad babuina de la sabana de Kalahara es una tropa militarizada; se desplaza en masa, la conduce un jefe sobre el cual todos fijan su atención; la enmarcan machos adultos. Su única arma es la defensa colectiva. Hay que conciliar a la vez la caza dispersa sin hembra y la autodefensa colectiva del conjunto del grupo social. La estructura social de los primeros homínidos tuvo que ser a la vez descentralizada y centralizada, permitiendo la dispersión y la reunión, praxis colectiva e iniciativa individual. La sociedad homínida va a separar ecológica, económica y culturalmente los sexos, que se transforman en casi dos sociedades. La unidad será asegurada por la hegemonía social, política, técnica y cultural de la bioclase masculina. La caza lleva a los machos cada vez más lejos, mientras que la maternidad sujeta a las hembras a sus hogares. La prolongación del periodo infantil va a reforzar este esquema. Sedentarias, las hembras van a dedicarse a los cuidados de los vegetales del grupo. La dualidad ecológica y económica se instala entre hombres y mujeres. Entonces surge la casta dominante de los machos. Por el otro lado, la hominización aplaca la intolerancia de éstos entre sí y crea la solidaridad masculina. Se establecen reglas de distribución, prueba del triunfo de la solidaridad entre hombres; la caza, bien de todos, se reparte de manera más o menos igualitaria. La fraternidad viril crea sus redes a partir de las relaciones tejidas en los peligros y progresa la juvenilización. Todo eso va a hacer retroceder los caracteres dominantes en los primates. En lugar de la jerarquía rígida de los antropoides superiores aparece una clase de iguales. Por supuesto, existen desigualdades entre los iguales (el jefe, los ancianos); sobreviven antipatías, disputas, pero la autoridad colectiva masculina crea una solidaridad de clase. Las mujeres siguen siendo una capa social, donde la solidaridad está subordinada a la fidelidad particular y esencial hacia los hijos y hacia el macho. La extraordinaria diferenciación sociológica se vuelve diferencia cultural entre la clase de los hombres y el grupo de las mujeres. Lo masculino y lo femenino van a desarrollar cada cual su propia sociabilidad, su propia cultura, su propia psicología. Al hombre cazador –nómada y explorador– va a oponerse la mujer –sedentaria y pacífica. Dos siluetas aparecen: la del hombre erguido enfrentándose al animal y la mujer encorvada sobre el niño o recogiendo el vegetal.

Es una nueva dominación de clase desconocida entre los simios. Disponiendo del monopolio de las armas y de la técnica de la piedra, disponiendo del saber y de la habilidad propia de la sabana hostil, disponiendo del poder, la clase de los hombres se apropia del gobierno e impone una dominación política sobre los jóvenes. En las sociedades de primates los jóvenes y los subordinados estaban identificados con las hembras (por ello presentan su trasero en signo de sumisión). En la sociedad homínida, las mujeres se vuelven menores sociales, tanto en lo político, económico y cultural.

El segundo paso de la hominización es el desarrollo de la *juvenilidad*: el tiempo biológico de la infancia y de la adolescencia crece. Entre los jóvenes muchachos el aprendizaje de las armas, técnicas y organización social debe efectuarse bajo la supervisión de los adultos. El aprendizaje los pone bajo la dependencia de la clase dominante. Durante la caza las relaciones personales entre hijo y compañero de la misma mujer dan origen a la paternidad, antes que ésta sea reconocida. Las bandas de jóvenes existen, pero la clase de los jóvenes está inacabada. Éstos sólo pueden escoger entre la exclusión o la sumisión; así que la clase masculina adulta extiende su dominio general sobre el conjunto de la sociedad. Es una sociedad de clases donde sólo hay una clase biosocial que reina sobre capas biosociales. La clase adolescente está rota antes de nacer. La *juvenilización* se vuelve un fenómeno antropológico; los jóvenes son integrados y recuperados.

La organización de la paleosociedad supone la emergencia de una economía. Si la economía es el sistema organizador que concierne a la extracción de los recursos, su distribución, su consumo; está claro que las sociedades de primates no disponen de economía. La sociedad homínida constituye su economía organizando y usando tecnología en dos prácticas ecológicas: la caza y la recolección de vegetales, que instituyen la primera división del trabajo entre hombres y mujeres. La economía emerge con reglas de autoorganización de la sociedad. Es más que una organización de la sobrevivencia, porque una sociedad puede sobrevivir sin economía, como las primeras sociedades austrolopitecas. El fundamento original de la economía no es la reproducción de recursos, que es preeconómica, es la organización de las relaciones sociales. Así pues, la organización económica emerge como cultura.

Las palabras y la sintaxis elemental no están fuera de la capacidad del cerebro del chimpancé; lo que le falta es la complejidad que necesita un lenguaje más rico que el de la mímica y los llamados que le permite su aptitud glótica. El hombre, desde el punto de vista vocal, es más cercano a las aves. Con la eclosión de la paleosociedad, entre ochocientos mil y quinientos mil años antes de nuestra era, se vuelve necesario el lenguaje; entonces la caza colectiva, el hecho de compartir los alimentos, el transporte y una organización social más compleja, postulan el desarrollo del habla y la necesidad de comunicarse entre dos cuasi sociedades y tres universos: hombres-mujeres, mujeres-niños, jóvenes-adultos. Una sociedad más compleja y unos individuos más complejos desarrollan la necesidad de *hablar por hablar*.

Tomando en cuenta que todas las sociedades más arcaicas disponen de un lenguaje cuya estructura es tan compleja como la nuestra, se puede pensar que, quinientos mil años antes del *sapiens*, un paleolenguaje surgió para garantizar la intercomunicación en el seno de una sociedad ya muy compleja para acumular su cultura. Es el lenguaje el que ha creado al hombre, no el hombre el que ha creado el lenguaje. En las sociedades primitvas más avanzadas la complejidad social se perpetúa, hay interrelaciones entre individuos y grupos (relaciones de dominación, subordinación), aprendizajes, emergencias, protoculturas. A partir del *homo erectus*, hay informaciones y reglas no innatas genéticamente y que tampoco resultan del simple juego de interacciones entre individuos y grupos. La cultura debe ser transmitida, enseñada, aprendida, reproducida en cada nuevo individuo. Cada niño macho se forma a través de un ciclo que lo hace integrar culturalmente la sociedad, pasando por la cultura femenina, la juvenil y, por fin, la cultura masculina adulta. El sistema le permite la reproducción del capital cultural y del modelo social, completo por un hombre, incompleto por la mujer. Al volverse adulto el hombre borra la cultura femenina y la cultura juvenil que ha vivido. La cultura no se fundamenta en el vacío, sino sobre una primera complejidad precultural que es la de la sociedad de los primates. La cultura se vuelve la infraestrucutra de la alta complejidad social. La sociedad se vuelve entonces un sistema fenomenal, dotado de una memoria que es la cultura. Con la regresión de los comportamientos innatos del *homo sapiens* la cultura toma a cargo lo que antes le correspondía al instinto. Si se dejara a los niños de los actuales hombres desnudos y sin educación en una isla desierta, serían incapaces de reconstruir una sociedad de una complejidad igual a la de los chimpancés. Eso no significa que la cultura remplaza el código genético. Éste produce un cerebro cada vez más apto para la alta complejidad social. Pero la cultura ya es central, contiene la información organizacional. La cultura no constituye un sistema autosuficiente, necesita de un ser biológicamente muy evolucionado; en este sentido el hombre no se reduce a la cultura, pero ésta es indispensable para un individuo altamente complejo en una sociedad igualmente compleja. La paleocultura ya es muy rica, comporta usos y prohibiciones que corresponden a reglas de organización de la sociedad, unos conocimientos técnicos para la producción de instrumentos y de armas y de habilidades, una enciclopedia de conocimientos sobre su medio, además del considerable tesoro cultural femenino. Esta paleocultura perpetúa sus principios fuera de las condiciones originarias de la caza y de la sabana.

La sociedad que ha adquirido una complejidad en determinado medio puede, gracias a su sistema cultural, conservarlo en condiciones ecológicas y de praxis nuevas. Así, el sistema paleocultural ya es un sistema conservador. La cultura se convierte en un factor biológico de evolución y el salto cualitativo de la cultura es a la vez un salto cualitativo del cerebro.

El desarrollo de la complejidad social exige del cerebro individual un conocimiento cada vez más extendido y preciso del mundo exterior e interior, una memoria, capacidades asociativas múltiples, aptitudes para tomar decisiones y encontrar soluciones. La presión favorecerá la mutación. Las condiciones fueron primero un marco ecológico que luego se convirtió en sociocultural. El grupo mutante tiene una superioridad técnica, social y cultural. Ya era el caso para el chimpancé cuyas posibilidades cerebrales sobrepasaban por mucho sus necesidades sociales. Resulta el mismo caso para el *homo sapiens*, cuyas aptitudes están lejos de ser agotadas. Parece que el cerebro ha estado siempre adelantado (por sus aptitudes no explotadas), a la vez que atrasado, siempre limitado y sobrecargado. Así, el cerebro pasó de 500 cm^3 en el antropoide a 600 y 800 cm^3 en los primeros homínidos, luego a 1100 cm^3 en el *erectus*, hasta llegar a los 1500 cm^3 del *homo sapiens*.

La complejidad sociocultural empuja hacia el pleno uso de las aptitudes cerebrales, las mutaciones producen nuevas aptitudes que serán explotadas por la complejidad sociocultural.

Los progresos de la cerebralización son inseparables de los progresos de la juvenilización. Ésta corresponde a la prolongación del periodo biológico de la infancia y la adolescencia. La prolongación de la infancia permite la secuencia del desarrollo del cerebro; la lentitud del desarrollo favorece la aptitud para aprender y el desarrollo intelectual. El aprendizaje del lenguaje en el niño *sapiens* se hace a lo largo de un periodo de plasticidad que termina a los siete años. La complejidad sociocultural necesita, absolutamente, de una larga infancia. La prolongación de la infancia está ligada de manera multidimensional a la sociedad, permite el desarrollo a la vez intelectual y afectivo del individuo. La complejidad sociocultural presiona en favor de la mutación que atrasaría el desarrollo del niño. En el *homo sapiens* este desarrollo tarda trece años. Todo progreso en la cerebralización se traduce en una prolongación de la infancia. El tamaño del cerebro crece cualitativa y cuantitativamente después del nacimiento. El cerebro del chimpancé recién nacido ya tiene setenta por ciento de su dimensión adulta; sólo tiene el veintitrés por ciento en el *sapiens* neonato.

La juvenilización proporciona al adulto algunos caracteres del feto y del animal joven, libera la especie de caracteres especializados ligados a una adaptación y un medio particulares, permite el desarrollo de competencias generales. Desde el punto de vista cultural el hombre es un feto de primate que alcanza la madurez sexual. Por su aparato digestivo no especializado representa un tipo primitivo que responde a una constitución mucho más simple que la de la mayoría de los mamíferos. Sólo su cerebro es considerablemente evolucionado. El cerebro es inacabado en el sentido de que puede continuar aprendiendo después del periodo de la infancia y de la juventud. La *juvenilización* de la especie es cerebral en el adulto e incluso en el anciano. Estos rasgos ya no son estrictamente parte del grupo adolescente; la clase de los hombres ya no es la de los adultos, sino la masculina, donde los adultos se consideran jóvenes. La *juvenilización* corresponde también a la persistencia de una afectividad infantil en el adulto. Ya antes del *homo sapiens* se había desarrollado en los individuos la emotividad y la sensibilidad, una aptitud para sufrir que llevará al odio y, finalmente, a la capacidad de amar, fuente de hermandad, de sacrificios, de lástima.

La *juvenilización* sigue desde el nacimiento hasta la senectud. Hay una relación recíproca entre los tres procesos: *juvenilización*, cerebralización y culturalización. Existe regresión de los comportamientos instintivos de la programación, apertura al medio natural y social y plasticidad.

El progreso corresponde a la multiplicación de las informaciones, conocimientos, habilidades sociales, de las reglas de organización y de los modelos de conducta. La cultura se inserta en la regresión de los instintos, es decir, de los programas genéticos. Aquí se resuelve una de las paradojas que oponía de manera estéril el papel de lo innato y de lo adquirido en el hombre. Lo que se elabora a lo largo del periodo de hominización es la aptitud innata a adquirir, a integrar lo adquirido, la aptitud natural a la cultura y la aptitud cultural a desarrollar la naturaleza humana. El gran cerebro hubiera sido una desventaja para un ser que no estuviera dispuesto de complejidad. El valor de sobrevivencia de los grandes cerebros sólo es evidente si han logrado la esencia del lenguaje y de la cultura. Privado de cultura el *homo sapiens* sería un débil mental, incapaz de sobrevivir; ni siquiera podría reconstituir una sociedad de complejidad igual a la de los babuinos. El cerebro del *sapiens* sólo ha podido triunfar después de la formación de una cultura compleja.

De pronto se desmorona el antiguo paradigma que oponía naturaleza y cultura. La evolución biológica y la evolución cultural están interrelacionadas. En el transcurso del primer nivel prehistórico las potencialidades de un pequeño cerebro, hasta entonces poco explotadas en la selva, permitían, bajo el impulso de la vida en la sabana, el desarrollo que debía llevar a una tecnología, un nuevo tipo de sociedad, un embrión de cultura. En el segundo nivel la complejidad sociocultural ejerce presión para el desarrollo de la *juvenilización* y la cerebralización; eso lleva al desarrollo de la complejidad sociocultural. La sociedad se comporta como un ecosistema social que presiona a la cultura compleja adquirida en la sabana. El nuevo ser puede mantener su complejidad en el nuevo medio: el bípedo cabezón que volvería a la selva es incapaz de trepar; pero aun si abandona la caza para volver a la recolección conservaría su lenguaje, su habilidad técnica y su cultura.

Hay un proceso aleatorio: la variación del ecosistema y la invención de una técnica nueva tienden a desorganizar el sistema establecido. Nos olvidamos de las mutaciones sin resultado, los grupos sociales que desaparecieron, las especies eliminadas unas por otras, el fabuloso desperdicio. Lo que llamamos evolución no es un *continuum*, hay largas épocas estacionarias. En esta totalidad, ¿cuál es el centro de la relación?: la cerebralización es la llave de la autoorganización humana y el eje del desarrollo. El cerebro es el centro de una formidable aventura.

El *homo sapiens* es una especie juvenil e infantil; su cerebro genial es débil: ahí reside el inacabamiento definitivo, radical y creador del hombre. El *sapiens* es el único y último representante de la familia de los homínidos y del género hombre sobre la Tierra. Cuando el *sapiens* aparece el hombre ya es *socius, faber, loquens*. La novedad que aporta el *sapiens* al mundo no es, como se ha creído, la sociedad, la técnica, la lógica y la cultura sino la sepultura y la pintura. En cuanto a la sepultura, todo ocurre como si el hombre fuera un simulador sincero hacia sí mismo, un histérico, según la antigua definición clínica. Con el *sapiens* principia una ruptura que todas las religiones y filosofías van a tratar de sobrellevar. El hombre empieza por disociar su destino del destino natural, a la vez que se persuade de que su sobrevivencia obedece a las leyes naturales. Se necesita de una fuerte presencia personal para que la individualidad de un muerto sobreviva entre los vivos; se necesitan intensas relaciones afectivas para que éstas sigan vivas después de la muerte; se necesita un desarrollo de la conciencia de sí en el mundo, para que haya una conciencia de la muerte. Ésta es la diferencia del *sapiens* con sus predecesores.

Por otro lado, durante mucho tiempo hemos admirado en las pinturas primitivas el nacimiento del arte en lugar de leer en ellas el segundo nacimiento del hombre. Es muy probable que algunos de estos rasgos hayan empezado con el *homo erectus*. Pero ya no se trata de interrogarnos sobre un arte, sino de intentar una grafología del *sapiens*, es decir, una primera escritura, no un lenguaje escrito, sino un símbolo. La pintura primitiva es una producción propia del espíritu (imágenes, símbolos e ideas). Aquí caben dos interpretaciones: es una actividad artística que tiene su finalidad en sí misma, o es una actividad que tiene una finalidad ritual y mágica.

Hay que combinar las dos interpretaciones. La imagen accede a la existencia como doble. Todo objeto tiene ya una doble existencia: la real y la existencia mental fuera de su presencia. Ya el lenguaje había abierto la puerta de la magia y todo objeto llama a la palabra que lo nombra; la palabra llama a la imagen y le confiere presencia. Así, el mundo exterior, los seres y los objetos, han adquirido, con el *homo sapiens*, una segunda existencia en el espíritu, bajo la forma de una imagen mental. Así empezamos a comprender las condiciones del surgimiento de la magia en el *sapiens*. Se necesitaba antes un lenguaje y una escritura pictográfica, que crean la doble existencia de los seres y de las cosas. El mito del doble viene a confirmar la realidad de las imágenes mentales. Desde entonces, la comunicación entre la imagen objeto y la cosa objetiva está hecha. Lo que el grafismo parietal nos revela es que las imágenes mentales ya llenan el mundo exterior. Es en esta confusión que se construyen el mito y la magia. La estética siempre ha estado ligada a la magia y a la religión. Luego, con los desarrollos culturales, logra florecer de forma autónoma, como estética pura, por el placer del arte por el arte, y entonces deja de reducirse a sus funciones útiles.

El hombre trae un carácter nuevo: en las especies vegetales o animales el fenómeno estético está inscrito genéticamente, el individuo es cargador, no productor. En el *sapiens*, se trata de una producción individual de inspiración cerebral. El arte inventa formas y este invento genera un placer y una emoción. Esto sólo es posible porque la *juvenilización* humana se ha traducido en el adulto por el mantenimiento de una sensibilidad infantil y lúdica. La sensibilidad sobrepasa el campo artístico para extenderse a las formas naturales, y la sensibilidad artística sobrepasa el campo de las formas visuales para abrirse a los olores, las sonoridades, la expresión corporal. Ya los chimpancés habían descubierto con anterioridad el ritmo y la danza. La estética se desarrolla más allá de su raíz biológica y se vuelve un rasgo fundamental de la sensibilidad del *sapiens*.

Una relación ambigua se ha constituido entre el cerebro humano y el medio. Lo que en el *homo sapiens* se vuelve crucial es la incertidumbre y la ambigüedad de la relación. Esta incertidumbre viene de la regresión de los programas genéticos en los comportamientos humanos y la progresión de las aptitudes para resolver problemas de conocimiento y de decisión. Hay que interpretar los mensajes que llegan al cerebro por medio de operaciones lógicas. Hay que optar, escoger, decidir. Esto implica un riesgo de error. El reino del *sapiens* corresponde a un crecimiento masivo del error en el seno del sistema viviente. El *homo sapiens* inventó la ilusión y ésta es fuente de errores. El error reina en la relación del *sapiens* con el medio, consigo mismo, con el otro, de grupo a grupo y de una sociedad a otra. La increíble proliferación de las creencias humanas en el espacio y en el tiempo aparece como una penosa acumulación de errores. No podemos escapar del carácter errático de la aventura del *sapiens*: *"errare humanum est"*.

La sonrisa, la risa, las lágrimas, son innatas. Se trata de un rasgo constitutivo de la naturaleza humana. Risa y lágrimas son estados violentos, convulsivos, espasmódicos, rupturas. Además, se relacionan. El niño *sapiens* expresa lo que ningún otro niño de otra especie viva ha podido expresar con tal intensidad: una debilidad, un desatre inaudito. El adulto puede ser capaz de tragar sus lágrimas y contener su risa, pero la intensidad de la risa y de las lágrimas persiste. Hay una aptitud para el gozo, la embriaguez, el éxtasis, la rabia, el furor, el odio. En este campo existen por supuesto grandes variaciones individuales. El orgasmo en el *sapiens* es mucho más violento y convulsivo que en los primates en general. A diferencia de las hembras antropoides, la mujer conoce el gozo profundo. El *sapiens* busca en todos los campos un placer que no se reduce a la satisfacción y a la anulación de una tensión, sino que se traduce en un estado de exaltación. En las sociedades arcaicas como en las históricas, por medio de las hierbas y de los licores, la danza, el rito, lo profano, lo sagrado, hay búsqueda de los estados de embriaguez y de paroxismo. Éstos son estados extraordinarios, precarios, fundamentales, que son vividos por el *sapiens* como algo supremo. El exceso solicita un lugar central en la ciencia del hombre. No se podría concebir una antropología que no tuviera lugar para la fiesta, la danza, la risa, las convulsiones, las lágrimas, el gozo, la embriaguez y el éxtasis.

Todos estos rasgos tienen un origen homínido e incluso primate, pero en el hombre, se exacerban. Lo que caracteriza al *sapiens* no es una reducción de la afectividad en provecho de la inteligencia sino, por el contrario, una verdadera erupción afectiva, el surgimiento de la desmesura. Ésta va a ejercerse en el sentido de los furores, el crimen y la destrucción. A partir del Neanderthal se multiplican las matanzas. Se puede suponer que el crecimiento demográfico de la especie, al multiplicar los contactos, la competitividad, las rivalidades, ha multiplicado las ocasiones de conflicto. Pero hay que ver también, en las primeras carnicerías nean derthalianas y las que seguirán, el indicio y la manifestación de un control mal asegurado de la agresividad, las iras, los odios y los delirios. El *homo sapiens* es mucho más proclive al exceso que sus predecesores. Su reino corresponde a un desbordamiento del eros, de la afectividad, de la violencia. Entre los primates el eros sigue siendo circunscrito. En el hombre llena todas las estaciones, todas las partes del cuerpo, irriga incluso las actividades intelectuales más sublimes. La violencia, circunscrita en los animales a la defensa o a la predación alimentaria, se desencadena en el hombre sin necesidad. La afectividad de los primates se vuelve desbordante, pero en el hombre toma un carácter inestable, intenso, desordenado. El reino del *sapiens* corresponde a una masiva introducción del desorden en el mundo. Ya el sueño nocturno del hombre se diferencia del de los animales por su carácter desordenado. Todas las fuentes de desorganización, la regresión de los programas genéticos, la ambigüedad entre realidad e imaginación, la inestabilidad psicoafectiva, constituyen fuentes permanentes de desórdenes. El orden está en la cultura y en la sociedad. La desprogramación genética está ligada a la programación sociocultural, que constituye un sistema de normas y de prohibiciones; a las reglas de organización de la sociedad, que detienen el desorden y saben darle su campo, especialmente los días de fiesta. Entramos en la era de las sociedades inestables: la era histórica. Los antagonismos internos, las luchas por el poder, los conflictos externos, las destrucciones, los suplicios, las masacres, las exterminaciones, el ruido y el furor, son un rasgo importante de la historia humana. Hay un desorden propio del *sapiens* originario y hay menos desorden en la naturaleza que en la humanidad.

El hombre es un ser de una afectividad intensa e inestable, que sonríe, ríe, llora; es un ser ansioso y angustiado, gozoso, borracho, extasiado, violento, amante, lleno de imaginación, que sabe de la muerte y no puede creerla, que se alimenta de ilusiones y de quimeras, cuyas relaciones con el mundo son siempre inciertas, sometido al error, a la vagancia que produce el desorden. Llamamos locura a la conjunción de la ilusión, de la desmesura, de la inestabilidad, de la incertidumbre entre lo real y lo imaginario, de la confusión, del error, del desorden. Por tanto, *homo sapiens* es *homo demens.*

La locura humana fue tema de meditación de los filósofos de la antigüedad, de los sabios de Oriente, de los poetas y de los moralistas clásicos, como Montaigne y Pascal. El racionalismo humano ha querido expulsar fuera de sí, como si fuera una debilidad infantil, el delirio del *sapiens,* admirando por el contrario la maravillosa sabiduría del hombre arcaico. Todo animal dotado de estas deficiencias demenciales hubiera sido, sin duda, eliminado por la selección darwiniana. Es inconcebible que un animal que consagra tantas fuerzas a gozar y emborracharse, que pierde tanto tiempo en enterrar a sus muertos, cumplir ritos, danzar, decorar, haya podido no sólo sobrevivir, sino lograr progresos. Hay que pensar que el estallido de las confusiones, los errores y el desorden, están ligados a estos prodigiosos desarrollos. Entonces hay que buscar una relación sustancial entre el hombre razonable, apto para la duda, para la construcción, para la organización, y el hombre irracional, inconsciente, incontrolado, inacabado, destructor; entre la expansión conquistadora del *sapiens* y la proliferación de los desórdenes y de los delirios. No se pueden imputar los desórdenes y los errores a las insuficiencias ingenuas y a las incompetencias de la humanidad primitiva, que el orden y la verdad civilizada llegarán a controlar. El proceso es más bien inverso. No se pueden oponer razón y locura; el hombre es un loco-sabio. La verdad humana conlleva error. El orden humano conlleva desorden. Los progresos de la complejidad, de la invención y de la inteligencia de la sociedad, se han hecho por causa de, con, y a

pesar del ruido, el furor, la demencia, el error y el desorden.

*Acabo por encontrar sagrado el desorden
de mi espíritu*

Rimbaud

La fuente de este texto ha sido la obra de Edgar Morín.

Razas y racismo

Durante estos diez últimos años el racismo avanzó de manera indiscutible en casi todos los países y nos hemos quedado perplejos frente a los medios utilizados para combatirlo, que van desde la condena moral, el recurso científico, hasta la culpabilización. Muchas voces se han levantado en el mundo para interrogarse sobre la insuficiencia de estos medios y constatar su fracaso. Hay una imprudencia en banalizar el calificativo de racista, en culpabilizar a hombres acusados injustamente y vale la pena interrogarse sobre los pretendidos comportamientos antirracistas; vale la pena preguntarse si el temor a lo diferente no es un temor a lo semejante: los hijos de Abraham se destrozaban a pesar de su parentesco o por causa de él. Una meditación sobre este tema nos lleva, inevitablemente, hasta los sótanos de nuestro ser.

Primero, hay una carencia de análisis en este campo. Tenemos que precisar qué es el racismo, qué es la xenofobia, ¿acaso es una norma psíquica? El pesimismo sobre la naturaleza del hombre es una constante en este fin de siglo, quizás el más bárbaro de la historia. Por mi parte volví a Hobbes, a Schopenhauer... y a Moisés. Pero no basta con el pesimismo, falta la acción: en el momento mismo en que constatamos que "el hombre es un lobo para el hombre", debemos constatar también que el hombre es un "animal político", es decir que convive, que está dotado de razón y tiene la capacidad de ser consciente de sus propias contradicciones.

Vamos paseando entre el bien y el mal hasta por fin encontrar una ética de la responsabilidad que no sea superficial ni confusa, sino pedagógica. No basta con no ser racista para que el racismo desaparezca; el antirracismo de lamentación, de indignación y de deploración no ha traído, en los últimos diez años, ninguna prueba de su eficacia. Ha ido de los rituales a la vigilancia mágica y no ha logrado eliminar este odio organizado que es el racismo.

Es hasta el siglo XVIII que aparece la noción de "razas humanas". Los occidentales sabían, desde la antigüedad, que existían poblaciones más oscuras o de rasgos diferentes; encontramos datos de ello en Herodoto y en algunas partes de la Biblia. Así, en *El cantar de los cantares,* leemos: "*Soy negra pero hermosa ioh! hijas de Jerusalén como las tiendas de Kidar, como los apartamentos de Salomón...*" No había ahí ningún concepto de raza. Es sólo después de Linneo que se empezaron a clasificar las razas según un orden jerárquico: el blanco arriba, en medio el amarillo y el negro abajo.

Entonces dos escuelas se enfrentaban: los monogenistas afirmaban que Adán y Eva habían sido creados blancos y que algunos de sus descendientes se habían degradado; los poligenistas afirmaban que ha habido varios adanes y evas. Sus particularidades hacían que el blanco fuera apto para el trabajo intelectual y el negro para el trabajo físico. Esta teoría fue defendida en el siglo XIX en los Estados Unidos y sirvió para justificar la esclavitud. Después de Darwin, la existencia de las razas fue explicada por la evolución. Había un "perfeccionamiento" de lo negro a lo blanco: lo negro se quedó en la cercanía de la especie primigenia.

Durante todo el siglo XIX, la jerarquía de las razas tenía como dato objetivo el volumen de la caja craneana: el volumen medio para los blancos era de 1 426 cm^3; para los amarillos era de 1 360 cm^3 y para los negros de 1 278 cm^3; todo ello llevaba, supuestamente, a probar las diferencias de los valores intelectuales entre las razas. Sólo que encontramos especímenes en la misma raza blanca con diferencias muy grandes en su volumen craneano. Por ejemplo, Byron tenía una caja craneana de 2 000 cm^3, mientras que Paul Valery, uno de los hombres más inteligentes de este siglo, tenía una capacidad craneana de 1 200 cm^3. No existe entonces correlación alguna entre las aptitudes intelectuales y el volumen de la caja craneana.

Al final del siglo XIX apareció el argumento de la ontogénesis: el desarrollo prenatal reproduce las etapas de la evolución de las especies desde el pez hasta el simio, pasando por el reptil. La "teoría de la recapitulación" afirma que esta evolución sigue después del nacimiento, con algunas razas como borrador y otras como copia definitiva. En 1920 apareció una teoría exactamente inversa, la neotenia: la especie humana habría nacido por una mutación genética que hizo más lento el programa del simio ancestral por ello el blanco guarda, hasta la vida adulta, los caracteres juveniles que el negro pierde en la adolescencia.

Los antropólogos alemanes Klaatsch y Hartl, así como el inglés Gates, decían que no procedíamos todos del mismo simio: el chimpancé dio al blanco, el gorila dio al negro y el orangután al amarillo. Ésta fue la teoría polifilética. Pero la ciencia rechaza esta distribución cromática: todos nacimos de una misma especie y las diversificaciones se hicieron mucho más tarde.

Hasta principios del siglo XX no sólo los científicos aceptaron la jerarquización, sino que ésta actuaba en medio de la misma raza blanca: arriba estaban los ingleses o los alemanes, en todo caso los nórdicos o los arios, y abajo los demás. El libro biblia de los racistas fue el ensayo sobre la desigualdad de las razas humanas que el conde de Gobineau publicó en 1854. Esta tesis encontró eco en la Alemania nazi.

Aquí encontramos una primera paradoja fundamental: los principios biológicos del racismo tradicional están siendo rechazados por la ciencia. El racismo, en principio, postula la existencia de razas humanas que difieren entre ellas en razón de sus características hereditarias; empero, los genéticos contemporáneos muestran que tal evidencia releva de una concepción de la raza hoy abandonada. El racismo biológico es una teoría científicamente falsa. Hasta la segunda guerra mundial los antropólogos definían las razas a partir de los tipos físicos, según una jerarquía que subrayaba la superioridad del blanco. La teoría de las razas era, en sí misma, racista; el nazismo se sirvió de ella. Los descubrimientos de la biología moderna han pulverizado esta simplonería: no se trata de blanco y de negro; algunos sistemas sanguíneos del Senegal pueden ser más parecidos al mío que el de mi vecino.

Hagamos un poco de historia: el hombre moderno apareció hace 100 a 150 mil años entre el África central y el Medio Oriente. Empujado por una sexualidad vigorosa, conquistó sucesivamente Asia, Oceanía, Europa y América, todo esto en el transcurso de sesenta a ochenta mil años. En su apresuramiento colonizador nuestra especie no tuvo tiempo de formar razas; ninguna población se quedó aislada el tiempo suficiente como para diferenciarse de manera decisiva y el mestizaje generalizado se practicó desde hace ochenta mil años.

Las poblaciones actuales pueden ser clasificadas en siete familias: los africanos, los caucásicos, los norasiáticos, los amerindios, los surasiáticos, los insulares del Pacífico y los australianos. No son razas ni cubren la división clásica en blanco, amarillo y negro. Así, los amarillos se distribuyen en cuatro familias y los humanos más cercanos a los europeos son los bereberes, los iraníes y los norafricanos. Necesitamos tender puentes por encima de los precipicios de la historia.

La noción de raza humana, por lo tanto, no tiene sentido y es totalmente arbitraria. Según los criterios escogidos, habrá tres o diez o cincuenta razas. Al comparar los genes de las diferentes poblaciones no encontramos divisiones claras, sino variaciones. Ningún grupo humano corresponde a un tipo biológicamente puro; es decir que la raza pura no existe. A pesar de las apariencias, las diferencias genéticas son débiles. Existen poblaciones insulares aisladas desde hace algunos miles de años, pero este periodo no es suficiente para producir verdaderas razas. Desde una perspectiva biológica, una raza es un grupo de individuos genéticamente muy cercanos. Los rasgos fenotípicos:

piel, pelo, tamaño, forma del rostro, son demasiado nimios como para caracterizar a un grupo humano.

Hay poblaciones emparentadas que tienen colores diferentes: por ejemplo, los indoeuropeos, que supuestamente pertenecen a la raza blanca, tienen la piel tan oscura como los africanos. El color de la piel cuenta la historia de los climas, no de los pueblos. Es probable que el color de la piel pueda modificarse sobre una escala de algunos miles de años: éste es un tiempo corto en la escala humana. Ahora, más que lo visual, lo que es perverso es que las teorías racistas establecen jerarquías de aptitudes entre los grupos raciales. Por supuesto que hay desigualdades de aptitud entre los hombres y que éstas se encuentran, en parte, determinadas genéticamente. Pero esas disparidades son distribuidas al azar. Nada permite decir que unas poblaciones producen mejores individuos que otras. La mayoría de las diferencias genéticas entre poblaciones corresponde a caracteres neutrales y no resulta de un proceso adaptativo; no puede, por lo tanto, reflejar una eventual superioridad de aptitud.

Lo que está en cuestión aquí son los genes llamados variables: factor Rhesus, grupos HLA, etc.; es a partir de ellos que los genetistas demográficos establecen las distancias entre grupos humanos. Por ejemplo, el factor Rhesus, que depende de un gen único, puede ser positivo o negativo. Entre los ingleses hay dieciséis por ciento de individuos con Rhesus negativo; entre los vascos hay un veinticinco por ciento y entre los japoneses hay casi un cero por ciento. Si nos limitamos al factor Rhesus podemos decir que los ingleses son más cercanos a los vascos que a los japoneses.

En realidad no se puede considerar un solo gen, sino por lo menos un centenar y comparar las poblaciones para cada uno, luego hacer la media de las diferencias, para obtener la distancia genética. Así se han estudiado cuarenta y dos poblaciones de los cinco continentes; se han examinado ciento veinte caracteres diferentes y se ha establecido una especie de árbol genealógico de la humanidad, que permitió su clasificación en siete grandes grupos. Aunque no es perfecta, esta clasificación es la más completa hasta ahora.

Las teorías raciales tradicionales buscan establecer una tipología de la humanidad. La proximidad genética de la cual se habla es la respuesta a las preguntas: ¿quién viene de dónde? y ¿quiénes son sus ancestros? Este árbol genealógico dibuja la historia de las migraciones; y así se pasa de los genes a la historia. La distancia genética indica aproximadamente el tiempo que pasó desde que las poblaciones se han diferenciado; es el reloj de la evolución. ¿Qué significa eso? Imaginemos a una población originaria; ésta se divide en dos grupos. En un principio la distancia genética entre estos dos grupos es nula. Si continúan separados durante varias generaciones se van a diferenciar y la distancia aumenta con el tiempo. ¿Por qué cambian los genes? Por puro azar. Un gen variable es como un dado que se lanza con cada nuevo individuo. Globalmente, en cada población, los genes variables se modifican poco a poco; mientras más antigua sea la separación entre dos grupos, más grande será su distancia genética. Así, se observó que las distancias entre los africanos y los no africanos son las más grandes, es decir que su separación es la más antigua. Los asiáticos se han separado de los africanos hace cien mil años; los australianos se han separado de los asiáticos hace cincuenta mil años; los europeos se han separado de los asiáticos hace treinta y cinco o cuarenta mil años. El factor temporal es crucial desde el punto de vista racial. Ahora, si dos grupos de origen común se separan y siguen sin contacto durante un tiempo extremadamente largo, acabarán por diferenciarse lo suficiente como para formar razas o incluso especies distintas. Pero, en la historia del hombre moderno ningún pueblo se ha encontrado aislado de los demás durante el tiempo necesario para que el fenómeno se produzca. Las poblaciones actuales son totalmente interfecundas: la especie humana no ha tenido el tiempo de formar razas.

Por otro lado, los lenguajes humanos son muy parecidos en cuanto a su estructura a pesar de sus diferencias; esta similitud se debe a que el grado de perfección actual del lenguaje data tan sólo de unos cien mil años. Las lenguas de las poblaciones que no tienen escritura no son menos complejas que las nuestras. El inglés tiene estructuras sintácticas más simples que algunas lenguas de tradición oral. Nuestro árbol genealógico concuerda con el cuadro de las familias lingüísticas, salvo algunas excepciones. Por ejemplo, los lapones, genéticamente más bien europeos, han conservado la lengua que hablaban cuando todavía vivían en Siberia o en el Ural; los húngaros hablan una lengua urálica, como los lapones, a pesar de ser europeos. ¿Qué sucedió ahí? Desde el punto de vista genético, lo que cuenta es el número de ocupantes en relación con los ocupados. Si los primeros son pocos, la huella genética que dejan en una población es poco profunda.

Las lenguas no se mezclan de la misma manera y hay poco mestizaje lingüístico: cuando ocurre una ocupación, la lengua de origen se mantiene o se remplaza: no hay una verdadera mezcla. Si bien un cincuenta por ciento de palabras inglesas son de origen inglés, su estructura germánica subsiste. En otros casos de invasiones la lengua no ha sido remplazada: los francos no impusieron su lengua germánica en la Galia. En el caso del vasco, tenemos una lengua que ha llegado probablemente con el hombre moderno, hace 30 mil años. Ésta es la única lengua indoeuropea que fue preservada. Todos los demás europeos han perdido su lengua de origen y han adquirido una lengua indoeuropea.

Aquí interviene la historia. En una cultura tradicional, tribal, sin escuela, las lenguas se transmiten de padres a hijos, verticalmente, como los genes. Cuando ocurren las conquistas o en las civilizaciones dotadas de sistemas escolares, hay transmisiones horizontales que permiten la sustitución de las lenguas. Los romanos introdujeron las escuelas en Europa y pudieron, de esa manera, remplazar todas las lenguas autóctonas por la suya; pero éste es un tipo de fenómeno bastante reciente. Durante las nueve décimas partes de su historia, la humanidad fue constituida por cazadores que hablaban lenguas tribales; por ello, el árbol genético conservó una fuerte similitud con el árbol lingüístico.

A veces se tiene la impresión de que algunas aptitudes culturales son propias de un grupo étnico: por ejemplo, en el caso de los deportistas afroamericanos. Lo que sucede es que, en Estados Unidos, los blancos tienen muchas más posibilidades que los negros de acceder al éxito social. Para los negros, el deporte es una de las raras maneras de triunfar. En otros casos existe una adaptación al medio ambiente: por ejemplo, los corredores de maratón de Etiopía y del este de África viven, desde hace miles de años, sobre las altas planicies; lo que posibilita la selección de un componente hereditario que favorece una mejor capacidad de oxigenación. Cualquier pueblo que viva en el mismo medio ambiente desarrollaría capacidades similares. En cuanto a las actitudes culturales, los pigmeos son campeones del mundo en un test llamado *Field Independence*, que mide la capacidad de juzgar algo independientemente de su contexto. Este talento está ligado a su práctica en la selva: es una adaptación cultural, no genética.

Esta demostración lleva a probar la vacuidad del racismo. Pero los argumentos científicos no bastan para liquidarlo, ya que las diferencias culturales mismas son sentidas como amenazas, y jamás una pasión cede frente a una argumentación, ni siquiera frente a los hechos; jamás los conocimientos le ganan a la convicción. Por ello, el odio del otro, el racismo, la pasión, no se razonan: se analizan.

La antropología física es muy cercana a la intuición inmediata: el Otro no se me parece, es evidente, y esta evidencia nace del sentido común. La ciencia estableció una ruptura con la intuición. Lo blanco, lo negro, lo amarillo, son fáciles de comprender; pero, ¿cómo popularizar algo como el concepto de distancia genética cuando ni siquiera la noción de gen es evidente? El ideal educativo ha fallado. ¿Por qué? Porque su utopía desconocía la necesidad fundamental de identidad que caracteriza al ser humano. Sin pertenencia comunitaria, sin sistema de valores, sin una lengua y una cultura específica, el individuo no puede construirse. Hemos subestimado la importancia de las barreras culturales y sobrevalorado las diferencias. La apología de las diferencias desemboca en una nueva forma de racismo: ya no se basa en la idea de una raza superior, sino en la valoración extrema de la identidad propia. La cultura se vuelve lo equivalente de la raza. Este racismo *new look* se encuentra en el culto de las raíces y de la especificidad. Este neorracismo es difícil de combatir, no se parece al nazismo; pero es necesario hacer entender a la gente que la exigencia de universalidad no puede desaparecer detrás de la defensa de las diferencias. Antes de la especificidad hay que reconocer a la humanidad: ésta es una opción moral, no pasional.

Ahora, lo que los antirracistas parecen no haber entendido es que los racistas han cambiado su argumentación. Frente a la muerte del racismo como teoría seudocientífica vemos el desarrollo de otro racismo que no se puede combatir en el terreno de la ciencia. Los argumentos ya no se sitúan en el marco de la ideología racista biológica; se han desplazado de la raza a la cultura. A la idea de pureza racial, los racistas sustituyeron la identidad cultural, la fobia de las mezclas, el temor a la ausencia de diferenciación y al mestizaje, que se traducen en un elogio inmoderado de la diferencia. Ya no se necesitan referencias biológicas; el discurso racista voltea literalmente en su provecho las argumentaciones antirracistas y se arma de seducción, promoviendo el respeto de las identidades comunitarias.

El racismo ha aprendido a servirse eficazmente del antirracismo y los antirracistas no supieron entender esta metamorfosis; se quedaron en la denuncia mecánica de la herencia nazi. Hay aquí una insuficiencia reflexiva, una inadaptación y una gran falta de eficiencia.

La pereza intelectual ha degradado al antirracismo, transformándolo en una retórica de denuncia que enmascara los verdaderos problemas de la sociedad: los desequilibrios económicos y demográficos entre los pueblos. Hay que reformular el antirracismo, tener un debate sobre el fondo del problema, argumentar en forma racional y luchar contra la simplificación, no usar estereotipos contra otros estereotipos, sino desmontar, desarmar los sofismas, las amalgamas polémicas, las mentiras y los lugares comunes.

La xenofobia es más fuerte mientras más bajo sea el nivel de instrucción. Ahí la misión de la escuela es fundamental. Se trata de elevar el nivel en la manera de plantear los problemas. No se trata de esparcir la buena palabra o quedarse satisfecho con declaraciones indignadas, sino pasar a la "ética de la responsabilidad", fundada sobre la voluntad de encontrar soluciones a los problemas sociales que originan el racismo. Hay que considerar al racismo como un efecto, no como una causa. Hay que actuar sin pedantería ni verborrea, buscando la eficacia. A un antirracismo de habladores debe suceder un civismo antirracista que recubra las virtudes de generosidad.

Los problemas que vive la sociedad moderna parten de las grandes corrientes migratorias. Tenemos una definición racial de la diferencia y una definición cultural de ésta. Cuando grandes grupos de migrantes arriban a una sociedad abierta, la presión que ejercen sobre la sociedad receptora hace explotar a las familias de uno y otro grupos. La ruptura lleva, a menudo, a la asimilación de los niños, y cuando la destrucción de la autoridad paterna es demasiado brutal, éstos se hunden en la delincuencia. El encierro comunitario, por el contrario, autoriza una adaptación de la familia. La sobrevivencia de una autoridad paterna fuerte se traduce en un bajo nivel de delincuencia, pero mantiene la endogamia comunitaria.

La identidad preservada por la separación de las comunidades y por el multiculturalismo produce una concepción racial de la sociedad, mientras que el proceso de asimilación mantiene en contacto a los individuos que vienen de culturas diferentes.

Finalmente, la ciencia no ve en la naturaleza ni jerarquías ni valores. El error consiste en invocar la igualdad. Son las sociedades las que construyen jerarquías de valores a partir de las diferencias. La ciencia los excluye, es silenciosa y ésta es su gran enfermedad; por ello, el hecho de movilizar la ciencia frente al racismo es caer en su trampa. La ciencia no tiene nada que decir al respecto; es la organización de la sociedad, es decir, la voz de los hombres, la que tiene que establecer la ética.

El origen de las lenguas

Está escrito en el *Génesis*: "Sólo había una sola lengua sobre toda la tierra. Unos hombres dijeron: construyamos una torre cuya cumbre alcance el cielo; pero el Señor dijo: así sólo formarán un solo pueblo y hablarán una sola lengua; bajemos a meter la confusión en su lenguaje, de manera que no se comprendan más".

Una de las mayores preocupaciones actuales de los lingüistas es saber si, en el origen, todos los humanos han utilizado una misma lengua. Para responder a esta pregunta habrá que descubrir dónde, cómo y cuándo el hombre empezó a hablar. Hoy los anatomistas saben simular, sobre la computadora, el funcionamiento del conducto vocal del *homo sapiens,* mientras que los genetistas rastrean las primeras migraciones gracias al análisis molecular.

Los simios pueden ayudarnos a descifrar este enigma de cómo las lenguas se han diversificado sobre el planeta. Primero, la anatomía ha tenido que hacer posible el lenguaje. La posición erguida, salto decisivo a la bipedia, se caracteriza por una amplificación considerable de la contracción craneofacial, la desaparición definitiva de las protuberancias suborbitales y del prognatismo del rostro. El mantenimiento del agujero occipital en posición inferior modifica la morfología general del cráneo, el rostro y la mandíbula inferior. Las capacidades del cráneo se desarrollan, el rostro se reduce, la dentadura se transforma.

Aparece un resultado inesperado, causado por la contracción craneofacial: la palabra articulada se vuelve posible. El volumen de la faringe, que sirve como caja de resonancia y permite la modulación de los sonidos, es determinado por la posición de la laringe. Ésta se encuentra sujeta a la bóveda craneana por músculos y ligamentos. Hacia los dos años, el movimiento del cráneo jala el agujero occipital hacia adelante, dobla el techo de la región respiratoria y hace bajar la laringe. Y el niño comienza a hablar.

Ya existe el instrumento, no el arte de su uso; existe la naturaleza, no la necesidad. A lo largo de la historia, las grandes migraciones jamás han cesado. Hoy siguen, bajo formas diversas, y podemos imaginar un mestizaje de todas las poblaciones del mundo que adoptarían una lengua única. Sería entonces la realización de un sueño aterrador: la vuelta hacia la humanidad primigenia que precedió a la Torre de Babel. Los paleoneurólogos saben reconocer, en las huellas dejadas por el cerebro en el interior de la caja craneana, la prueba de la existencia, en la corteza de las áreas de Wernicke y de Brocca, de las cuales depende el lenguaje. Pero también se necesitan una lengua, una boca, una garganta de tamaño y formas precisas, por lo que fueron estudiadas formas del tractus vocal de los simios y del hombre a fin de deducir los sonidos que el uno y el otro pueden emitir. La laringe demasiado alta, la cavidad bucal alargada, la forma de la lengua muy parecida a la del chimpancé, no permitían que el australopitecus, ni siquiera el *homo habilis* y el *homo erectus*, pronunciaran sonidos claros, articulados y distintos. La existencia en el cerebro de *homo habilis* del área de Brocca no prueba que pudiera hablar: esta zona no tenía, forsozamente, la misma función que la actual.

Los antropólogos quieren saber a qué época y por cuáles razones el hombre dejó tras de sí los gruñidos y los gritos de los simios para atravesar la frontera de la palabra. Existe una nueva disciplina –la paleolaringología– que mide los fósiles de todo tipo: en el *homo sapiens* adulto el cráneo tiene una base cóncava y una laringe baja; mientras que, en otros homínidos, la base del cráneo sigue siendo plana y la laringe alta. Los australopitecus (de cuatro a dos millones de años) tenían un tractus vocal parecido a sus primos chimpancés: podían comunicar, pero no pronunciar vocales. Si medimos el paladar, las mandíbulas, la laringe y luego analizamos por computadora las posibilidades sonoras de las vías aéreas superiores, encontramos que no podían emitir los sonidos a, u, i, j, k, g, s y ch. Los conductos vocales del hombre de Neanderthal no le permitían pronunciar las vocales i, u, a; además, debía hablar por la nariz, lo que llevaba a una incomprensión del orden del treinta por ciento más frecuente que en el humano moderno. Si hubiera hablado, hubiese tenido un ritmo muy lento: diez veces más lento que el nuestro. Mientras intentara pronunciar "ahí viene un león", ya estaría en el hocico, las fauces de la fiera. Sin duda sus modos de comunicación por medio de señas eran más eficaces que los nuestros.

Pero la anatomía sólo prueba la posibilidad de pronunciar palabras, no muestra cómo se pasa de los sonidos a las lenguas: hay que tener ganas de hablar, porque se vive en grupo. Por ejemplo: un hombre de las cavernas va a buscar el cuarzo para sus instrumentos a cinco kilómetros de su gruta. Para pulir la piedra, aprende observando y escuchando; para buscar su material debe organizarse en grupo, es decir, debe tener un modo de comunicación superior a los gestos y a los gritos, un lenguaje, un sistema de signos vocales que expresen un pensamiento. El lenguaje fue necesario para organizar la fabricación de instrumentos. La localización cerebral de las aptitudes para manipular se sitúan en el hemisferio izquierdo, al igual que las aptitudes del lenguaje. Estas teorías de un lenguaje de vocación inicialmente utilitaria se oponen a las tesis que le atribuyen una función esencialmente cultural e intelectual. En el filme *La guerra del fuego* los actores no sólo gruñen. La acción se ubica hace quinientos mil años. Los diálogos fueron encargados al escritor inglés Anthony Burgess, quien habla siete idiomas. Él estaba convencido de que las palabras empiezan por acompañar al gesto. La noche es oscura: el hombre inventa la palabra como lenguaje nocturno porque el gesto no puede verse. Burgess mezcla el germánico con el griego, con esos sonidos del corazón (o de las entrañas) que expresan el dolor, el placer, el temor... y ¡todo el mundo entiende! El lenguaje se habría impuesto para establecer reglas de vida social: convenciones rituales, repartición de las tareas y del poder, desarrollo de la agricultura...

Para intentar comprender cómo ha evolucionado este desarrollo del espíritu, se puede tratar de saber cuáles son las demás especies en las que el individuo atribuye estados mentales al otro. Los simios inferiores (babuinos, macacos) no atribuyen estados mentales, los chimpancés sí. Cinco millones de años solamente nos separan de los chimpancés; en cambio, cincuenta millones nos separan de los simios inferiores. El espíritu humano no difiere del simio por su modo de funcionamiento, sino por su grado de complejidad.

Pero, si los chimpancés tienen acceso al lenguaje en un medio artificial, ¿por qué no lo usan en su medio natural? Porque existen en un medio artificial algunos fenómenos autoorganizadores y nos encontramos en un sistema de dos especies: hombre y chimpancé. El lenguaje está, ante todo, destinado a la comunicación entre individuos de una misma especie, por lo tanto hay que ver cómo se instalan en el chimpancé las modalidades de intercambio entre madre e hijo en relación con otros individuos del grupo y comparar, así, las condiciones de adquisición del lenguaje humano con la comunicación espontánea, gestual y vocal de los primates en su medio natural. Existen teorías algo locas: la del *oua oua*, que supone que los hombres primitivos imitaban primero a la naturaleza (y ladraban para designar un perro); la del *pu pu*, que pretende que las palabras vienen de exclamaciones provocadas por sensaciones; o la teoría del *¡órale!*, que imita los esfuerzos de los hombres que trabajan en grupo.

La lingüística funciona como una máquina del tiempo. A través de las raíces de las palabras y de las formas gramaticales parecidas se llegan a fabricar linajes, como en los árboles genealógicos. El italiano, el español, el francés, por un lado; el inglés, el alemán y el holandés, por el otro, son lenguas evidentemente parecidas porque tienen un origen común. En el primer caso se trata de lenguas romanas, nacidas o fuertemente influidas por el latín; en el segundo caso se trata de lenguas germánicas. Se ha planteado la hipótesis de que todas estas lenguas tienen un ancestro común: el indoeuropeo. Ahora sabemos que la familia indoeuropea incluye la mayoría de las lenguas habladas en Europa, con excepción del vasco, el finlandés, el húngaro y el estonio; así como algunas lenguas asiáticas como las que se hablan en Irán, Afganistán, Paquistán y la India. Así, algunos miles de lenguas actuales, dispersas por todo el mundo, podrían agruparse en quince o veinte grandes familias. En el origen de cada una de estas familias lingüísticas debe haber existido una lengua madre que dio nacimiento a todas las lenguas de la familia en cuestión. Es interesante tratar de buscar los posibles parentescos entre estas familias y las familias de familias, hasta llegar a un ancestro único que sería la *lengua de Eva*. En los años ochenta se encontraron relaciones entre seis familias de lenguas de las tribus indoeuropeas y ourálico-ioukaguiros. Estas seis familias, que resumen la herencia cultural de las tres cuartas partes de la humanidad, vendrían de un ancestro del neolítico hablado hace doce mil años. En esas lenguas se encontraron unos mil seiscientos términos que datan de aquellos viejos tiempos y que corresponden a los nombres de las plantas silvestres y de la caza.

El descubrimiento de la existencia de una lengua ancestral universal se hace por medio de comparaciones multilaterales. Esta lengua de Eva se llamaría *protosapiens* (protohumano). Habría sido hablada por la hipotética población ancestral del *homo sapiens* que vivió en África hace cien o doscientos mil años. Una parte de los miembros de esta población habría emigrado, creando una primera escisión entre las lenguas que se quedaron en el África subsahariana y las de los emigrantes. Otra divergencia habría alcanzado el sureste de Asia y Oceanía, colonizando Australia hace cincuenta mil años.

Las lenguas de aquellos que se quedaron en África se dispersaron en una multitud de subgrupos, que se expandieron más tarde a través de toda Eurasia. Una nueva separación dio origen a un grupo llamado dené-caucasiano, del cual actualmente sólo subsisten el vasco, las lenguas del Cáucaso, la familia sino-tibetana y algunas lenguas habladas por poblaciones de indios americanos. Este dené-caucasiano colonizó Europa y Medio Oriente. Las lenguas no dené-caucasianas se diferenciaron también y recolonizaron parte de África; un grupo atravesó el estrecho de Bering, pobló América y formó el grupo amerindio. Otros grupos ocuparon la casi totalidad de Europa y Asia.

Pero existe otra forma de comprender la expansión de las lenguas y otro escenario de su expansión. En algunas lenguas existe una oposición entre los pronombres inclusivos y exclusivos de la primera persona del plural. Un pronombre es inclusivo si incluye a la persona que habla y a la que escucha (usted y yo). Es exclusivo si designa a la persona que habla y a otras, pero no a la que escucha (ellos y yo). Esta distinción no existe en francés ni en español; pero es una oposición común y cada vez más frecuente a medida que se avanza hacia el este. Así, la proporción de lenguas que presentan en la actualidad esta distinción varía entre cero por ciento en el Medio Oriente y ochenta y nueve por ciento en Australia, pasando por un diez por ciento en el Cáucaso, entre veinte y veintinueve por ciento en Asia septentrional y cincuenta y seis por ciento en el sur y el sureste de Asia. La expansión se hace globalmente en dirección al este, a partir de África. Las poblaciones que presentan los caracteres más "orientales" se encuentran hacia el este; las poblaciones occidentales tienen, por supuesto, un tipo lingüístico más occidental. Este escenario hace coincidir la evolución lingüística con la evolución genética.

Hay algo parecido a un *big bang* lingüístico. El número de familias se multiplica por 1.6 cada cinco mil años, lo que da como resultado las cinco mil lenguas que probablemente existen en nuestros días y que devolvemos a trescientas familias posbásicas.

Este número se divide por 1.6 las veces que sean necesarias para llegar a un número inferior a dos, es decir a una sola familia originaria, la del protohumano hablado en el área ocupada por la especie humana antes del principio de la expansión global. Contando el número de divisiones necesarias para llegar a este resultado, es decir el número de intervalos de cinco mil años, se deduce que el eventual *big bang* lingüístico tuvo lugar hace por lo menos cincuenta mil años.

¿Cómo reconstruir la lengua madre? Se pueden hacer comparaciones entre diferentes familias de lenguas, por ejemplo: el indoeuropeo, el úrdico (que comprende el finlandés y el húngaro) y el semítico. La enciclopedia de las lenguas del mundo pretende que una de las primeras palabras de la humanidad, pronunciada hará entre cien mil y un millón de años, fue *tik*, es decir, dedo. Pero existen algunas series de palabras que cambian poco en el transcurso del tiempo como *yo, tú, quién, no, qué*. Se postuló la existencia de una familia lingüística aún más amplia, llamada "el nostrático" (del latín *noster*, nuestro) que comprendería las familias afroasiáticas, altaica (de Asia del este), urálica e indoeuropea. El nostrático sería una lengua hipotética que se habría hablado en algún lugar del Medio Oriente hace quince mil años. Se cree que el nostrático, como toda lengua, refleja el modo de vida de aquellos que lo hablaban. Por ejemplo, las palabras que tenían una relación con la caza y la recolección eran numerosas; en cambio, parece ser que no hubo ninguna palabra nostrática para designar las plantas cultivadas, lo que significaría que los "nóstratos" no practicaban la agricultura. El único animal doméstico por el cual se ha podido reconstruir un término nostrático es el perro –*Kuina*–, que designaría tanto al perro como al lobo, lo cual permite deducir que los nóstratos domesticaban a los lobos. Si además sabemos que las más antiguas osamentas de perros que conocemos datan de hace aproximadamente catorce mil años, el dato coincide y confirma la antigüedad supuesta de esta lengua. Hay que buscar el grado cero de las lenguas en el gran libro de la naturaleza, sus ruidos y sonidos. Así, *ari, arroyo, bahr, daria, jar, harana, mare, para*, todas las palabras con la consonante "r" significan agua superficie de agua o curso de agua en las lenguas sonrhaï, castellana y árabe; las lenguas del Turquestán, de la antigua Palestina, del país Vasco, de América del Sur. Después de atravesar los siglos, todas esas palabras flotan hoy en el océano de lenguas y son parte del vocabulario básico de la humanidad.

Existen algunas lenguas problemáticas. Se ha identificado un grupo originario del norte del Cáucaso que comprende varias lenguas euroasiáticas incluyendo el etrusco, hablado en Italia hace unos dos mil quinientos años, y el sumerio, cuyas tabletas de barro de cinco mil años son el primer testimonio de antigüedad conocido de la escritura. El vasco habría nacido de este grupo hace unos cuatro mil años. Esta rama norcaucásica estaría también emparentada al sino-tibetano (precursor del chino y de otras lenguas asiáticas). La reconstrucción de estas protolenguas permite establecer puntos comunes existentes entre ellas, para tratar de reencontrar su ancestro común. En este principio de reconstrucción se utilizan instrumentos como la sociolingüística (el estudio de las relaciones entre la lengua y la vida). Estas investigaciones sobre el origen del lenguaje no recogen ninguna unanimidad, ya que es prácticamente imposible tener alguna seguridad más allá de los seis u ocho mil años: los desvíos de los sonidos y los sentidos son tales que todo parentesco entre dos o más lenguas desaparece. Los primeros testimonios sólidos sobre las lenguas datan del nacimiento de la escritura (cinco mil años a. C.), por lo que muchos se preguntan sobre la validez de la investigación de las primeras formas de lenguaje utilizadas por el *homo erectus*, hace cincuenta a ciento cincuenta mil años. El punto omega de los ocho mil años corresponde precisamente a la edad estimada del protoindoeuropeo, la lengua ancestral de la cual descenderían todas las lenguas indoeuropeas. Buscando más allá de los ocho mil años, en lugar del árabe, el hebreo y el arameo, descubrimos que somos parientes de los esquimales o de los tchuktchuches, criadores de renos en Siberia oriental, es decir, unos plebeyos en un árbol genealógico considerado como de alta alcurnia.

Algunos estudios relacionaron a las familias de lenguas conocidas con las poblaciones humanas definidas por su carácter genético y descubrieron que, *grosso modo*, la expansión de las lenguas ha seguido la evolución del *homo sapiens*. Se busca reconstruir la historia de la familia humana y de su lengua a partir de marcadores genéticos de cuarenta y dos grupos en el mundo. Los pueblos y las tribus se han separado al mismo tiempo genéticamente y por el idioma. Si aunamos a ello la demografía podemos encontrar que las poblaciones originarias de África habrían pasado por un cuello de botella poblacional que hizo correr a la especie el riesgo de desaparecer. Hace cien mil años no habrían subsistido en esta parte del mundo más que unas decenas de miles de nuestros congéneres, razón de más para creer que, si existiesen otros tipos de protolenguajes en esta época, sólo subsistió uno, que se encuentra en el origen de todas las familias de las lenguas actuales.

De las siete mil lenguas[1] habladas hoy en el mundo, entre cinco y seis mil habrán desaparecido en una o dos generaciones. Hacia el año 2100, noventa por ciento de ellas correrán el riesgo de desaparecer. En América del Norte, por ejemplo, aún se hablan algunas lenguas indias como el navajo, pero decenas han des-

---

[1] Según los lingüistas, el número de lenguas varía de lo simple a lo doble; ninguna definición de dialecto hace la unanimidad.

aparecido. En América del Sur, el quechua va bien afortunadamente, pero muchas otras lenguas han desaparecido. Ahora, cuando tratamos de subir hacia las lenguas madres, paradójicamente encontramos que éstas son siempre más complejas; al evolucionar se simplifican. Así, la mayoría de las declinaciones han desaparecido de nuestras lenguas.

La extinción de las lenguas no es un fenómeno nuevo. En el camino se perdieron el anatolio y el tokhario. La desaparición misteriosa del etrusco ocurrió cuando su civilización estaba floreciente. Parece que el bilingüismo etrusco-latín fue la causa de esta desaparición. El galo se ha apagado también, no como consecuencia de la conquista militar sino porque, poco a poco, las élites primero y luego las poblaciones, lo abandonaron por el latín. Otros lingüistas afirman que el cambio de una lengua por otra no es pacífico, que a los pueblos no nos gusta cambiar ni de lugar ni de lengua, y que si hubo cambios es porque hace cuatro o cinco mil años unas hordas indoeuropeas conquistadoras vinieron de la estepa con el hacha en la mano; sólo que encontramos más granos de cereales que armas entre los restos de los hablantes del indoeuropeo y parece que es más bien la difusión de la agricultura la que permitió la propagación de la lengua. En Asia Menor la agricultura permitía vivir a cincuenta veces más gente que la cacería, hasta que la tierra ya no alcanzó para alimentar a todos los habitantes. Entonces, un pequeño grupo hizo sus maletas y se fue a establecer más lejos. En una generación (25 años) un grupo de campesinos podía avanzar 18 kilómetros en el interior de un territorio de cazadores recolectores sin violencia y sin conflicto. Así, gracias a los fósiles de cereales y a las huellas de ganadería (huesos de cabras y de borregos), los arqueólogos pueden seguir la ruta de los primeros campesinos a partir de Creta y a través de toda Europa, seis mil años antes de nuestra era. Y las lenguas viajeras se modifican: cuando los primeros campesinos llegaron al norte de Europa su lengua no tenía mucho que ver con la de sus ancestros griegos, ni siquiera con la de sus lejanos parientes del Peloponeso...

Para reencontrar las huellas de las lenguas hay que comparar las grandes familias en función de los sonidos utilizados para designar nueve objetos-base. Las cifras 1, 2, 3, la cabeza, el ojo, la nariz, la oreja, la boca, el diente. Las comunicaciones mantienen la unidad global del campo lingüístico. Si éstas se rompen, bastan doscientos o trescientos años para que emerjan nuevas lenguas y, muy pronto, las poblaciones dejarán de comprenderse.

Las comunicaciones juegan un papel crucial para un Estado centralizado, que trata de imponer un modelo único. El ejemplo de Francia es revelador: en cien años, a pesar de las resistencias, casi la totalidad de las demás lenguas se han extinguido (como el bretón o el provenzal). Esto no responde necesariamente a una política autoritaria: son las poblaciones mismas las que consideran sus propias tradiciones lingüísticas como arcaicas y aspiran a adoptar el modelo triunfador, aquel que difunden los medios.

La dominación de una lengua "internacional" siempre ha existido. Si hubiéramos vivido en la antigua Roma habríamos tenido que aprender el griego como lengua culta. En los siglos medievales habríamos tenido que aprender el latín; en el siglo XVIII, el francés; actualmente, el inglés. A la vez, los préstamos a otras lenguas tampoco son nuevos. Entre los siglos XIV y XVI, se produjo un gran crecimiento del vocabulario a partir de las raíces latinas. En aquella época el latín parecía extraño al genio de la lengua francesa; hoy es el inglés el que nos parece extraño; pero el inglés mismo ha tomado centenares de palabras del francés. Ahora, el proceso de extinción de las lenguas sufre una fuerte aceleración y la riqueza lingüística de la cual disponemos actualmente no sobrevivirá cien años.

Estamos acostumbrados a ver la diversidad lingüística como un castigo divino; sin embargo, los hombres tratan de comunicarse entre sí. Entre ciertas tribus tradicionalmente hostiles de Papuasia, en Nueva Guinea, que no hablan el mismo idioma pero que necesitan resolver sus diferencias, se intercambian niños que, además de la suya, aprenden la lengua de la tribu de adopción; más tarde éstos actúan como embajadores e intérpretes entre las tribus y existen leyes muy estrictas que garantizan su seguridad.

Para comerciar y ampliar sus posibilidades de comunicación en diferentes épocas de la historia, diferentes pueblos han adoptado lo que se llama una *lingua franca*; ésta es una lengua vehicular. El swahili en África oriental, el malayo en el extremo Oriente (ahora está cediendo paso al indonesio), el sogdiano en el pasado y el persa medio en la época de la ruta de la seda a través de Asia fueron lenguas francas. Por ser utilizadas sólo en el comercio, la mayoría de esas lenguas se simplificaron. Algunas se han convertido en idiomas "pidgin", es decir, lenguas auxiliares con una sintaxis y un vocabulario simplificados. Hay lenguas vehiculares que resultan de la dominación colonial: se vuelven variedades dialectales de la lengua de la metrópoli (como en Haití). Todas esas diversidades constituyen una riqueza fundamental: en esas lenguas están contenidos el acervo, la experiencia, la sabiduría acumulada y la visión del mundo de buena parte de la humanidad. Los intentos de instaurar una lengua universal que resulte comprensible para todos era una meta de los filósofos de la ilustración europea y de la segunda parte del siglo XIX, pero no ha dejado de ser una utopía.

Existen lenguas que no distinguen entre el verde y el azul (como el galés) aunque los pueblos que las hablan sí diferencian estos colores en la vida cotidiana. Existen jergas especializadas que se crean entre los mecánicos, los pintores, los médicos y los banqueros. Sin esas riquezas las lenguas no expresarían más que generalidades y desaparecerían aspectos esenciales del saber humano. Por otro lado, se ha observado que cuando una lengua occidental (que no tiene elementos para expresar la riqueza de los lazos de parentesco) suplanta a una lengua indígena, se acelera la descomposición de la sociedad tradicional. Las lenguas expresan diferentes estados de ánimo: en la lengua aiwo, de las islas Salomón, todas las palabras que designan objetos inútiles llevan forzosamente un prefijo que así lo indica. La metáfora: "el tiempo es oro", no existe en las sociedades tradicionales. En la lengua barrai, de Nueva Guinea, existen tres variantes para expresar el pronombre posesivo "mí": *1)* para decir que depende de mí (mi hijo); *2)* que yo dependo de él (mi padre), *3)* que dependemos uno de otro (mi tierra). Estas riquezas en los matices no deben desaparecer. Pero, ¿qué hacer con la unidad del Estado?, ¿dónde ubicar el punto de equilibrio entre la diversidad conservada y la modernidad necesaria? Éste es el verdadero dilema de las lenguas.

¿Es hereditaria la inteligencia?

Un debate que no tiene fin se ha iniciado a partir de la publicación, en Estados Unidos, de un libro titulado *The Bell Curve* (*La curva de la campana*), que pretende demostrar que los negros son, por herencia, menos inteligentes que los blancos.

¿Por qué ese título? Por la forma de la curva gráfica que conforman los coeficientes intelectuales (IQ): en medio, donde está la cumbre, tenemos el número cien, donde se sitúa la mayoría de la gente; quienes tienen menos de cien son los débiles mentales; aquéllos con más de cien son los genios.

El debate gira alrededor de la pregunta: ¿acaso la inteligencia es hereditaria?, y ¿acaso tiene rasgos raciales? Los autores de *The Bell Curve* son el psicólogo Richard Herrnstein, quien enseñó en Harvard y que pertenecía a la tradición racista americana, y Charles Murray, profesor de ciencias políticas, quien en su juventud fue Cruz de Fuego del Ku-Klux-Klan, así como inspirador de Ronald Reagan.

Los autores dicen, en consecuencia, que los negros americanos son genéticamente menos inteligentes que los blancos, pues su IQ promedio es de ochenta y cinco contra cien en promedio para los blancos. Por tanto, los programas de ayuda social cuestan caro al gobierno;

sólo sirven para que se reproduzcan y para mantener así un alto nivel de criminalidad, ya que en su grupo social los menos inteligentes tienen más hijos. La sociedad estadunidense estaría beneficiando al grupo poblacional menos productivo y aquel que debilita su capital intelectual. Así que hay que dejar que las leyes del mercado seleccionen a los más capacitados, como lo hace con los buenos productos. La jerarquía social tendría, por tanto, un fundamento genético. En la introducción y en la contraportada del libro, los autores dicen: "No ignoramos el mal que podríamos causar si el libro es mal entendido; pero se pueden hacer verdaderos progresos en la resolución de problemas sociales". El problema planteado es el de la igualdad, la superioridad y la diferencia. Mientras que la Declaración de los Derechos del Hombre muestra a la igualdad de todos los hombres como una evidencia *per se*, hoy la moda está al "todo genético". Esta tendencia despierta los viejos prejuicios. Durante un tiempo se habló del gen de la criminalidad; luego, del gen de la homosexualidad; ahora se habla del gen de la desigualdad social, y sin embargo aún no sabemos cómo se forma un cerebro, qué es adquirido y qué es innato en él. El tema renueva el darwinismo social resucitado hace poco: dos meses antes de *The Bell Curve* apareció otro libro titulado *Race and Culture*, que pertenece a la misma corriente neoconservadora.

El libro está escrito siguiendo un razonamiento en varios tiempos. Primero, el éxito social –hoy– depende de la inteligencia. Esta idea es interesante, ya que gira en torno a la formación de una élite cognoscitiva que ha cambiado las reglas del juego y ha instalado barreras para reforzar su poder. Ha logrado controlar el poder legislativo y reglamentario e impidió su acceso a los demás. La gente que ocupa los cargos clave proviene, cada vez más, de un ecosistema: Harvard, Stanford, Princeton y Yale; parecen haber sido aislados del mundo desde su entrada a la universidad. Así que existe una correlación entre el IQ y el éxito escolar, profesional y familiar, como existe una correlación entre un IQ débil y el desempleo, la delincuencia, las familias desintegradas y la pobreza. Segundo, las aptitudes intelectuales del individuo son hereditarias. Tercero, la distribución de los genes de la inteligencia es desigual según los grupos étnicos o raciales; por ejemplo: los asiáticos del este, al igual que los judíos ashkenaz, tienen diez puntos por arriba de los blancos.

Si la desigualdad es genética, ¿para qué tratar de combatirla sociopolíticamente? Hay que preservar las ventajas de la élite limitando la proliferación de los individuos menos dotados. Los datos objetivos son los siguientes: el coeficiente intelectual de la mayoría de los blancos gira alrededor de noventa a ciento diez; en la mayoría de los negros este IQ gira alrededor de setenta y cinco y noventa y cinco, con una minoría que registra un pico de ciento treinta. En el conjunto demográfico de Estados Unidos los negros formarían un cúmulo cuyo IQ es, en su mayoría, inferior al de los blancos. Pero la mayoría de los negros tienen también un estatus socioeconómico más bajo y son los blancos con el estatus socioeconómico más bajo los que tienen un IQ rezagado.

Esta diferencia de quince puntos entre el promedio de los blancos y el de los negros es la que separa en la actualidad a los Estados Unidos de lo que eran en 1945. Estos mismos quince puntos separan a los católicos de los protestantes en Irlanda del Norte, o a los sefaradíes de los ashkenaz. Cuarenta millones de estadunidenses, blancos y negros, que viven por debajo del límite de pobreza con bonos alimenticios, tienen un IQ limitado. Así que el mensaje del libro es el siguiente: si los pobres son pobres, es porque son menos inteligentes y, colectivamente, los negros son menos inteligentes que los blancos (aun si existen individuos brillantes entre ellos). Entonces, los programas socioeducativos son un derroche que favorece la difusión de los malos genes. Ésta es una respuesta fácil que se da en el momento en que había que buscar la causa de este rezago en la crisis social y tratar de encontrarle soluciones. Aquélla fue la tesis dominante en los años veinte y la teoría oficial de la Alemania nazi; por lo que, muerto como teoría seudocientífica, el racismo retoma vitalidad fuera de la comunidad de los sabios.

En 1970 un psicólogo de Berkeley, Arthur Jensen, escribió: "Los negros americanos no están desprovistos del gen de la inteligencia". Le contestó el profesor Jeffries, del City College de Nueva York: "Es la melanina la que confiere genéticamente a los negros su superioridad intelectual". Este discurso no es nuevo, nació en el mundo anglosajón al mismo tiempo que la tesis de Darwin, quien decía: "Entre los salvajes, los individuos débiles de cuerpo y espíritu son eliminados rápidamente. Los sobrevivientes son, por el contrario, vigorosos. Nosotros, hombres civilizados, tratamos de impedir la marcha de la eliminación, construimos hospitales para idiotas y enfermos, hacemos leyes para ayudar a los indigentes; así, los miembros débiles de sociedades civilizadas pueden reproducirse indefinidamente".

El darwinismo social es la transposición del concepto de evolución a la sociedad y es el alimento de las corrientes reaccionarias (Darwin no es ninguna garantía de decencia, ni mucho menos ningún aval). En 1927 la Suprema Corte declaró constitucionales las leyes que permitieron esterilizar a la fuerza a miles de personas. Estas leyes siguieron vigentes hasta 1972. En 1970 William Shockley (Premio Nobel de Física) inició una campaña eugénica con el apoyo del psicólogo Arthur Jensen. Convencidos ambos de la inferioridad genética de los negros y del carácter innato e irremediable de las diferencias de aptitudes, pidieron la esterilización de los menos aptos y crearon en California bancos de esperma de premios Nobel para fabricar niños superdotados. Los conservadores estadunidenses explotaron estas investigaciones para justificar sus posiciones. Todo el debate sobre la inteligencia está contaminado por la ideología. Los que hablan de inteligencia hereditaria son, de hecho, malos sociólogos. La influencia del medio sobre la inteligencia es determinante: los niños de un medio desfavorecido, adoptados por familias de la clase media alta, tienen un IQ medio que pasa de 95 a 110 (equivalente a la diferencia observada entre pobres y ricos). La influencia social sobre el IQ actúa en los dos sentidos: aun con un *handicap*, si éste no es muy pesado, los niños subnormales —que tienen un IQ entre 62 y 85—, cuando son adoptados entre los cuatro y los seis años, ven su IQ pasar de 77.6 a 91.6, es decir que aumenta 14 puntos, de ahí lo reversible de su debilidad ligera. Un negro estadunidense tiene hoy más posibilidades de hacerse matar por una bala que un soldado en la guerra. El uno por ciento de la población posee un tercio del patrimonio, nueve por ciento poseen el segundo tercio, mientras que el noventa por ciento, se comparte el resto.

Los cálculos de coeficiente intelectual son muy discutibles. Así, encontramos que el presidente Kennedy tenía un IQ de ciento diecinueve, mientras que el beisbolista Reggie Jackson lo tiene de ciento sesenta y Madonna de ciento cuarenta.

Es detestable cuantificar la inteligencia. Las pruebas miden aptitudes que los autores de pruebas crearon. La primera escala de medida fue hecha a principios de siglo por el francés Alfred Binet. Su intención era descubrir a los niños con dificultades escolares. Se elaboraron pruebas para cada edad y se estableció una "edad mental" que se pone en relación con la "edad real". El sucesor de Binet, Stern, dividió la edad mental por la edad real y la multiplicó por cien para tener un número entero: así es como se obtiene el IQ. Cuando es igual a cien, corresponde a lo normal; por debajo, se traduce en un atraso; por encima, refleja un adelanto.

Los psicólogos anglosajones Lewis Terman y Charles Spearman en Estados Unidos, y Ciryl Burt en Gran Bretaña, entre otros, utilizaron mal el invento; lo extendieron a los adultos e hicieron de él un instrumento para *normalizar* a los individuos: hay que estar en la norma. Nadie sabe exactamente lo que mide un IQ, ya que las capacidades son muy diferentes y las aptitudes muy distintas. Se pueden tener buenas estrategias verbales y mala ubicación espacial, y muchos se oponen a esta medición. El cerebro es la estructura más compleja del mundo. ¿Qué miden las pruebas? Miden la capacidad lógica, la memoria, las adquisiciones culturales básicas, las cualidades que condicionan el éxito escolar y profesional. Es un instrumento razonable para predecir el éxito escolar. Una prueba que privilegiara la inteligencia informática establecería una clara superioridad de la raza amarilla sobre la blanca, porque existen diferentes formas de inteligencias que dan las culturas disímbolas.

Durante los años setenta muchas pruebas fueron prohibidas y ya que diversos grupos étnicos no tenían la misma tasa de éxito, el nivel exigido fue rebajado. Con esta práctica, el *race norming*, muchos negros fueron contratados con niveles inferiores a los blancos rechazados. En 1991, durante la administración de Bush, se puso fin a esta injusticia.

Ahora valdría la pena preguntarse, ¿qué es realmente la inteligencia? La palabra viene del latín *intelligere:* comprender. No existe ningún acuerdo para definir el término: ¿será la función cognoscitiva general o comporta funciones fundamentales distintas? Existe una tercera corriente, para quien la noción de inteligencia, considerada como función, es diferente de la que se reconoce en los animales, porque el animal posee, en grados diversos, los tres tipos de actividad intelectual que definen a la inteligencia: la abstracción, la construcción de modelos y la solución de problemas.

Existen diversos tipos de inteligencia más o menos aptos para las actividades prácticas, técnicas o teóricas, y diversas categorías de necesidades y problemas: abstractos, concretos, generales, particulares, domésticos, políticos, materiales, psicológicos, especulativos y empíricos. Existen inteligencias que están desarrolladas en algunos campos y no en otros. La inteligencia puede ser el control de sí mismo y de los eventos en los cuales uno está implicado, una anticipación o capacidad de análisis de una situación, así como una evaluación para preparar una respuesta. La inteligencia podría ser también el conjunto de las facultades para aprehender lo desconocido o lo muy conocido; supondría imaginación, atención, paciencia, duda, modestia, curiosidad (este último elemento es determinante para la inteligencia, mucho más que la abstracción o el análisis; su apogeo sería la curiosidad de todo). La inteligencia podría ser también multiforme, así que toda tentativa de definirla es necesariamente reductora. La capacidad de adaptación a lo real es sin duda una manifestación de la inteligencia, pero no es ni necesaria ni suficiente.

La aptitud en un campo particular de la actividad cerebral (matemáticas, ajedrez) no confiere una superioridad en otros campos y es raro que un individuo logre hacer crecer sus capacidades en más de un campo a la vez. La inteligencia es una noción muy relativa que depende del medio: un citadino en la selva sería un tonto. Tenemos también una tendencia a confundir inteligencia con creación. La velocidad de reacción figura entre los ingredientes de la inteligencia, así como la rapidez en la decisión. De hecho, descubrimos que no existe una definición. Hay inteligencia cuando el espítitu se mueve; como el movimiento en el cuerpo supone coherencia, eficacia, capacidad para responder a situaciones difíciles, prever efectos, comprender lo que es, saber lo que no se sabe, pensar con independencia y rigor. No hay gran inteligencia sin imaginación; la inteligencia supone tener la mayor cantidad de puntos de vista sobre un tema, la capacidad de no quedarse en una sola idea; cuando se dice "estoy seguro que..." se acabó la inteligencia. Supone también una facultad de adaptarse a las situaciones nuevas e imprevistas, la comprensión a la vez sociológica, técnica, científica, que puede llevar al análisis, una disponibilidad de espíritu, el arte de preguntarse a sí mismo y a los demás, la capacidad de entablar puentes entre campos totalmente diferentes, etcétera.

Se trató de imitar la inteligencia en las computadoras; se elaboraron programas de investigación para "pescarla" en los confines del universo. Los animales muestran capacidades de abstracción, de conceptualización, de cálculo, de estrategia; fabrican instrumentos, trampas, son capaces de innovación. Pero el principal límite de la inteligencia de los animales parece ser la incapacidad de proyectarse fuera de su propio espíritu, representar su propio pensamiento, hacerse preguntas, reconocer faltas en su propio saber: el animal no tiene un segundo nivel; ahora, si este análisis se confirma, mucha gente tampoco lo tiene.

La inteligencia determina menos el estatus social y el medio; éstos contribuyen a fabricar la inteligencia. La inteligencia es lo que fabrica inteligencia con inteligencia.

Por razones que ignoramos, nuestros hijos resultan hoy más inteligentes que nosotros; a esto se le conoce como el "efecto Flynn". Durante los últimos cincuenta años el IQ medio subió quince puntos: ahí aparece la querella de lo innato y de lo adquirido. Las competencias del recién nacido son enormes; desde el cuarto día logra identificar la lengua materna y la distingue de una lengua extranjera, puede aprender a regular su ritmo de succión en función de la estimulación externa; es decir que ya tiene noción del tiempo.

La idea de que la inteligencia puede ser sometida a la influencia de los genes no es escandalosa, es más bien lógica. Cualquiera que sea la manera de definir la inteligencia, ésta se manifiesta por el funcionamiento del cerebro y ningún cerebro escapa a la naturaleza biológica y al determinismo de los genes. Pero esto no significa que las aptitudes intelectuales sean fijadas de una vez desde la concepción. Un gen contiene a la vez un programa y el "control" de ese programa; ningún gen aplica su programa de manera insensible a lo que lo rodea. Entonces, se puede considerar que la inteligencia es sometida a la influencia genética, pero no se sabe cuántos ni cuáles genes se usan para ello. Pero las tesis que pretenden establecer una relación entre la raza y la inteligencia son totalmente débiles. Se apoyan sobre una antigua concepción que divide a la humanidad en grandes tipos raciales homogéneos. En este sentido las razas no existen; hay una gran variedad de poblaciones humanas que no recubren la división clásica de las razas: hay negros en África y en las islas del Océano Pacífico y son dos familias muy alejadas. Las características más visibles, como el color de la piel y la morfología, traducen esencialmente una adaptación al clima que puede ocurrir en una escala corta de tiempo (algunos miles de años). La base genética de las diferencias raciales es más estrecha que el conjunto de la diversidad humana; por ello, la mayoría de los genetistas han abandonado la noción de raza.

Lo innato es un misterio porque no se ha descubierto el gen de la inteligencia. La inteligencia es fuertemente determinada por la herencia y tiene correlación con el estatus social. Ahí surgen dos peligros: la exaltación comunitarista de la diferencia y el neorracismo ultraliberal. Es absurdo casarse con el mito de la total unidad de la especie, y un discurso que niegue las diferencias crea reacciones racistas, además de que no es aceptable por los que viven esta diferencia; es un discurso divorciado de la realidad. Se proclama que "la raza no es más que una cultura" y se llega al punto en que la opinión transforme la cultura en raza. Se rechaza la diversidad mental y se arriba a la proclamación de la superioridad intelectual de la mentalidad dominante.

Si el aporte de las razas humanas a las civilizaciones es diverso y original es porque las circunstancias geográficas, históricas y sociológicas son variadas, pero también específicas. Sin embargo, en cualquier medio geográfico, histórico y social los hombres han adquirido una lengua, una música y un arte. Sus formas diferentes resultan de las orientaciones diversas de las ramas del tronco común. Al igual que hubo adaptación de los ojos, de la nariz, del pelo y de la piel, también la hubo en los contactos neuronales, es decir, en las relaciones sinápticas. A la vez, una cultura induce una predisposición cerebral y ésta infiere sobre una cultura. Hoy las mezclas posibilitaron que ya no exista, prácticamente, una cultura que no haya heredado lo adquirido y las predisposiciones cerebrales de todas las demás.

Ahora, detrás de la apariencia de estas entidades abstractas que son las civilizaciones, los pueblos, las etnias, las razas, se disimula una infinidad de destinos particulares, de personalidades diversas, de talentos originales, de sensibilidades que no pueden ser clasificables. Estas diferencias, estos particularismos, unifican. Es la singularidad la que hace la historia. Si se quiere luchar eficazmente contra el racismo hay que quitarle definitivamente toda pretensión a la cientificidad, no eludir el problema de lo real biológico. En el hombre, lo instintivo y lo adquirido se mezclan. Linneo decía que los "asiáticos no tenían más que un solo rasgo humano: el de saberse abyectos". Marx escribía (sobre Lasalle, su competidor en el socialismo): "Desciende, como lo muestra la forma de su cabeza y su pelo, de los negros que se han mezlcado con los judíos a su salida de Egipto". Todo esto pertenece al campo de los prejuicios, y caer en ellos no nos honra.

Vamos a entrar en una pequeña cavidad, una gruta, seguida de una amplia galería llena de estalactitas. Este lugar fue frecuentado por hombres del paleolítico. Tenemos la impresión de penetrar en una casa cerrada desde hace tiempo; todo se encuentra en su lugar bajo una capa de polvo. Ponemos los pies en las huellas de quienes nos precedieron; distinguimos trazos de ocre en la pared, un pequeño mamut rojo, leonas... Estamos en Lascaux o en Altamira; hemos vuelto al paleolítico superior que se extiende entre veintidós y dieciocho mil años antes de la época actual. La maestría técnica de los artistas es evidente. A juzgar por sus capacidades plásticas, Cro Magnón se parecía a nosotros, mientras que Neanderthal desapareció de repente hace treinta y cinco mil años, sin dejar la menor herencia artística. Vamos en busca de nuestros ancestros.

Hagamos algo de historia: la célebre Lucy fue descubierta en 1974: nuestro ancestro australopitecus tiene 3.5 millones de años. Pero los artistas de la gruta visitada representan, en comparación con Lucy, la modernidad. Australopitecus estaba aún ligado al mundo animal, lo que subraya la inmensidad de la prehistoria.

Cro Magnón es biológicamente idéntico a nosotros; resulta evidente que su tecnología era rudimentaria, pero ya compleja: se rasura con un sílex o una obsidiana; en el nivel espiritual, intelectual o simbólico, ha alcanzado un alto grado de reflexión. Sus grabados, esculturas y pinturas, son las marcas de su sentido de lo sagrado.

Los primeros y verdaderos instrumentos (esto significa hacer un instrumento utilizando otro instrumento) datan de hace tres millones de años. Fabricar una forma preconcebida, en función de un uso preciso, es un paso enorme del pensamiento. Al final de este camino se encuentra el arte.

De *homo habilis* a *erectus*, a *sapiens*, llegamos al desarrollo de la doble simetría, el sílex tallado en bifases. Una etapa temprana se sitúa hace quinientos mil años, cuando el hombre inventa la técnica de la talla de trece golpes que se terminan por 1.14 grados y que develan, por fin, la forma deseada (un poco como los doblados sucesivos de una hoja de papel que permiten formar una figura de origami que no se puede discernir en las fases intermedias). Sabemos de esta técnica a partir de los pedazos de sílex tallados, siguiendo las etapas del tallado como en una película pasada al revés; ahí se ve dónde fueron dados los golpes y se distingue el buen artesano del aprendiz. Aparece también el uso de la madera, su comprensión y –principalmente– la maestría del fuego, que fue la verdadera revolución tecnológica.

La fase siguiente principia hace 100 mil años, cuando el hombre de Cro Magnón empezó a inhumar a sus muertos. Los cadáveres fueron dispuestos en fosas, acompañados por objetos y alimentos. La espiritualidad iba en aumento. Es en este periodo que se encuentran los objetos aparentemente inútiles. Las habitaciones neanderthalianas mostraron colecciones de caracoles, fósiles y minerales; éstos fueron los primeros museos de historia natural, con dientes y conchas agujeradas para adornar el cuerpo.

Luego, hace cuarenta mil años, hubo una proyección sobre objetos en hueso y marfil, así como pinturas sobre las paredes de las grutas. Todo ello muestra la percepción que tiene el hombre del mundo; unas representaciones animales y unos signos abstractos muestran un pensamiento simbólico complejo; éste era un avance decisivo del espíritu humano. Una manera simple de representar esta evolución fue a través del índice tecnológico, que consiste en pesar un kilogramo de sílex tallado y medir el largo del corte total que resulta de él. André Leroi-Gourhan tuvo la idea de cuantificar este progreso, pesando las piedras talladas de las diferentes épocas y comparando las tallas adicionadas de sus partes activas (sus filos): alcanzó así una talla total de filos de diez centímetros por kilogramo de piedra tallada hace dos millones de años; cuarenta centímetros por un kilogramo de piedra tallada hace 500 mil años; doscientos centímetros por un kilogramo de piedra tallada hace 50 mil años; y veinte metros por un kilogramo de piedra tallada hace 20 mil años.

El *homo habilis* (el primer hombre) es el autor de esos diez centímetros de filo por kilogramo. Los primeros *homo erectus* (el segundo hombre), contrariamente a lo esperado, no fue más brillante. Sus individuos más jóvenes saltaron de diez a cuarenta centímetros. El *homo sapiens* (el tercer hombre) tuvo una evolución biológica más rápida que el progreso técnico. Se quedó en cuarenta centímetros, mientras que los *sapiens* más jóvenes pasaron de cuarenta a doscientos centímetros de filo por kilogramo; luego volvieron a multiplicar este récord por diez. El *homo sapiens* dibujará, esculpirá, pintará, alcanzará (hacia los diez mil años) setecientos centímetros de filo por kilogramo de piedra tallada, inventará la agricultura, la ganadería y la escritura, descubrirá el oro, el estaño, el hierro y su uso, la imprenta, la electricidad, la energía nuclear y la informática.

Durante dos millones quinientos mil años la evolución biológica fue "mayoritaria", más rápida que la evolución tecnológica, cultural y artística. Luego, desde hace algunos cientos de miles de años, el orden de las velocidades se ha invertido. La evolución de la cultura se hizo predominante, más rápida que la evolución biológica hasta el punto de detenerla por completo. El medio cultural, fabricado por los hombres, acabó por desarrollarse de manera que responde, en el lugar del cuerpo, a las solicitudes del medio natural. ¿Cómo y cuándo ha ocurrido esta inversión, esta demostración de velocidades diferenciales de la evolución de la biología y de la cultura?

Lo que vemos es una maduración social. La cocción de la arcilla fue descubierta dos mil años antes de ser realmente utilizada; se encuentran pequeñas estatuas cocidas de 25 mil años de edad. Una de las secuelas simbólicas de este tiempo es la asociación del burro y del buey que encontramos al lado del niño Jesús en Navidad: en las paredes de las grutas, una de las asociaciones más frecuentes es la del caballo y el bizonte, que se puede interpretar en términos de masculino y femenino.

Estos abuelos nuestros eran cazadores de megaceros, unos animales que tenían 1.80 metros de alto, sus cuernos alcanzaban tres metros de amplitud; una comunidad podía alimentarse de estas criaturas durante varios días. Los hombres de Cro Magnón prefirieron el caballo a este ciervo gigante o el reno, el auroch, el bizonte, el antílope saiga; el mamut y el rinoceronte lanudo eran demasiado grandes para ellos; había que hacer un agujero enorme en el suelo. El cazador era en ocasiones carroñero y la caza era una actividad organizada en comunidad. Había que aislar de los rebaños a los elementos más débiles, a veces precipitar al animal por el barranco —unas hordas de caballos salvajes eran rodeados y llevados al barranco para matarlos—; los animales medianos, como el reno, eran muy buscados por sus cuernos, que servían como instrumentos y armas. Se les transportaba enteros al campamento. También se cazaba a pequeños animales como la perdiz de nieve, los pichones, las liebres y los erizos. Se utilizaban armas de lanzar con una punta de cuerno de reno o de pedernal tallado; el cuchillo se perfeccionó con la invención del mango; otra innovación fue el propulsor: en lugar de lanzar con la mano, el cazador prolongaba su brazo con un palo dos veces más largo, cuya extremidad permitía propulsar. El arco fue inventado hacia diez mil años a. C.

La primera representación de un pez data de 25 mil años a. C.; el arpón y el anzuelo curvo fueron inventados hacia los ocho mil años a. C. Es hacia esta época que la alimentación se diversificó. El clima se volvió templado: aparecieron las nueces, conchas y caracoles para variar el menú. El clima riguroso no favorecía el desarrollo de la flora. En plena época glaciar, la temperatura no pasaba de los quince grados centígrados en el peor de los veranos. En la estepa crecían gramíneas, zanahorias, coles salvajes; la carne era escasa; cualquier cosa servía: granos, frutos, hojas, raíces, flores, miel y huevos.

A medida que el clima se volvía más cálido nos acercamos al neolítico (seis mil años a. C.) Ahí encontramos huellas de cosechas y consumo de vegetales, palos para descubrir los tubérculos y las raíces. En esta época los hombres ya sabían tejer ramas para hacer cestas. Para preparar los alimentos tenían varios modos de cocción; ya no les bastaba la carne rostizada. Al estudiar los dientes, tenemos indicaciones de las costumbres alimentarias: estos hombres eran omnívoros. Hay que esperar otros diez mil años para que aparezca la agricultura y la ganadería.

¿Cómo comen? Asan, calientan piedras que luego echan en unos trastos de piel para cocer las sopas. Los trastos eran fabricados con vísceras de reno o con pieles cosidas; las piedras comunicaban su calor al agua que hervía.

A través de las piedras talladas, las huellas del fuego, los agujeros, las cubetas, los desechos de huesos, el suelo pisado y otros indicios, tratamos de reconstruir el hábitat: tiendas, chozas armadas alrededor de estructuras de madera o hueso de mamut, cubiertas de pieles y reforzadas con piedras. Las camas, hechas de pieles, se encontraban probablemente pegadas contra las paredes. Las piedras planas se ponían alrededor del fuego, para sentarse. Se reconstituye la organización espacial de la habitación prehistórica analizando la disposición de los vestigios y se lee literalmente el suelo. El hogar principal se componía con piedras, regularmente cambiadas cuando estallaban por el calor; algunas sirvieron directamente como placa de cocción para la carne. A veces se puede distinguir el lado de la cocina de aquél que servía como taller, el espacio donde ocurrían las actividades sociales y las áreas de reposo. Estas últimas se distinguen por su limpieza. Varias habitaciones agrupadas formaban una unidad. Los montones de desechos muestran que se hacía la limpieza separando los pedazos de sílex del conjunto de huesos. Rearmando el esqueleto de un mismo animal, cuyos huesos estaban diseminados entre varias habitaciones, descubrimos que se compartía la carne entre todos. Las grutas eran ocupadas durante un tiempo largo, luego abandonadas, cuando el grupo viajaba. Así es como logramos recomponer el mosaico de la vida.

Es en el año 1870 cuando el término *paleolítico* fue adoptado para designar la edad de piedra tallada. Es un lapso inmenso que va de menos tres millones a diez mil años a. C. El instrumento más viejo del mundo es, sin duda, una piedra tallada por ambos lados encontrada en el Valle del Omo, en Etiopía; su edad es de 2.5 millones de años. Entre ella y la minúscula punta de flecha hay varios niveles intermedios.

El descubrimiento de la "hoja de laurel" fue una revolución técnica de capital importancia que ocurrió hace 20 mil años. Hay dos técnicas principales en la edad de piedra: labrar y cortar en trozos. La primera, la más antigua, consiste en tomar un bloque de sílex, luego quitarle varias partes para sacar un corte: así es como se obtiene un objeto bicéfalo. La segunda es el arte de usar los restos, buscando pedazos cada vez más largos y más finos liberados en una primera operación. El principio general del progreso consiste en obtener la mayoría de lados cortantes a partir de un mínimo de materia prima. El proceso de producción en serie es más avanzado a medida que hay menos desechos. Así se logran las puntas (láminas, hojas) con una cresta triangular de una eficacia temible: era un precuchillo. Sin embargo, este conocimiento fue abandonado después de unos dos mil años de uso. ¿Por qué? Tenemos que abandonar la idea de que existe una historia lineal de la técnica. Todas las grandes épocas conocieron altas y bajas; el salto hacia atrás es un enigma, ¿por qué se produce?, no lo sabemos.

Donde se encuentran piedras se localiza, por lo común, un templo rupestre; el trabajo de la piedra y el arte rupestre comparten el mismo mundo y el mismo hombre. Sabemos que enterraban a sus muertos con adornos, armas, instrumentos y objetos. No sabemos cuáles eran las relaciones de los hombres y de las mujeres. Se puede pensar que las mujeres recolectaban las plantas, mientras que los hombres cazaban, como aún hoy se da en algunos lugares del planeta. Pero, en el paleolítico, el cambio de clima que sacudió el equilibrio de la fauna y la flora volvió la vida aún más precaria. Sabemos, por las estatuillas, que la imagen femenina era venerada. En las habitaciones adivinamos —por la disposición de los objetos— unas áreas típicamente masculinas y otras femeninas. La organización social se formaba a partir de pequeños grupos familiares que vivían separadamente y se reunían todos en la caverna, donde había una media docena de habitaciones. Los huesos estaban curiosamente distribuidos: los mismos huesos se encuentran siempre cerca del mismo fuego y se comparte el animal entre varios fuegos en una forma muy peculiar; así, los fuegos más cercanos tienen más pedazos de la bestia, mientras que los más lejanos son más desfavorecidos: tal parece que la repartición se hace en función de las relaciones familiares o del estatus social.

Las sepulturas tienen todas una capa de ocre rojo: éste era un dato ritual que evocaba la sangre. El ocre es un producto natural muy usado porque actuaba como conservador y retardaba la descomposición. Las figuras pintadas en las cavernas tienen un significado mitológico. Es probable que hayan existido ritos de iniciación; así, vemos huellas de pies de niños, que permiten adivinar una coreografía alrededor de un conjunto de falos en arcilla. Existen también restos de instrumentos musicales, como las flautas. Encontramos también un cráneo de oso puesto sobre una roca en medio de una sala inmensa; en otra gruta, el cráneo de un osezno había sido colocado abajo de una representación de un oso golpeado con piedras cortantes. Encontramos también un caballo con cortaduras, dibujado en arcilla sobre la pared. Todas esas representaciones nos hacen adivinar ritos de magia, parecidos al actual vudú. Las pinturas traducen encantamientos para vencer al animal. El reno era la caza favorita durante el paleolítico; sin embargo, no es representado en proporción de su importancia en la vida de la población; por el contrario, encontramos la presencia de animales peligrosos, como los felinos, por lo que adivinamos un cierto totemismo, una identificación del clan con un cierto animal que representaría el gran ancestro fundador de la tribu.

La representación humana es casi inexistente: salvo unas manos, sexos, siluetas y máscaras, muy excepcionalmente se ven personajes enteros. Más tarde las artes históricas usaron la representación humana. A veces adivinamos las huellas de un banquete ritual.

El arte paleolítico se subdividía en cuatro estilos sucesivos; todas las grutas estaban organizadas de la misma manera, los mismos temas se encuentran siempre en las partes centrales de la caverna; otras, en lugares más marginales.

Los temas son siempre idénticos y constituyen las claves para interpretar las pinturas y los grabados de todas las grutas: el caballo, el bisonte, signos abstractos de machos y hembras, delgados, llenos. Todo sigue un esquema binario. El caballo no pertenecía al bestiario sagrado ni era todavía la conquista más noble del hombre, sino un animal de caza.

El oso se encontraba, probablemente, en el centro de los rituales. El reno, fácil de cazar, era menos temido que otros grandes animales; la hiena y la pantera raras veces se encuentran representadas en el arte parietal. Vemos también representaciones instantáneas sucesivas del movimiento, multiplicando las patas (como en los dibujos animados); se dibujaban varias veces los cuernos y las siluetas como un acercamiento *naifa* a la perspectiva. En algunos de los grabados se usaba el sílex (pedernal). Los signos abstractos eran construcciones alrededor de un óvalo o diferentes ocres en un sitio donde todas las demás representaciones son monocromáticas.

En cuanto a las manos, algunas veces las encontramos en negativo (soplando pintura a través de un tubo sobre la mano colocada contra la pared), y en otras las vemos en positivo, embarradas de color antes de ser colocadas como sello en la roca.

Hay también relatos de acción: leonas lanzándose contra un rebaño de bisontes, y estudios de movimiento como el enfrentamiento entre dos rinocerontes. Los colores utilizados eran el rojo, el ocre, el amarillo, el negro y el blanco. Se utilizaba el carbón de madera para los trazos y se fabricaban pinceles con el pelo de los animales. Los medios materiales estaban lejos de ser primitivos: se habían inventado prácticamente todos los medios gráficos y plásticos que utilizamos aun en nuestros días. La materia prima era casi exclusivamente mineral: calcáreo, rocas tiernas que tienen la propiedad de fijar los pigmentos; es por ello que las grutas son más numerosas en las regiones calcáreas.

Para obtener el ocre se pulverizaba la arcilla que contiene el óxido ferroso. El óxido de manganeso o caolín daba la arcilla blanca. Nuestros ancestros se dieron cuenta de que podían enriquecer su paleta de colores calentando los pigmentos; también tenían bajorrelieves y altorrelieves. Para alumbrarse utilizaban lámparas en forma de trastos de piedra, donde se consumía una mecha sumergida en la grasa de un animal. Para decorar los plafones de la gruta escalaban unas estructuras de madera, fijadas con arcilla en unos agujeros encontrados en la pared.

Durante mucho tiempo se pensó que las diferentes culturas del paleolítico eran niveles sucesivos de una sola y misma civilización, pero en veinticinco mil años, en un área geográfica considerable, se vieron crecer y morir numerosas culturas. Hace treinta y cinco o cuarenta mil años, con el nacimiento del Cro Magnón, nuestro ancestro en línea recta, empezó el paleolítico superior. En él se distinguen varios periodos ligados a la técnica de la talla de piedra. La primera manifestación de arte se produce sólo varios miles de años después, con los bloques grabados con símbolos sexuales femeninos. El arte parietal emerge hace veintitrés mil años y pudo alcanzar la maestría técnica y el realismo, pero las figuras son siempre monocromáticas (en su mayoría negras y, a veces, rojas). Hace dieciocho mil años empezó a florecer el arte parietal. Esta cultura va a cubrir casi la totalidad de Europa y tendrá una longevidad de ocho mil años; tenía un estilo muy refinado, con representaciones en dos y, a veces, tres colores.

Las diferentes culturas no se suceden de manera esquemática; se entrelazan y se fusionan en el tiempo y en el espacio. Es así como llegamos a vivir, a finales del siglo XX, con áreas rezagadas del siglo XII.

La historia de la ciencia parece ser una guerra civil constante. Cuando gana un bando, no deja lugar ni derecho a la respiración del otro. Hoy van ganando los genetistas, los biólogos, los defensores de la herencia en contra de los defensores de lo adquirido. Durante mucho tiempo aquélla fue la única verdad admitida: lo adquirido determinaba las diferencias entre los seres. Los progresos de la genética vinieron a deshacer este principio: existe un destino genético que determinaría nuestras opciones afectivas o psicológicas, nuestra inteligencia, agresividad, homosexualidad, depresiones, etcétera. Y surge una nueva rama del saber llamada "genética de los comportamientos". Pero los defensores de lo adquirido, psicólogos, sociólogos, resisten en el nombre de la ética y de la política. Hace veinte años, quien se hubiera atrevido a sugerir que algunas enfermedades mentales podrían tener un origen biológico se hubiera hecho tratar de fascista. Entonces reinaban los defensores de lo adquirido: había que admitir que los comportamientos humanos lo debían todo a la sociedad y nada a la herencia. Las llamadas ciencias humanas daban legitimidad académica a esta ideología.

Las cosas han cambiado. La mayoría de las ideas tradicionales de izquierda, que defendían incondicionalmente esta postura, se han desmoronado y la genética está triunfando. Desde el descubrimiento de las leyes de la herencia por Gregori Mendel en 1866, hasta la cartografía del genoma humano, mucho camino se ha recorrido, transformando nuestra idea sobre nosotros mismos. Antes prevalecía la idea de que existía en cada quien una parte de herencia, más bien modesta, y casi idéntica para todos. Y sobre esta base fundamental común se venía a construir la diversidad de los individuos, dependiendo de las circunstancias de su vida. La educación, el medio social, la libertad humana, ocupaban en este esquema un lugar preponderante para explicar las diferencias entre los seres. Hoy, la mayoría de los biólogos revisan alza la parte de la herencia, mientras que la parte adquirida, la parte de la historia, se reduce; se descubre que el origen de algunas enfermedades podría ser genético, así como el origen de nuestras actitudes cotidianas y opciones afectivas o psicológicas podrían ser determinadas más allá de nuestros estilos de vida.

Se hacen investigaciones consagradas a los orígenes de la homosexualidad, la inteligencia, la agresividad, el alcoholismo, la esquizofrenia que hubieran parecido inaceptables en los años sesenta y setenta. La investigación sobre la depresión, por ejemplo, es parte de un gigantesco programa que estudia el genoma de unos mil enfermos y que subvenciona la Fundación Europea para la Ciencia. En cuanto a la homosexualidad, las primeras investigaciones sobre su eventual origen genético se iniciaron en los años cincuenta; una de ellas (en 1952) decía que, de treinta y siete pares de verdaderos gemelos y veintiséis pares de falsos gemelos, la homosexualidad de ambos era de cien por ciento en el primer caso y de doce por ciento en el segundo. En aquella época existía cierta reticencia hacia todo lo que se refería a la genética: ésta parecía ser un instrumento entre las manos de las ideologías de la extrema derecha.

Se les temía a estos temas: el descubrimiento de que el material hereditario lo contiene el ADN data de 1943, pero se tuvo que esperar hasta mediados de los años setenta para que la genética médica sea enseñada, por fin, a los estudiantes de medicina. En diciembre de 1991 dos sabios estadunidenses, Michael Bayley y Richard Pillard, afirmaron tener la prueba irrefutable del carácter hereditario de la homosexualidad. Sus experimentos se realizaron con ciento sesenta y un hombres homosexuales. Se hizo el mismo experimento con lesbianas. La hipótesis de que la homosexualidad se debía más a la naturaleza que a la educación, y más a lo hereditario que a lo adquirido, parecía confirmarse. Quedaba por encontrar un gen susceptible de inducir este comportamiento para transformar la hipótesis en certeza científica. El análisis del ADN muestra que el comportamiento "homo" estaría ligado a la región llamada xq28, situada sobre el brazo largo del cromosoma X. Las estadísticas son tan abrumadoras que excluyen la posibilidad del azar. Hoy encontramos dos posiciones morales opuestas frente a estas cuestiones. Algunos homosexuales están encantados por este progreso científico porque, desde siempre, estaban convencidos de su diferencia. Aquella evidencia les parece liberadora. En 1991 un estudio sobre el cerebro concluyó en una diferencia de estructura en un nivel del hipotálamo. Hoy, una fracción grande de la extrema izquierda estadunidense aboga a favor de este derecho a la diferencia, así que el descubrimiento de su naturaleza innata no les molesta. Por el otro lado, existe la tradición republicana que teme a estas tesis y las asimila a las ideologías de extrema derecha.

¿Entonces, a quién creerle, a la ciencia o a la ideología? Para dejar de discutir, habrá que empezar por aislar el gen, comprender cómo actúa, qué proteína libera, cómo actúa esta proteína sobre el comportamiento; luego habrá que interpretar los resultados estadísticos. El determinismo simple, que relaciona una actitud psíquica compleja a un sustrato genético que sería su única causa, es demasiado rústico para ser aceptable.

Lo mismo ocurre en el caso de la esquizofrenia. Se dice que hay familias de esquizofrénicos así como las hay de maniacodepresivos. Los psicoanalistas insisten sobre el hecho de que la esquizofrenia se debe a la educación, pero la opinión de la inmensa mayoría de los biólogos —opinión que, a veces, no se atreven a decir en público para no chocar con la reprobación moral de los sociólogos y psicólogos—, es que no es el caso. La frecuencia de la esquizofrenia es de uno a tres por ciento en la población general, pero es de diez a cien veces mayor entre los emparentados en primer grado, y es cuatro veces mayor entre los gemelos auténticos que entre los falsos gemelos.

En el nivel ético y filosófico este tipo de investigación causa problemas. La esquizofrenia, el alcoholismo, la depresión, no dependen de una decisión pero, como todo lo que pertenece a la vida del espíritu, sería absurdo reducirlas a una sola causa. ¿Acaso la historia individual o familiar salen sobrando? Esto llevaría a concluir que existen familias de tarados. ¿Acaso se trata de probar que el destino genético es irreversible? Los desvíos políticos están a la vista: pronto nos pondremos a examinar el ADN de un individuo antes de darle trabajo, o experimentaremos sobre los embriones para eliminar a los malos. Nadie sabrá olvidar aquellos horrendos programas de esterilización y lobotomía practicados en los Estados Unidos en los años sesenta. Las críticas no van en contra de la verdad posible de tales hipótesis, sino en contra de los peligros eventuales ligados a su mal uso. Los partidarios de la naturaleza, es decir, la herencia, han estado desde siempre asociados a la extrema derecha política. Hubo una polémica por los años setenta que opuso a los psicoanalistas, partidarios de lo adquirido en cuestiones de dislexia y atraso mental, a los partidarios de lo innato. Lo que se teme es ver a los individuos etiquetados para siempre, encerrados en categorías rígidas y marginados. Éste es el tema político más grande de la historia republicana. Lo innato se asocia a las estructuras mentales aristocráticas del antiguo régimen; el mundo de la nobleza consideraba que los individuos eran, por nacimiento, mejores o peores. La revolución vino a retirar estos privilegios y afirmar la igualdad de los derechos. Lo que estamos discutiendo hoy es la desigualdad de los hechos.

Los posibles desvíos reaccionarios de la genética se refuerzan con la aparición de nuevas técnicas ligadas a la práctica de las procreaciones médicamente asistidas y los primeros experimentos de clonaje. El primer clonaje de embriones humanos tuvo lugar el 13 de octubre de 1993 y suscitó la reprobación unánime. Se teme a la selección de los embriones en algunos diagnósticos prenatales. Y vuelve a surgir el fantasma de un origen aristocrático de lo hereditario. En este campo, las referencias literarias abundan: Huxley, Orwell, *La isla del doctor Moreau*... Todo el registro de ciencia ficción ha tenido siempre connotaciones políticas e ideológicas. La hipótesis de unos clones utilizados para servir como banco de órganos es un ejemplo de ello. La realidad es menos sombría: pronto se podría (ya se puede) proponer tratamientos nuevos a las familias cuyos hijos por nacer tendrían una enfermedad hereditaria grave, como la mucoviscidosis o enfermedades degenerativas del sistema nervioso y muscular, etcétera. Ya se puede ofrecer un diagnóstico prenatal precoz, detectar defectos genéticos en el feto y abortar, o detectar defectos en embriones *in vitro*. Después de este diagnóstico, sólo serán implantados en el útero los embriones sanos. Desde hace cinco años esta técnica ha sido propuesta en Gran Bretaña, Estados Unidos, Bélgica, y decenas de niños han nacido de esta manera.

El temor a la selección parte de la idea de que, en un principio, la técnica se practicará sólo en las enfermedades graves, luego se extenderá a todas las peticiones de los padres según la idea que éstos se hayan hecho de la perfección. Así se vería el resurgimiento de unos proyectos totalitarios. Pero existe la realidad de la competencia objetiva de las ciencias humanas, que tuvieron su auge en los años sesenta y que ven hoy su campo limitado por el crecimiento de la genética y de la herencia, a costa de la influencia del medio, la historia y la sociedad.

Frente a esta embestida de la biología, algunos psicoanalistas optaron por una retirada bastante razonable diciendo que, aun si las ciencias duras demostraran que la proporción de la herencia es más importante que lo previsto, queda la historia del individuo y ésta no puede ser ignorada. En esta esfera el psicoanálisis conservaría su legitimidad. Pero aun en esta posición razonable existe un problema mayor: desde su aparición con Freud, el psicoanálisis pretendió que las causas del origen de la locura son absolutamente psíquicas; es decir, que la fuente se encuentra en los mecanismos de nuestra vida afectiva inconsciente, no en nuestra anatomía ni en nuestro material genético; de ahí la naturaleza puramente psíquica de la terapia. Así que el descubrimiento de un gen de la esquizofrenia no sería un asunto menor, sino que cuestionaría radicalmente la teoría psicoanalítica. Por el otro lado, la etiología psicoanalítica no ha cesado de inducir una fuerte culpabilidad en los padres y los ha vuelto responsables de los problemas que tienen sus hijos. Una etiología genética cambiaría esta relación. Por último, la eficacia del análisis en las grandes psicosis sería nula y explicaría muchos de los fracasos del psicoanálisis.

No se trata de colgar el psicoanálisis en la galería de las falsas ciencias, entre la alquimia y el marxismo, sino de redefinir sus objetivos y pensar sobre la comunicación con el enfermo, más que sobre el papel del terapeuta. La gran psiquiatría ya no existe; queda la necesidad de combatir la angustia y esto se hace entre varios. Así que, en lugar de disimular lo que parece molestar al igualitarismo democrático, habría que darse el tiempo de pensar en las eventuales desigualdades.

¿Cuál debe ser nuestra actitud, si nuestros comportamientos son realmente determinados por datos naturales? La cuestión es concreta en el caso de los pervertidos sexuales, violadores de niños, etcétera, ya que la mayoría de los biólogos piensan que están condenados a reincidir. En lugar de rechazar los hechos, sería mejor aceptar la verdad, cualquiera que sea; esto vale más que organizar la mentira, aun bien intencionada. Si afirmamos dogmáticamente una igualdad de hecho entre los hombres, podemos negar eventuales desigualdades de la naturaleza. Lo importante aquí es que esta desigualdad no se traduzca en la atribución *a priori* de privilegios jurídicos o políticos, ya que cada quien debe guardar, en principio, todas sus posibilidades para elevarse en la vida lo más que pueda. Sería bueno acabar con los anatemas, acusaciones e insultos que cierran el debate en lugar de abrirlo. No se puede seguir acusando al adversario, entrampándolo en categorías políticas —nazi, fascista, reaccionario, retrógrada, derechista. El problema no opone unos antinazis llenos de virtudes a unos fascistas asquerosos; los argumentos de los primeros, que poseen aparentemente todo el sentido común moral, son a menudo demagógicos y han convertido esta actitud en un verdadero *modus vivendi* seudointelectual, un "negocio" progresista.

La verdadera cuestión es la de los límites matizados que habría que imponer en lugar de autorizarlo o prohibirlo todo. Existen medios eficaces para impedir los peligros: por ejemplo, sólo los centros hospitalarios serían habilitados para practicar estas terapias genéticas, partiendo del principio que éstas sólo se podrán hacer en casos de enfermedades hereditarias graves, pero jamás en los casos de simple conveniencia. Este principio permitiría evitar ceder ante el fantasma del niño perfecto. Igualmente, sólo se actuaría en caso de embriones enfermos, sin tratar de seleccionar los mejores. La transparencia de la práctica debería ser perfecta, así como su constante evaluación. La ciencia no es ni de derecha ni de izquierda. La práctica de la suspicacia generalizada lleva al dogmatismo; muchos comisarios del pueblo, muchos inquisidores se esconden detrás de este supuesto carácter progresista.

La satanización de la genética se apoya sobre un fenómemo más común: el temor a la ciencia y el temor al futuro. Se trata de construir un gran mito repulsivo, perverso, destructor de la humanidad; a esta corriente anticientífica se han sumado algunas ramas del antirracismo, de la ecología, del feminismo, etcétera. Lo que los caracteriza no es la buena fe que les había dado nacimiento, sino la pereza intelectual. Acostumbraban utilizar sofismas al estilo de: "Hitler se interesaba en la genética, así que los genetistas son unos criptonazis". Y se recurre al mito faustiano de la creación de un modelo de hombre perfecto; y se habla de la destrucción de la diversidad genética: hay en todo esto una mezcla de delirio literario, temor a lo desconocido y conocimientos pedestres de una ciencia divulgada para usos primarios. Los riesgos existen, como en toda empresa humana —por ello es que el catastrofismo funciona bien.

Lo sorprendente es ver cómo en este rechazo de la ciencia logran reconciliarse los católicos tradicionalistas, en el nombre de la religión, con los exizquierdistas en el nombre del antirracismo.

¿Cuál es la posición sabia, cuerda, madura, sosega-
da? Existen caracteres completamente genéticos, otros
completamente formados por el medio y la mayoría
se sitúa entre los dos; así, algunas homosexualidades
son completamente innatas, otras adquiridas y existe
una cantidad enorme de variantes. Por tanto, los que
hablan de herencia tienen razón, los que hablan de lo
adquirido también tienen razón, pero sólo en las puntas
extremas de la cuerda.

En cuanto a la genética de los comportamientos,
ésta debe considerarse con tranquilidad; medir la
agresividad, la homosexualidad o la timidez es algo
extraordinariamente difícil. Se puede medir la diabetes, el colesterol, no la agresividad. La ciencia de los
comportamientos no presagia nada bueno. La mayoría
de los problemas resultan de un asociación entre varios
factores, unos genéticos, otros ambientales.

Sería demasiado fácil insistir sobre la parte innata
de los comportamientos para negarse a admitir que el
sistema social no sirve. Así nadie sería responsable de
nada. No hay una solución genética a la violencia; en
ésta hay un pequeño número de casos puramente genéticos o patológicos, pero son casos solubles dentro de
la gran masa. Mientras más interviene el medio en las
causas de una enfermedad, más difícil resulta buscar y
encontrar los genes que le son asociados y más tiempo
tomaría descubrir un tratamiento eficaz para ella.

El genoma puede compararse con una pelota de
estambre. Cien mil genes determinan nuestra especie
y están cargados sobre nuestros veintitrés pares de cromosomas. En 1988 comenzó el proyecto sobre el
genoma humano, cuyo propósito era descifrar la to-

talidad del mensaje genético codificado por nuestro ADN.

Hace poco la revista inglesa *Nature* editó un directorio firmado por doscientos investigadores de todo el mundo, que materializa un adelanto impresionante en el proyecto. Ahí, se determinaron y posicionaron treinta mil genes. En esta prelectura de nuestro ADN encontramos las instrucciones que nos hacen vivir. Éstas se encuentran codificadas para ser leídas por las células. Su alfabeto lleva cuatro letras químicas que resultan en un total de 3.5 mil millones de signos. Los signos forman palabras (los genes) que se desencadenan en frases. Más de tres mil genes ya están señalados como causantes de las enfermedades hereditarias (mucoviscidosis, miopatía, cánceres, diabetes, Alzheimer...) y la tarea de los científicos consiste en localizarlos, identificarlos y comprender su función.

El gen de una enfermedad se encuentra en un punto de esta pelota imaginaria, no se sabe cuál; para encontrarlo hay que desenrollarla: esto es la cartografía del genoma. Los científicos han desenrollado el ADN, lo han recortado en pedacitos y lo han ordenado. La computadora selecciona los pedazos de genoma que corresponden a la región que investiga, luego se les analiza y se llega al tratamiento.

Hay dos maneras de tratar las enfermedades genéticas: la primera consiste en copiar, por medio de pequeñas moléculas, el efecto de un gen defectuoso. La segunda, llamada terapia genética, consiste en implantar un gen eficaz en el lugar del defectuoso. Estas implantaciones representan una fuente de esperanza inmensa para las enfermedades incurables como la miopatía y la mucoviscidosis.

¿Acaso estamos hablando de manipulación? Sí, y somos eugenistas por la buena causa. Por supuesto que existe el peligro de cometer desvíos y habrá un día en que un loco abrirá una clínica donde los millonarios podrán escoger el color de los ojos de sus hijos. Organizaremos un gran escándalo y lograremos cerrar la clínica. Luego daremos el asunto por terminado, hasta el próximo desvío.

Pero no es la ciencia la que fabrica a los tiranos y a los irresponsables. Tampoco estamos viendo el fin de la valiente aventura que consistió en tratar de comprender a los demás y que estuvo en el origen del psicoanálisis. Desde sus orígenes ésta ha sido tratada de falsa ciencia, de religión y de charlatanería. Hoy, a sus casi cien años, las ciencias cognitivas y las neurociencias quieren reducir lo psíquico a lo neuronal, así como hace unos años las ciencias sociales querían reducir al individuo a su ambiente colectivo. Es cierto que la psiquiatría tiene un estatuto ambiguo, a la vez teoría y terapia, ciencia y arte que permite lo mejor y lo peor. El debate alrededor suyo también toca a la sociología, inspirada por un materialismo sumario. Durante algunos años pasados todo fue social, o político, o económico; como si fuera tan difícil juntar varios datos y varias fuentes para tratar de sacar una explicación más completa. Los neurobiólogos pretenden abarcar toda la vida psíquica, incluso en su fatal libertad, e introducir la química en la explicación del gozo frente a una escultura o frente a un cuadro. Los psicoanalistas se resisten y niegan el origen genético ya probado de algunas patologías como el autismo infantil, por ejemplo. Es una querella de fronteras y de poder.

Jacques Monod, Premio Nobel de Medicina, decía: "Preséntenme una sola prueba del inconsciente". Ésta es la guerra del inconsciente contra las neuronas, y hay que escoger; como en la religión, hay que ser o no creyente. ¿Acaso es tan difícil escucharse el uno al otro, aprendiendo la lección del viejo maestro? Freud tenía como formación primera la biología y esperaba que un día la bioquímica aportara soluciones a los problemas que el psicoanálisis trataba de explicar. La constitución de un ser vivo y la de un sujeto psicológico son complementarias. No hay psique sin cuerpo y sin vida, y no hay vida sin afectos y representaciones. El pensamiento no es la secreción de una glándula y el cerebro no es una computadora. La falta de emociones impide razonar y decidir. Nuestra condición es múltiple; transmitimos química y transmitimos lenguaje. No somos un simio más inteligente que otros, ni siquiera somos un simio que habla; somos un ser que habla y se pregunta ¿por qué lo hace, qué hace y a quién lo dice?

El cuerpo no se reduce a la biología, el erotismo no se reduce a la reproducción, el soñar no se reduce al sueño paradójico. Yo hablo, el otro escucha, o al revés. Es el descubrimiento de la alteridad: ¿dónde se encuentra este gen, si es que lo hay?, ¿qué nivel de organización de la materia ha permitido esta finura?

Para responder a las cuestiones que se plantean, los hombres recurren a la intuición, a la imaginación y, aunque en menor medida, al conocimiento, logrando así calmar la angustia que les causan sus orígenes. Los mitos del génesis son mucho más numerosos que los que relatan el fin del mundo, ya que describen los orígenes de algo que conocen. Sobre el futuro, el fin del mundo, nadie sabe nada; sólo se puede concebir como una catástrofe natural o una ruptura del curso normal de las cosas. Así, las mitologías nórdicas hablan de un incendio universal y las del Cercano Oriente de un diluvio o bien de una oscuridad implacable que cae sobre la Tierra.

Para hablar del génesis, la civilizaciones mesopotámica y egipcia inventaron un mundo fabricado por un Dios alfarero. Ambas se desarrollaron ligadas a grandes ríos sobre tierras inundadas. Esta relación con el limo es muy clara en los relatos asirio-babilónicos, así como en los bíblicos: Dios fabrica la tierra, la separa del agua.

Existe una relación evidente entre el mito de la Creación y el medio cultural donde se vive, aunque no siempre, o entonces no sabremos cómo explicar el mito. Por ejemplo, en Australia, un emú y una grulla se pasean en las tinieblas, se pelean a huevazos; un huevo se rompe y así nace el sol; con el calor aparece el hombre que inventa el fuego frotando dos pedazos de madera uno contra el otro, como la aves se tallan sus patas. Tampoco sabemos a qué corresponde la madre araña de los indios de los llanos de América del Norte: es ella la que va a robarle el fuego a los dioses para permitir que se haga la luz y que surja el hombre. La araña es el equivalente del mito de Prometeo; la llegada del hombre está siempre ligada a la luz. De hecho, ésta parece ser una constante en todos los mitos: es cuando ya todo está en su lugar para recibirlo −sol, luna, estrellas, ríos−, que el hombre aparece. Ninguna de estas historias se parece a las explicaciones científicas, porque la función del mito no es explicar científicamente el mundo, sino constatar que existe un orden de las cosas.

En muchas culturas existen rituales para recrear cada día, cada año nuevo, el paso de los solsticios o de los equinoccios, el mundo donde se vive. Los sacrificios humanos de los aztecas tenían como propósito alimentar al dios con la energía que necesitaba para que el mundo subsistiera.

A menudo encontramos la idea de una creación del mundo a partir de algo muy pequeño, una gota de leche (mito Peul), o un huevo, algo parecido al *big bang*. En la India encontramos metáforas sobre el sacudimiento de un mar de leche. Después de cada destrucción de la Tierra, los demonios y los dioses arrancan una montaña y mueven con ella el océano primordial del cual surgirán las formas y energías del nuevo mundo.

La Biblia describe la creación a partir de un caos original. Esta idea de caos ya estaba presente entre los griegos. El caos es un elemento neutro, asexuado; de ahí nacerán la Tierra y Eros, las tinieblas, las montañas, los ríos, los océanos, las ninfas. Los seres femeninos engendran sin necesidad de esposo: la bisexualidad es la marca de los dioses.

Los mitos griegos, como el mito del génesis, fueron heredados de los uritas o los hititas, habitantes del Oriente Mediterráneo: así encontramos el mito del diluvio entre los babilonios mucho antes que en la Biblia.

En el África negra la cuestión de los orígenes es poco sensible, mientras que sí encontramos muchos otros mitos relativos a las grandes cuestiones fundamentales como la muerte, el origen del mal y de las instituciones. Todas éstas fueron visiones precientíficas del mundo. Pero, ¿cuál es la científica? La científica es un problema mayor.

Podemos reconstruir teóricamente la totalidad de la historia del universo, desde las partículas elementales hasta las nucleares, los núcleos atómicos, las moléculas, las células, los organismos, los planetas, las estrellas, los agujeros negros, las galaxias, el cosmos y hasta nosotros mismos. Si nos ponemos a filosofar sobre lo mal hechos que estamos, entenderán la absoluta necesidad de volver a hacer este trabajo. En un principio está el *big bang*. Si somos creyentes veremos que éste se parece extrañamente al Fiat Lux de la Biblia. Si no somos creyentes nos quedaremos con el sentido del misterio y les aseguro que hay una manera religiosa de ser ateo, así como hay una manera atea de ser religioso.

El *big bang* es nuestro límite en el tiempo porque, justamente, el tiempo no tiene sentido más allá y no es un azar que el Papa haya dicho a los físicos que lo visitaban: "Antes del *big bang* me corresponde a mí; después, les corresponde a ustedes". A la fracción de segundo siguiente al *big bang* corresponde la aparición de seis partículas elementales: tres pares de falsos gemelos que se apellidan *quarks*. Los quarks son una visión hipotética; deben su nombre a los personajes de la novela de James Joyce *Dinnegans Wake*. Quark significa, en alemán, "tonterías" (esto es "humor científico", tendrán que acostumbrarse). Los nombres de estas seis partículas son Top (cumbre) o Truth (verdad), Bottom (fondo), Charm (encanto), Strange (extraño), Up (arriba) y Down (abajo).

Para construir el mundo basta con asociar a esos tres pares otros tres pares de leptones, que son unas partículas libres de la familia del electrón. También son seis y van por pareja.

Ahora tenemos doce partículas elementales que son los *tabiques* de la materia y los componentes básicos de la cocina universal. Son al Gran Todo, lo que el código genético es a la vida.

Con seis quarks y seis leptones vamos a construir protones, ¿cómo?, así: dos quarks *up* por uno *down*; y para los neutrones las proporciones se invierten: dos quarks *down* por uno *up*. En cuanto a los cuatro restantes: *strange, charm, buttom* y *top* ahora no sirven prácticamente para nada, porque el universo es demasiado viejo pero, en las primeras fracciones de segundos que siguieron al *big bang* éstos jugaron un papel considerable.

El segundo paso para que cuajen esos quarks y sus correspondientes libres, los seis leptones de la familia del electrón, consiste en acudir a unas "cola locas";

esos pegamentos o fuerzas darán su cohesión a los elementos. Son cuatro:

1. Para los quarks, protones y neutrones, la cola loca que sirve se llama *gluón,* una partícula que forma la *fuerza nuclear fuerte.* Sólo actúa a muy pequeña distancia. Si se libera se vuelve la fuente de energía de las bombas atómicas y de las centrales nucleares.

2. Para los electrones, la cola loca adecuada es el *fotón,* constituyente de las *fuerzas electromagnéticas.*

3. Los *gravitones* son los constituyentes de la cola loca o *fuerza gravitacional* que actúa en el nivel universal (lo hermoso es que, hasta ahora, los gravitones son también una visión de espíritu, ya que nadie ha podido pescar sus partículas).

4. Entre la fuerza electromagnética y la gravitacional existe una cuarta cola loca que se llama *fuerza nuclear débil,* que solamente interviene en algunas desintegraciones radioactivas llevadas por partículas que se denominan *bosones.*

Ya tenemos protones y neutrones. Con estas piezas vamos a tener un núcleo atómico diez mil veces más pequeño que el átomo mismo. Éste tiene la figura de un sistema solar: el núcleo ocupa el lugar del sol alrededor del cual giran electrones-planetas. Los protones, de carga eléctrica positiva, tienen igual número de electrones de carga negativa.

A cada cuerpo químico corresponde un átomo cuyo número de protones y electrones es la firma. Así, el más simple de los átomos, el hidrógeno, cuenta con un solo electrón dando vueltas alrededor de un único protón. El uranio, el cuerpo natural más complejo, posee noventa y dos electrones e igual número de protones. A esas dos partículas, protones y electrones, vienen a agregarse los neutrones, que constituyen la mitad de la masa atómica de los átomos, pero no determinan sus características químicas.

La palabra átomo viene del griego y significa "lo que no puede dividirse", pretendiendo así contarnos el final de la historia. Hacia los años treinta se entendió que el átomo, supuestamente monolítico, era toda una arquitectura donde entraban los corpúsculos de carga eléctrica negativa llamados electrones. Se pensó entonces que se había llegado al polvo inicial, ¡y no! Unos nuevos juguetes hicieron su aparición permitiendo proyectar violentamente esas piezas unas contra otras para romperlas. Estos nuevos juguetes se llaman "aceleradores de partículas". Dentro de los aceleradores de partículas se bombardea a esas pobres cosas llamadas protones y electrones con rayos cósmicos y con haces que el propio acelerador se pone a escupir como loco... y, ¿quién resiste? Los núcleos atómicos se rompen en pedazos.

Así es como logramos reproducir situaciones que existían en la primera infancia del universo y reconstruir el rompecabezas que somos.

Ahora, más allá de las moléculas, el átomo y la trilogía electrón-protón-neutrón, parecería que existe un cuarto nivel de la materia. Para comprenderlo necesitaremos realizar la gran unificación de las fuerzas, luego la unificación final de todas las leyes de la física; obtendremos así una sola ecuación para describir el mundo hecho de tabiques y cola locas, ¡y esta ecuación única equivaldría a Dios!

Hoy existen dos teorías, la del *big bang* y la de la

Creación Continua, que confrontan sus puntos de vista en relación con el principio y el fin del mundo, la creación de la materia y la composición del universo, el tiempo y la finitud. Según el modelo del *big bang* el universo ha tenido un origen en el tiempo y, ya que todo se aleja, debió haber habido un momento en que todo estaba concentrado. La explosión primordial dio nacimiento al espacio y al tiempo: no ha existido un *antes*, ya que el tiempo no existía. El *big bang* ocurrió en todas partes y es la totalidad del universo que explotó. Poco a poco la luz se separó de la materia y ambas se volvieron independientes, permitiendo así la formación de las galaxias, las estrellas y los planetas. En cuanto al fin del mundo, éste dependería de la densidad de la materia en el universo. Si su masa es suficiente para frenar la expansión del espacio el movimiento se invertiría y tendríamos una implosión final. Si la densidad es inferior al llamado *valor crítico,* nada frenaría la dilatación del espacio. Las estrellas se apagarían y algunas formarían agujeros negros.

Según el modelo de la Creación Continua, el universo no ha tenido principio y la expansión del espacio no es el signo de un estado singular original, sino de una expansión eterna. La explosión original sería universal y repetida, creando cada vez espacio y materia. Por la misma razón, los fenómenos físicos universales se repetirían sin fin.

En la teoría del *big bang* una sopa informe muy caliente salió de la explosión. Luego, la temperatura bajó y los quarks se estabilizaron dando nacimiento a los elementos de los núcleos atómicos: protones y neutrones; después de la desaparición de las antipartículas por aniquilación, un pequeño excedente de partículas dio nacimiento a toda la materia contenida en el universo. Esta fase comenzó 1 035 segundos después del *big bang* y duró tres minutos. Trescientos mil años siguieron para permitir la baja de la temperatura consecutiva a la expansión del espacio y ocurrió el divorcio laico entre la luz y la materia. En el modelo de la Creación Continua tenemos los mismos fenómenos explosivos a partir de los agujeros negros.

Una partícula minúscula, de masa inmensa, se desintegra dando nacimiento a la materia, a la vez que al espacio necesario para contenerla.

En cuanto a la composición del universo, los "big-bangueros" piensan que, después de la primera fase, los elementos ligeros sintetizaron los elementos complejos (desde el azufre hasta el fierro). Esta materia no fue suficiente para llenar el universo; falta una masa que puede llegar, según los cálculos, al noventa y nueve por ciento de la masa total. Esta masa exótica jamás ha sido observada. Los "creacionistas continuos" piensan que los elementos ligeros son liberados por las explosiones de los mini-big bangs, y los elementos pesados están sintetizados dentro de las estrellas. En cuanto al problema de la masa faltante, ¡pues no!, muchas gracias: en un nivel global, no falta nada. Esta materia no tiene para qué ser exótica. Es materia normal invisible.

En la teoría del *big bang* único, que ha ocurrido una sola vez, el escenario de la creación y la crítica principal que se le podría es hacer no la existencia de una singularidad inicial, sino que contradice el hecho de que la explosión inicial sólo hubiera ocurrido una vez.

Se trata entonces de aceptar la universalidad del fenómeno de explosión en todo el espacio-tiempo.

En la segunda teoría el universo sería un mundo sin comienzo, con mini ¡pum! permanentes, responsables de la expansión y de la aparición de la nueva materia. En cada explosión, surgen cerca de ciento seis masas solares (equivalentes a un millón de soles), con intervalos de tiempo del orden de quince mil millones de años, que es la edad media del universo en la teoría actual del *big bang*. Entonces, nos encontramos frente a dos teorías: un *big bang* o un sinnúmero de "little ¡pum!" con, por un lado, un comienzo en el tiempo en el cual todo estaba concentrado y, por el otro lado, un universo sin comienzo, donde la universalidad de los fenómenos físicos llevaría a la universalidad de la explosión original. En ambos casos la creación de la materia surge de un fenómeno explosivo y, mientras que para los "big bangueros" esta explosión sería el principio de los principios, para los otros esta explosión se repite con la explosión de los hoyos negros. Quedan diferencias mayores en cuanto al fin del mundo, su composición, el movimiento de las galaxias, la organización del universo, el tiempo y el espacio.

El *big bang* ha aparecido a partir de un misterioso Nada. Esto es, a su vez, un problema cosmológico y un problema filosófico, porque la Nada es justamente inaceptable para el espíritu. El hecho es que, de repente y de golpe, se escupió un torrente de partículas que se creyeron brillante luz y que amueblaron el vacío a velocidades locas. En un centímetro cuadrado de vacío cósmico, en el espacio de un segundo, sesenta mil millones de partículas elementales anduvieron bailando. Ahora bien, toda la materia cuya existencia constatamos viene de ahí. Podemos distinguir diferentes estados de vacío: el "vacío bajo", más bien estéril, se opone al "vacío alto", anterior a la aparición de la luz. Pero, aun bajo, el "vacío" está lleno de materia y, por el otro lado, la materia está constituida, esencialmente, por "vacío". Existe también la antimateria, formada por partículas simétricas portadoras de cargas eléctricas opuestas. Según las leyes de la física, durante el *big bang* las dos nacieron forzosamente al mismo tiempo, en cantidades iguales. Pero materia y antimateria no pueden coexistir: si un átomo de una se encuentra con un átomo de la otra las dos se aniquilan, volviendo a la inexistencia. Ésta es una experiencia que se realiza a menudo en los aceleradores de partículas (el aspecto místico de este experimento merece un poema).

Estamos hechos, vivimos en un mundo de materia, no de antimateria. Entonces, ¿dónde se ha metido ésta?, ¿dónde se encuentran los antimundos? Los físicos los buscan activamente. Una de sus hipótesis es que la materia y la antimateria, surgidas en el mismo momento, en cantidades iguales, se han aniquilado mutuamente. Sólo que la simetría no era perfecta. Hay una muy pequeña asimetría, apenas una parte de mil millones, a favor de la materia. Cuando mil millones de partículas de materia se encuentran con igual número de partículas de antimateria, todo desaparece, salvo una sola partícula de materia que escapa al "particulocidio". Es a esta ínfima imperfección de la aniquilación recíproca que debemos la existencia del Sol, la Tierra, las flores y nosotros. La simetría matemática es estéril. La regla violada es mucho más fecunda. La asimetría era indispensable para que el mundo existiera. A partir de este pequeño elemento incontrolable, el *big bang* ha fabricado lo que subsiste en el universo. Y todo, todo, sólo corresponde a un minúsculo medio mil millonésimo de la sopa inicial.

Estas historias, estas contradicciones de la ciencia vienen de algo muy parecido al sentimiento religioso. Los científicos-investigadores son quizá hoy los únicos hombres profundamente religiosos. Tienen la convicción de que el mundo es racional o, cuando menos, inteligible; así, la ciencia parece ser la más reciente de las instituciones religiosas, porque piensa que, si bien el mundo no corresponde a las creencias reveladas y a lo que dicen los sacerdotes, sí tiene un sentido y puede ser entendido por la inteligencia humana. La noción de *leyes de la naturaleza* penetró el mundo cultural europeo por medio de los tribunales religiosos. Esta noción fundó la física occidental, y es por esta razón que la ciencia moderna fue inventada en Europa y no en China, de donde salieron todas las grandes invenciones técnicas (el papel, la brújula, la imprenta, la pólvora, el reloj mecánico) que permitieron que floreciera el renacimiento, porque el mundo budista y taoísta no acepta la idea de unas leyes de la naturaleza. Esta noción es de origen teológico; se vuelve ciencia, emancipándose de la religión (como la ley religiosa se vuelve ley de la república) y volviéndose laica (los que no aceptan el espíritu de la ley —sea religiosa o civil— difícilmente acceden al orden republicano).

Todo esto parece ser un delirio. Pero yo aprendí de Etienne Klein que la elaboración de la ciencia moderna ha demostrado la ineficacia del sentido común en la construcción de las teorías. Su gloria está en su ruptura con el mundo habitual, y esta ruptura le permite oponer lo inaudito a la costumbre, los finos conceptos a los arquetipos, las descripciones pasmosas a las apariencias confortables. Su gloria está en su necedad, que le permite derribar, en nuestras concepciones, lo que tienen de banal o demasiado evidente.

La ciencia es un lento producto de la razón polémica, que se construye a partir de sus cuestionamientos. Se apoya sobre el carácter abierto de la aventura que le permite negar sus propias estructuras de pensamiento. ¿Qué sería una ciencia sin singularidad?, ¿dónde estaría el progreso?, ¿qué valor tendría un pensamiento privado del ruido que rodea al pensamiento? La verdad, en la ciencia, es prácticamente siempre un error rectificado. "¡Oh! errores sagrados, madres lentas y ciegas de la verdad", decía Victor Hugo.

Así que, cuando imaginamos una ciencia regida por una mezcla de objetividad y de rigor frío, que vuela en el limbo de las ideas puras, protegida de las pasiones y de las querellas, nos olvidamos que ha tenido en su seno notorias divergencias, y que, de no tenerlas, sería un pozo de tedio inacabable. No es un proceso continuo, no es una simple acumulación, no es serena. No es el receptáculo de nuestras certidumbres. Su historia no es un largo río tranquilo: es palpitación y convulsión. Es vida.

EL AZAR Y EL CAOS

El azar es un concepto negativo. Su estudio científico empezó con Pascal en los *Pensamientos,* con el Teorema de Fermat, con Bernoulli y con el universo en expansión de Huygens. Todos ellos analizaron los juegos llamados de *azar* en los cuales, a partir de una incertidumbre total, llegamos a una certidumbre casi completa a través de una larga serie de eventos. Este análisis dio nacimiento al cálculo de probabilidades, que fue considerado durante mucho tiempo como una rama menor de las matemáticas.

Hacia 1900 muchos físicos y químicos no aceptaban el hecho de que la materia estuviera compuesta por átomos y moléculas; es decir que en un litro de aire por ejemplo, había un número increíble de moléculas que van en todos los sentidos, a toda velocidad, golpeándose en el más temible de los desórdenes; este desorden se ha llamado el caos molecular. Es mucho azar en un pequeño volumen. ¿Cuánto azar? La cantidad de azar en un litro de aire se mide. Tenemos los medios para determinar esta cantidad de azar con precisión, es decir, domesticarlo. Un ejemplo de azar domesticado es el teorema de los cuatro colores: supongamos un mapa geográfico sobre una esfera o un plano, que se quiere colorear de manera en que dos países con frontera común tengan colores diferentes, ¿cuántos colores se necesitan? Cuatro colores bastan en todos los casos.

Los grupos sanguíneos están distribuidos al azar, al igual que los mensajes genéticos. Durante la división celular, estos mensajes se copian con algunos errores debidos al azar. Estos errores se llaman mutaciones. Así, los problemas fundamentales de la vida pueden ser descritos en términos de creación y transmisión de los mensajes genéticos en presencia del azar y éste juega un papel creador en los procesos de la vida.

El espíritu humano hace esfuerzos admirables y a menudo patéticos para comprender las cosas: en esta tentativa patética vamos a hablar de la teoría de los juegos, del determinismo histórico, de las mecánicas estática y cuántica, de la teoría de la información y para ello vamos a referirnos a las probabilidades.

La interpretación científica del azar empieza por la introducción de las probabilidades. ¿De qué se trata? "Existen nueve posibilidades sobre diez para que llueva esta tarde; entonces, tomo mi paraguas." Este tipo de razonamiento es constante en nuestra vida. La probabilidad *cero* corresponde a un evento imposible; la probabilidad *uno* corresponde a un evento seguro. Entre los dos hay un evento incierto, pero por el cual nuestra ignorancia *no* es total. Las probabilidades remplazan la incertidumbre total por algo un poco más sustancial. Algunos puristas dirán que la probabilidad no tiene sentido, pero si hay una probabilidad de 90/100 que llueva, aun los puristas sacarán su paraguas.

El elemento tiempo, como el azar, son aspectos esenciales de nuestra percepción del mundo. En la mecánica estática newtoniana tenemos una imagen completamente determinista del mundo: si se conoce el estado del universo a un momento dado inicial, se podrá determinar su estado en cualquier momento. Pero esta seguidad se parece a la teología. ¿Qué lugar deja el determinismo al libre albedrío del hombre?, ¿o al azar? La respuesta es: ninguno. Pero, como el azar y las probabilidades juegan en la práctica un papel importante en nuestra comprensión de la naturaleza, tendremos tendencia a rechazar el determinismo. Sin embargo no hay incompatibilidad lógica entre el azar y el determinismo. En la práctica el estado de un sistema, en un momento dado, jamás se conoce con precisión y admite siempre un poco de azar. Este poco de azar puede dar mucho azar.

Como el papel de la ciencia es el de formular leyes, todo estudio científico llevará necesariamente a una formulación determinista; pero no se puede escapar tan fácilmente al azar. El papel dejado al azar en la mecánica cuántica suscitó la esperanza de que ésta abriría el determinismo a la libertad.

Pero nuestra pretensión de libertad tiende a volver fútil todo esfuerzo o rigor en el conocimiento científico. Hay una complejidad en el universo, reflejo de nuestra propia complejidad: no la resolvemos con pereza intelectual, pretendiendo dar a ésta la dignidad de un conocimiento paralelo.

Un ejemplo de azar se encuentra en las loterías. Se trata de una forma de impuestos libremente consentida por las capas más desfavorecidas de la población. El usuario compra, barato, un poco de esperanza de volverse rico; pero la probabilidad de ganar el premio mayor es mínima. El Premio Nobel de Física 1991, Gilles de Gennes, hizo el cálculo de las probabilidades que uno tiene de ganar en la lotería y descubrió que un ser cualquiera de nuestro planeta tiene más probabilidad de ser Premio Nobel de Física que de ganar el premio mayor. Las ganancias, pequeñas o grandes, no compensan en promedio el precio de los boletos y el cálculo de las probabilidades, muestra que es prácticamente seguro que se pierda dinero si se juega con regularidad. Así, mientras más boletos se compra más se pierde dinero. Pero la teoría de los juegos muestra que es ventajoso tomar algunas decisiones de manera errática. Es ilusorio pensar que podemos decidir racionalmente cada una de nuestras acciones.

Cuando se trata de los horóscopos, el problema es más sutil que para la lotería, porque no se ve bien dónde están las probabilidades. El horóscopo afirma que si usted es Leo, la configuración de los planetas le será favorable esta semana, que tendrá suerte en el amor y en el juego, o que, si es preciso, tendrá que dejar de viajar, quedarse en casa y cuidar de su salud. A esto los astrónomos y físicos objetan que "fulano es Leo", y que "fulano ganará en el juego esta semana"; son dos eventos independientes que no tienen nada que ver uno con el otro, y que la probabilidad para fulano de ganar en el juego es la misma si es Leo o no. Entonces los horóscopos no sirven para nada. Pero los astrólogos negarán el hecho de que los dos eventos son independientes y citarán una lista de astrónomos ilustres que fueron también astrólogos: Hiparco, Tolomeo, Kepler... La mejor manera de resolver el debate es, entonces, experimental: ¿acaso se pueden encontrar correlaciones significativas entre los horóscopos y la realidad? La respuesta es negativa y desacredita totalmente a la astrología. La verdadera razón del desprecio de la astrología en los medios científicos es la siguiente: la ciencia ha cambiado nuestra comprensión del universo; unas correlaciones, que eran concebibles en la antigüedad, se volvieron incompatibles con nuestros conocimientos actuales sobre la estructura del universo y la naturaleza de las leyes físicas; la astrología y los horóscopos podían encontrar su lugar en la ciencia de la antigüedad, pero ya no caben en el marco de la ciencia de hoy.

Mas la discusión no se acaba aquí: las fuerzas de la gravitación universal que existen entre todos los cuerpos llevan a Venus, Marte, Júpiter, Saturno, a ejercer efectos sobre la Tierra; pero estos efectos son débiles y su influencia sobre el curso de los asuntos humanos no es de tomar en cuenta. En cambio, algunos fenómenos físicos, como los de la meteorología, presentan una gran sensibilidad a las perturbaciones. Así, una causa ínfima tiene consecuencias importantes al cabo de algún tiempo. La presencia de Venus o de cualquier planeta modifica la evolución meteorológica con consecuencias ciertas para nosotros. Tomemos el ejemplo siguiente: un hombre está pasando un día de campo con su novia. En plena declaración de amor, cae la lluvia y en lugar de que todo suceda, nada podrá ocurrir. Tomemos otro ejemplo que no recurra a la meteorología: los mayas eran grandes observadores del ciclo de Venus y practicaban los sacrificios humanos. Si la intervención de la inteligencia humana puede crear un mecanismo que introduzca correlaciones entre ciertos eventos que no tienen, en principio, nada que ver unos con otros, ¿qué correlaciones pueden existir entre el ciclo de Venus y la vida privada de un hombre? Las correlaciones no son imposibles en la medida en que hacen intervenir a un agente inteligente: éste es el sacerdote maya. Los antiguos habían poblado el universo de un gran número de agentes inteligentes: dioses, demonios o gnomos; pero los dioses han muerto; nuestras decisiones son a menudo irracionales, fundadas sobre coincidencias que erigimos en signos u oráculos. Y es lo que explica la larga vida de la astrología.

El caos es un nuevo paradigma que se ha puesto de moda. Hoy tenemos un gran número de conferencias internacionales alrededor de este tema que ha sido promovido a la dignidad de una ciencia no lineal. Diversos institutos de investigación han sido creados para el caos, su éxito ha tomado las dimensiones de un evento mediático; de ahí que se puede hablar del papel destructor de las modas en la ciencia contemporánea, ya que su nivel baja y llegan a ella toda suerte de personas atraídas por la fama o el dinero más que por el conocimiento. Por todo ello, los resultados de los estudios sobre el caos son aún poco convincentes. Cuando se termine el factor moda tendremos gente y estudios mucho más serios sobre el tema.

En los fenómenos caóticos el orden determinista crea el desorden del azar. La meteorología ha utilizado mucho la noción de dependencia de las condiciones iniciales; por ejemplo, el movimiento de las alas de una mariposa tendrá como consecuencia, después de un tiempo, la de cambiar completamente el estado de la atmósfera terrestre (el efecto mariposa). Conociendo la dirección del viento, es relativamente facil predecir el tiempo con uno o dos días de anticipación. La observación terrestre, la aérea, la posición de las montañas, dan las condiciones iniciales para la predicción. Pero no se puede predecir el tiempo con mucha anticipación; ¿por qué?: porque las fuerzas de gravitación nos atraen hacia el centro de la Tierra a la vez que el Sol atrae al planeta. Estas fuerzas actúan sobre las moléculas del aire que respiramos y todas las demás partículas del universo. Supongamos que, durante un instante, se suspende la atracción gravitacional ejercida sobre las moléculas del aire por la culpa de un solo electrón situado en el límite del universo conocido. No nos daríamos cuenta de nada, pero ocurre un ínfimo cambio en la trayectoria de estas moléculas del aire y, después de una fracción de segundo, las colisiones de las moléculas se volverían diferentes. Ahora, podrán decirnos que es totalmente imposible suspender la atracción gravitacional entre las partículas aun por una fracción de segundo e incluso si las partículas están muy alejadas; se estimará que el universo en el cual vivimos es el único posible y que el ejemplo no tiene sentido. Lo que quiero decir es que una modificación inicial absurdamente pequeña puede dar lugar a cambios considerables. Un poco de viento o un poco de turbulencia podrían constituir condiciones iniciales que actuarían sobre unas fluctuaciones microscópicas y las harían crecer. Al cabo de un minuto la interrupción momentánea del efecto gravitacional de un electrón en los confines del universo produciría efectos mayores. Al cabo de una semana habría cambiado toda la atmósfera del planeta. Éste es, en grandes proporciones, el mismo pequeño ejemplo del día de campo, cuando se desata la tormenta que cambia la vida del individuo. En ambos casos, tenemos una aplicación mayor o menor de la práctica del caos. En química, en biología, ocurren cosas idénticas. Ahí el caos es algo útil, porque se presenta como un síntoma patológico, como por ejemplo en el caso del ritmo cardíaco. Es difícil analizar el caos en biología, en ecología, en economía o en las ciencias sociales. ¿Cómo estudiarlo cuantitativamente? No se conocen las ecuaciones exactas de la evolución temporal a gran escala: se puede reconstruir la dinámica si es suficientemente simple, pero ésta no es simple ni en biología ni en las ciencias blandas. En las ciencias sociales, aun si existen ecuaciones, es necesario cambiarlas, ya que el sistema aprende y cambia su naturaleza. El caos importa más en el nivel de la filosofía científica que en el de la ciencia misma.

¿En qué sistemas encontramos evoluciones temporales caóticas? Sólo pueden existir en un espacio de por lo menos tres dimensiones, es decir: en el mundo de los hombres. Por ejemplo en el caso de la economía. Si se cambia un poco el estado inicial de un sistema, la nueva evolución puede alejarse rápidamente de la evolución original, hasta que las dos evoluciones ya no tengan nada que ver una con la otra: es el fenómeno de la dependencia de las condiciones iniciales.

Se habla entonces de caos. La predicción del comportamiento futuro de un sistema caótico es limitada. Muchos fenómenos naturales dan lugar a evoluciones caóticas pero, ¿qué papel juega el caos en la economía, en la sociología, en la historia? Estos problemas nos conciernen directamente más que la circulación de asteroides entre Marte y Júpiter o incluso las previsiones meteorológicas. El análisis de esos problemas es impreciso. La evolución de los sistemas muy complejos es típicamente en sentido único: no se repite y no tiene recurrencia.

En relación con la economía: ¿acaso pueden aislarse evoluciones temporales interesantes, moderadamente complejas y quizá caóticas? Tomemos por ejemplo el siguiente escenario: por un lado, la economía de una comunidad con diversos niveles de desarrollo tecnológico; por el otro, diversos niveles de fuerzas externas. En los niveles muy bajos de desarrollo tecnológico se puede pensar que la economía es estacionaria, mientras que en los niveles más altos de desarrollo se puede tener superposición de dos o tres periodicidades diferentes; es decir, dos o tres tiempos económicos distintos: un resto de feudalismo, un principio de capitalismo y una parte de capitalismo avanzado. En niveles bastante elevados de desarrollo se tendrá una economía turbulenta, con variaciones irregulares. Vivimos actualmente en este tipo de economía. Los ciclos y otras fluctuaciones de la economía ocurren sobre un fondo general de crecimiento. Hay una evolución histórica en sentido único. Los ciclos económicos tienen su carácter histórico: cada uno es diferente y no se asiste a una repetición del mismo fenómeno. Dicho de otro modo, la economía no puede ser analizada de manera convincente porque es un sistema dinámico moderadamente complejo.

Un sistema complejo es un sistema compuesto de varios subsistemas que interactúan fuertemente: tendrá una evolución más complicada que un sistema simple.

Esto es aplicable a los sistemas económicos y el desarrollo tecnológico es una manera de expresar su complejidad.

Una idea maestra de la economía es que la libertad del comercio y la supresión de las barreras económicas lleva ventajas para todos. Supongamos que tanto el país A como el país B producen cepillos de dientes y crema dental para su consumo interno. Ahora, el clima de A resulta mejor para el crecimiento y la cosecha de los cepillos y el clima de B tiene unas minas de excelente pasta; si la economía es de libre intercambio, A producirá cepillos baratos, que serán intercambiados por pasta barata para el mejor beneficio de cada quien. Los economistas dicen que la economía de libre intercambio llevará al equilibrio óptimo para los productores de bienes económicos. Lo que predican es la creación de un sistema económico complejo a partir de la suma de diversas economías locales. Esto llevaría, más bien, a una evolución compleja, caótica, en lugar de a un equilibrio agradable. La economía de A más la de B, más C, más D... crearán una situación inestable que dará lugar a oscilaciones incontroladas; esto es el caos. Diré las cosas bruscamente: los tratados de economía discuten en detalle sobre las situaciones de equilibrio entre unos agentes económicos capaces de predecir exactamente el futuro; estos tratados dan la impresión de que el papel de los responsables es encontrar e instrumentar un equilibrio favorable a la comunidad. Los ejemplos de caos nos muestran que algunas situaciones dinámicas, en lugar de llevar a un equilibrio, dan lugar a una evolución caótica e imprevisible. Los responsables deben entonces enfrentar la posibilidad de que sus decisiones, que debían producir un mejor equilibrio, producirán –de hecho– oscilaciones violentas e imprevisibles cuyos efectos serán desastrosos. La complejidad de las economías modernas alienta ese comportamiento caótico y nuestra comprensión, en este campo, sigue siendo muy limitada. La economía y las finanzas son ejemplos excelentes de impredecibilidad. Los eventos externos, que los economistas llaman *shocks*, deben tomarse en cuenta. Los esfuerzos serios hechos para analizar los datos económicos se revelaron vanos justamente por la existencia del caos, es decir, por la complejidad creciente.

La presencia del caos se observa igualmente en la historia. Las evoluciones temporales con el llamado "eterno retorno" constituyen el campo natural de la aplicación de las ideas del caos. El "eterno retorno" se observa en la evolución de los sistemas moderadamente complicados, pero no en los sistemas muy complejos. Tomemos una pulga, pongámosla sobre cualquier cuadro de un tablero de ajedrez rodeado con un murito para que la pulga no escape. La pulga se va a poner a saltar en todos los sentidos y, al cabo de un tiempo, volverá a pasar por el cuadro inicial: éste es el caso de un sistema moderadamente complicado. Ahora, tomemos cien pulgas, peguémosles un número, pongamos cada una en un cuadro y observemos. ¿Cuánto tiempo habrá que esperar para que todas las pulgas simultáneamente vuelvan a su cuadrito inicial? Un tiempo tan enorme que jamás se podría ver. Se podría hacer una simulación por computadora, luego escribir un artículo titulado: "Una nueva teoría de la irreversibilidad".

En el mundo que nos rodea la gente envejece, no rejuvenece. En general el mundo de hoy es dierente de lo que era antaño: así es como funciona en forma irreversible. Si un sistema es suficientemente complicado, el tiempo que necesita para volver a un estado inicial sería tan enorme que no habría "eterno retorno".

Si estudiamos la evolución de la vida o la historia de la humanidad se podrán ver, quizás, algunas vueltas en ciertos aspectos particulares, o en el caso de pequeños subsistemas, pero no en la evolución del conjunto: el desarrollo histórico es de sentido único. Se podrá predecir con seguridad que, bajo tal clima, tal tipo de suelo sería cubierto por un bosque de roble. Existen muchos mecanismos de regulación biológica, de convergencia evolutiva y de necesidad histórica que tienden a borrar las excentricidades, pero, ¿acaso llevan a determinismos históricos? Más vale hablar de un determinismo parcial.

La evolución tecnológica muestra numerosos casos donde las opciones accidentales tuvieron efectos a largo plazo que resultan irreversibles. Los primeros automóviles tenían un motor de combustión interna o un motor de vapor. La penuria accidental de agua tuvo varios efectos desfavorables sobre esos motores. A partir de entonces los motores de combustión interna crecieron y les ganaron a los de vapor. Si dos tecnologías están en competencia y una se beneficia de una ventaja fortuita que permite su desarrollo más rápido, la disparidad aumentará y la tecnología perdedora será eliminada.

El determinismo histórico es factible de corrección: algunos eventos no predecibles tienen consecuencias

importantes. La historia engendra sistemáticamente
eventos que no se pueden predecir y cuyas consecuencias a largo plazo son importantes. A veces, una
decisión crucial es tomada por un solo hombre que
actúa bajo presiones momentáneas. Si este personaje
político es inteligente y actúa racionalmente, tendrá
que introducir un elemento de azar en su decisión. En
una situación de conflicto el comportamiento racional
es a menudo equivocado. Las decisiones que fabrican
la historia, cuando son tomadas racionalmente, hacen
intervenir a menudo un elemento aleatorio impre-
decible. El jefe de gobierno deberá encontrar algo para
explicar sus decisiones, como el hecho de que no tenía
una alternativa razonable a su decisión, etcétera. Los
jefes políticos y militares del pasado tenían menos
inhibiciones: introducían un elemento aleatorio en sus
decisiones consultando a los oráculos. El uso hábil de
la impredecibilidad oracular por parte de un jefe inteligente se llama "estrategia probabilística".

¿Cuál es el papel del azar en la inteligencia? El sitio
de la actividad del espíritu es el cerebro; entonces tenemos que investigar la anatomía del cerebro, sus células
y su actividad eléctrica. Pero existen limitantes, ¿cómo
reconstruir una lengua natural estudiando un cerebro
muerto? El lenguaje juega, sin duda, un papel importante en la organización de la inteligencia humana, pero
¿cómo hacer para encontrar sus huellas y sus claves
en un cerebro? Lo mismo puede decirse de toda actividad, como la visual u otras.

El problema de la inteligencia es que, si juntamos
un instinto sexual más un sistema visual, más algunos
otros mecanismos del mismo tipo, tendremos un cere-

bro razonable para un ratón o un simio. Pero el intelecto humano es más complejo. La diferenciación del cerebro humano ha tomado relativamente poco tiempo a escala de la evolución (algunos millones de años), y el desarrollo de lenguajes complejos es todavía más reciente. Nuestro cerebro y nuestra inteligencia están basados en mecanismos ligados estrictamente a problemas de sobrevivencia en cierto medio ambiente. Más tarde la evolución agregó a las funciones de base algunos mecanismos de gran flexibilidad. Éstos permitieron el desarrollo del conocimiento científico: todo este proceso es azaroso.

Faltan al cerebro humano algunas funciones de base muy deseables para hacer la ciencia, como por ejemplo la aptitud para calcular de manera rápida y justa, así como la capacidad de memorizar grandes cantidades de datos. A pesar de estas insuficiencias la ciencia se ha desarrollado. Lo que llamamos comprensión está ligado a la naturaleza particular de la inteligencia humana. Nuestro pobre cerebro es incapaz de enfrentar textos matemáticos completamente formalizados; presentamos nuestros conocimientos bajo la forma de unos teoremas breves, porque nuestro espíritu rechaza las formulaciones largas, mientras que las computadoras las utilizan sin chistar, a la vez que no entienden unos textos en lengua materna. Nuestra manera de hacer matemáticas es demasiado humana y la mayoría de los matemáticos no dudan de que existe una realidad matemática más allá de nuestra mezquina existencia.

En todos estos asuntos la curiosidad intelectual es esencial. Necesitamos comprender el mundo y la naturaleza de las cosas. El azar ha sido muy despreciado en el pasado. Hoy juega un papel central en la comprensión. El caos limita el control intelectual que tenemos sobre el mundo. Las leyes de la física deben ser alteradas de manera que den cuenta del fenómeno de la conciencia. Nuestro espíritu no funciona como una computadora. Cuando se trata de la conciencia, hay que recordar siempre con cuánta fuerza y habilidad nuestro espíritu se gasta para engañarse a sí mismo.

En medio de todo esto están los problemas de la complejidad: la información útil es difícil de obtener. Hay azar aun en las propiedades de los números enteros *uno, dos, tres.* No se trata de buscar sentido a las cosas, sólo comprenderlas. La ciencia es totalmente amoral, completamente irresponsable; sin embargo queremos saber: no podemos decir *no* al conocimiento.

El más antiguo y famoso ejemplo de paradoja data del siglo VI a. C. Se le pregunta a un mentiroso si miente cuando afirma que está mintiendo; si su respuesta es "sí miento", entonces no está mintiendo, porque si un mentiroso afirma que miente es que dice la verdad; si contesta, "no, no miento", entonces sí miente.

Parece un juego; el juego de una proposición que se contradice a sí misma. Si pensamos que es cierta, debemos de inmediato retroceder y pensar que es falsa; si pensamos que es falsa ocurre lo mismo; el lenguaje es una trampa. Se cuenta que Filetas de Cos perdió el apetito por culpa de esta paradoja, luego murió desesperado por no poder resolverla. No se preocupen: las paradojas son generalmente menos peligrosas para la salud que las ideas ordinarias. Rompiendo con el mundo común la ciencia opone lo inaudito a las apariencias cómodas, la banalidad, la evidencia; es polémica, cuestionadora de sus propias estructuras. La verdad en la ciencia es casi siempre un error rectificado.

Se puede citar una larga lista de paradojas que marcaron la vida del pensamiento: es una tarea infinita, que cubre toda la historia de la inteligencia. Tenemos prejuicios hacia las paradojas, creemos que son sólo contradicciones y conflictos y asimilamos la ciencia a la certidumbre. Pero la paradoja es una parte integrante de la ciencia, es un desafío que abre perspectivas y moviliza la imaginación. El problema de la dualidad onda-corpúsculo en la mecánica cuántica es una paradoja, como lo es la relatividad restringida, la paradoja de los gemelos de Langevin, o la paradoja de la noche negra en la cosmología de Olbers; la paradoja del gato de Schrödinger, o la violación de la paridad en la física de las partículas; o la paradoja de la flecha del tiempo, etcétera.

Así que la ciencia no es una mezcla seca de objetividad y de rigor frío, una enorme cantidad de ideas puras protegidas de las pasiones y querellas, aburrida y serena. Se ha vuelto honorable y autoritaria; a veces juega un papel análogo al que jugaba la teología anteriormente, porque permite un veredicto o incluye poner fin a una discusión. Cuando se dice que "este hecho ha sido probado científicamente" la discusión queda cerrada. El laboratorio parece ser un filtro de verdades. Sin embargo la ciencia vive en medio de las crisis y de las pasiones: es una herencia de tradiciones, de palpitaciones, de convulsiones, de falsas esperanzas y de tumultos. Así, desde Euclides hasta el año mil se ha explicado la visión como un "rayo visual" que parte del ojo; esta "verdad" ha durado catorce siglos. En el siglo X un científico árabe llamado Al Khazen dijo que los rayos luminosos parten de los objetos mismos y vienen hacia el ojo; por lo tanto, los ojos del niño no "sonríen", sólo perciben y, sin embargo, seguimos diciendo que "una mirada fusila" o brilla, y tenemos una tendencia a pensar que los rayos visuales salen del ojo, no son exteriores a él. La ciencia no es armoniosa ni tranquila.

Lo que parece hoy racional tuvo que imponerse, en lugar de ser inmediatamente reconocido como tal; la racionalidad es una construcción que emerge de las contradicciones.

Pero la paradoja no se reduce a la contradicción. La palabra viene de dos raíces griegas: *Para* indica la distancia o la vecindad, es decir, la cercanía: *para*médico, por ejemplo; *doxa* es el conjunto de las ideas recibidas sin discusión: es el prejuicio, lo que escapa a la razón, la opinión pública, el espíritu mayoritario, el consenso, el pensamiento inmediato. La paradoja es entonces lo que aleja de las fuerzas de la *doxa*. El espíritu es conservador, se acostumbra a las ideas, construye prejuicios y acaba por *querer* lo que *cree*. Para cuestionarse tiene que estar obligado a ello —sólo aprende cuando está a la orilla del precipicio—; entonces rompe con el determinismo, pero generalmente no gusta de lo que lo sacude. Ahora la función intelectual sólo es auténtica si es cuestionadora. Kierkegaard decía que un pensador sin paradoja es como un amante sin pasión: "una bella mediocridad". El problema es que parece que la tecnología sólo florece lejos de las paradojas y de sus agitaciones: gusta de los modelos. Quizá es la razón de este simplismo intelectual de la era tecnológica que vivimos.

¿Qué tienen que ver las paradojas con el sentido común? Son su opuesto. Prácticamente todos los resultados de la ciencia violan el sentido común. Éste es rudimentario: llamar al sentido común es permitir a la ignorancia y la pereza triunfar; es la dictadura de la masa, de la opinión pública. La opinión común puede ser falsa, su contrario puede ser verdadero. La verdad nace de la paradoja, no del arcaísmo del sentido común. Los ejemplos de la derrota del sentido común en la ciencia son numerosos: en la física de las partículas, en los aceleradores de éstas, todo muestra que el movimiento puro o la velocidad se han transformado en materia, pero todo nos lleva a creer que hay, por un lado los objetos, por el otro sus propiedades y que no se pueden transformar unas en otras. ¿Cómo reaccionaríamos si nos dicen que la velocidad de Carl Lewis puede generar otro atleta? Sin embargo, son éstas las cosas que observan los físicos en los aceleradores de partículas. La energía se transforma efectivamente en materia y se crean partículas a partir de la energía. En la física clásica, la comprensión de los fenómenos naturales coincide a menudo con la sensibilidad corriente —este *confort* sólo duró dos siglos y medio, el tiempo entre Newton y la ecuación de Schrödinger, es decir, entre 1687 y 1925; pero ya no es así.

Una paradoja clásica que no acepta morir es la paradoja de Olber, o "paradoja de la noche negra". Desde siempre los hombres han observado que al anochecer el fondo del cielo se vuelve negro entre las estrellas que brillan. Esta observación banal es un grave problema cosmológico que concierne a la estructura del universo en su totalidad: el cielo debería ser muy brillante, aun de noche; el sol no debería importarnos. Si el universo está lleno de estrellas que son soles más poderosos que nuestro sol, el cosmos debería ser claro; pero esta reflexión se contradice con la simple observación: el cielo nocturno es sombrío.

La suma de las contribuciones de un gran número de estrellas debe ser perceptible. En 1744 un joven astrónomo llamado Jean Philippe Loys de Cheseaux calculó que la luminosidad total de la bóveda celeste debería ser noventa mil veces mayor a la del sol; según este cálculo estaríamos literalmente "fritos". Durante dos siglos los astrónomos se golpearon la cabeza contra los muros para resolver esta paradoja. Ahora sabemos que hay que recurrir a la velocidad de la luz. La luz sólo recorre una distancia finita en un tiempo finito. La observación de las estrellas solamente revela su pasado, jamás su presente; así, algunas estrellas que brillan en nuestro cielo están muertas desde hace tiempo y cada vez que miramos el sol lo vemos tal y como era hacía ocho minutos.

La explicación de por qué el cielo nocturno es negro es la siguiente: si el universo sólo existe desde un tiempo finito —t años—, entonces la luz de las estrellas situadas a más de t años luz no nos ha llegado todavía; sólo vemos las estrellas situadas en el interior de una esfera de rayo t años luz, con la Tierra como centro. Esta explicación la debemos a Edgar Allan Poe. Hoy, con la teoría del *big bang* y su universo relativamente joven, es aceptada como verdad científica.

Otra paradoja clásica es la de la flecha del tiempo o la paradoja del "sentido de la historia". El tiempo forma parte de nuestros conceptos comunes, pero ¿qué es el tiempo?, ¿cuál es su naturaleza?, ¿cuál es su origen? Desde Aristóteles nos lo preguntamos. El concepto se traduce con la fórmula "flecha del tiempo" para expresar su irreversibilidad. En la física newtoniana el tiempo está fuera del tiempo; es posible determinar los eclipses pasados como los futuros, los planetas podrían girar al revés, se podría explorar, con los mismos métodos matemáticos, el pasado como el futuro. Newton había inventado el tiempo neutro. Pero somos testigos de que los eventos no son reversibles. Ahora hay dos niveles de observación: todas las ecuaciones microscópicas de la física, las que conciernen a las partículas elementales, los átomos, etcétera, son reversibles, en las ecuaciones fundamentales, que dan cuenta del comportamiento básico de la materia, el tiempo no está flechado; pero existen ecuaciones menos fundamentales, llamadas macroscópicas, que se sitúan a una escala cercana a la nuestra: éstas son irreversibles y su tiempo es flechado. Esta paradoja es contraria a la observación y al sentido común; es, sin embargo, confirmada por la ciencia.

Las paradojas de hoy son los prejuicios de mañana; cuando uno tiene la razón veinticuatro horas antes que los demás, corre el riesgo de que se diga que no tiene sentido común durante veinticuatro horas. Lutero calificó a Copérnico de "loco que quiere poner la astronomía de cabeza": era demasiado revolucionario, ponía a la Tierra a girar alrededor del Sol. Cuando Kepler dijo que había una relación entre el movimiento de las mareas y el de la Luna, aun Galileo se puso a reír: ¿se imaginan a la Luna capaz de aspirar los océanos? Las ideas nuevas son sospechosas de antemano. ¿Y la idea de que la Luna y las frutas están sometidas a las mismas leyes, que están atraídas por la Tierra y que si la Luna no cae como las manzanas es porque posee una velocidad transversa superior a la de las manzanas? ¡Cuánta locura! Había que ser Newton para darse cuenta de que la Luna caía sobre la Tierra, cuando todos los demás veían que no caía. Había que pensar "chueco", con la ayuda de la imaginación. Esta regla revolucionaria se aplica a todas las situaciones de crisis, que sólo pueden ser resueltas saliendo de la costumbre del pensamiento perezoso.

Recuerdo un libro muy bello de Bachelard que se titula *La filosofía del* No: una acción polémica incesante impregna los fundamentos mismos de las ciencias y es así como la ciencia evoluciona. ¿Acaso nuestra inteligencia está atada a la costumbre, condenada a no saber jamás nada nuevo ni a alcanzar la comprensión soberana del mundo? Estas cuestiones colosales recorren toda la historia de la filosofía, marcan la huella de nuestra incompetencia lúcida. El conocimiento científico es infinito; no es, como lo dice la tesis clásica, el resultado de una generalización a partir de algunos casos individuales. Se puede calificar de falso un enunciado universal: basta con un solo caso que lo contradiga; así, antes del descubrimiento de Australia se decía que "los mamíferos son vivíparos"; y de repente descubrimos un ornitorrinco paradójico, absolutamente mamífero sin ser vivíparo.

¿Cuándo podemos decir que algo es científico? Una teoría que *no* se puede negar no es científica. La actitud científica es una actitud crítica que puede negar la teoría. Una teoría es científica no porque es verdadera, sino porque permite demostrar sus errores. Dostoievski afirmaba que "el único pensamiento vivo, es aquel que se mantiene al calor de su propia destrucción". Un enunciado científico es, entonces, esencialmente vulnerable; no permite hablar de verdad. Así es como surge la diferencia abismal entre las doctrinas cerradas que rechazan lo que las contradice y las doctrinas abiertas, que corren el riesgo intelectual de su transformación. Las doctrinas cerradas son dogmas, las abiertas se acercan a la ciencia. El sabio no es el que sabe, sino el que sabe preguntar cuestiones críticas y provocarlas: éste es el papel esencial de las paradojas.

La teología es menos cambiante que la ciencia, no puede pretenderse científica: debe su estabilidad al hecho que se apoya en lo inverificable. Su estatus no es ni más ni menos bajo que la ciencia; es otro. El concepto de paradoja le es extraño. Su tiempo propio está cerrado. Pero este temor a las paradojas, esta cerrazón, está pasando al lenguaje político; quién podría polemizar con un ministro que declara: "Debemos reafirmar los valores permanentes e inventar un modelo de pensamiento". Parece de una sabiduría ecuménica, pero ¿qué sentido tiene? Esta lengua pobre y tonta, que deja lugar a la libre interpretación de cada quien, es la lengua consensual actual, que paraliza la contradicción, no enuncia nada, sólo confirma el vacío institucionalizado.

El aire del tiempo se ha llenado del eco de los éxitos de la física y de su confrontación con las grandes interrogantes. Hoy la ciencia toca a las puertas de la metafísica. La física clásica despreciaba todo lo que se situaba en la periferia de sus victorias. Esta razón enferma de racionalización ha encerrado la realidad en un sistema coherente, parcial y unilateral de ideas. La física es incapaz de encarcelar al mundo, tampoco es capaz de responder a la cuestión "¿por qué hay algo en lugar de nada?" Por ello la vemos envuelta con una humildad nueva, diferente de la arrogancia científica del siglo XIX. Hoy nos ofrece la posibilidad de un conocimiento del mundo menos seguro y reconoce que "lo real está velado".

Nos hemos alejado de este pasado que edificaba barreras infranqueables entre la razón y la fe. Hoy sabemos que la verdadera razón de la racionalidad consiste, en parte, en acercarnos a lo irracional o lo no comprendido, en lugar de huir de ellos e ignorarlos. Sólo que hay que cuidarse de los desbordamientos incontrolables de la magia. Una cosa es decir que ciencia y religión no se excluyen, e incluso admitir la tolerancia de la racionalidad hacia los misterios, y otra es aceptar que el esoterismo se establezca en los terrenos de la ciencia. Muchos buscan hoy, entre las conquistas de la física, lo que podría dar un asentamiento riguroso a su misticismo, como si la ciencia fuera un *self service* donde cada quien podría buscar el hecho o la explicación que confirma sus posiciones. Los menos escrupulosos de los discípulos del "misticismo científico" construyen una visión eufórica del mundo a partir de una verborrea que mezcla arbitrariamente ciencia y espiritualismo, combinando los vocabularios respectivos de ambos.

Existen, en la física contemporánea, aperturas reales hacia el misticismo. Ellas no bastan para legitimizar su matrimonio con la religión, porque lo que es propiamente místico "no es el cómo del mundo, sino el hecho de qué es" (según la fórmula de Wittgenstein).

No existen argumentos de la existencia de Dios. Y, si bien ciencia y religión no se excluyen, tampoco se confunden. La ciencia y la fe no proceden de la misma fuente. Un acercamiento entre ambas es posible, a condición de recordar sus originalidades respectivas. La diferencia está en el orden. Pretender su unificación no es más que una ilusión o un engaño.

Las religiones pretenden dar un sentido a las cosas. La ciencia no se ocupa de ello. El poder de seducción que tendría una armonización entre los discursos religioso y científico, la pretensión a un saber sincrético total y universal son artificiales y mentirosos.

Las creencias religiosas no necesitan de una coartada, una caución o una validación. Buscar pruebas de que la ciencia no las refuta procede de un *cientismo* al revés y consiste en hacer de la ciencia la instancia última, *religionizándola*. Los textos sacros pueden llevar a reflexionar sobre el contenido de la ciencia; pero ésta no emerge de ellos, y una analogía no es una demostración.

La física no es ni pontifical ni judicial y debemos tratar de limitar los abusos en este campo. Una reconciliación estricta entre la física y la espiritualidad sólo puede pasar por el lenguaje de las palabras. Sólo que la física moderna no puede explicarse únicamente a partir de las palabras; utiliza conceptos matemáticos abstractos que no pueden traducirse por medio de metáforas familiares. La física puede ser deformada e incluso traicionada, y la metáfora se vuelve entonces una trampa grosera.

Tampoco se puede fundar una visión del mundo sobre las concepciones modernas de la física, porque ésta es inacabada. No basta con que los problemas sean resueltos para afirmar que la tarea de la ciencia se ha cumplido. Porque todos los problemas no han sido efectivamente resueltos y porque ninguna teoría tiene garantía de perennidad. Es inútil tomar como visión definitiva del mundo lo que propone la ciencia en algún momento de su historia. La ciencia es un lugar vivo que se mueve, no un "lugar-trono".

Se deben establecer fronteras entre las diferentes maneras de aprehender el mundo. Las teorías científicas son teorías abiertas que corren el riesgo intelectual de su transformación. Sacan su originalidad de la sumisión permanente de su discurso al análisis crítico. Las doctrinas no científicas tienen una estructura diferente. "La teología es menos cambiante que la ciencia", decía Whitehead. No puede pretenderse científica, ya que debe su estabilidad al hecho que se funde sobre un mundo sobrenatural, inverificable. Eso no significa que la teología no tiene derecho a sus propios criterios de verdad, sólo que éstos reposan sobre otras bases, diferentes a las de la ciencia. Ciencia y fe no proceden de la misma esencia. En este fin de siglo dos patologías amenazan al intelecto: la patología de la teoría que lleva al dogmatismo reductor, y la religiosa, que lleva al dogmatismo hegemónico.

El filósofo chino Houai-nan Tseu decía: "El cielo vale uno, la Tierra vale dos, el hombre vale tres, tres por tres igual a nueve, nueve por nueve igual a ochenta y uno; uno rige el sol, el número del sol es diez, el sol rige al hombre, por ello cada hombre nace en el décimo mes de su gestación".

Las recientes investigaciones permiten reconstituir con emoción la dolorosa emergencia del número escrito. Hace más de seis mil años en la región de Susa, en el suroeste del Irán actual, los propietarios imprimían sobre la pared de unas bolas de arcilla la marca de unas piezas que contenían y correspondían a la cantidad de borregos u otros bienes que poseían.

Así que desde el alba de los tiempos históricos, el número ha sido asociado con el poder material. También ha sido asociado con el poder de los sacerdotes y de los reyes. Desde el antiguo Egipto, antes de China, el número ha fascinado a aquéllos que piensan. Primero los números enteros, medida de las cantidades simples, de las distancias, de la edad y del tiempo que transcurre, así como de las estrellas en el cielo. En la Grecia del siglo VI a. C. la escuela pitagórica sumó la reflexión sobre los números al simbolismo que pretendía explicar todo el universo, pasando por la música. Un siglo más tarde esta pretensión es combatida por Sócrates, irreductible enemigo del pensamiento mágico. El primer milagro ocurre dos siglos después, con el florecimiento de la escuela de Alejandría, Euclides y Arquímedes. Luego, durante algunos siglos las matemáticas occidentales duermen. El segundo milagro ocurre a finales del siglo XI, en el sur de Europa, cuando los jerarcas de la Iglesia se ponen a traducir los tratados árabes inspirados en la tradición hindú. Luego vino el florecimiento renacentista, que hizo posibles los trabajos de Kepler, luego Descartes, Fermat, Leibnitz, Newton, etcétera.

Sin embargo, el pensamiento racional y el pensamiento mágico siguen mezclados. Pero el primero avanza; su luminosa eficacia acaba por llenar todo el campo de la reflexión en el siglo XVIII. En el siglo XIX Galois descubre el concepto de grupo y Cantor elabora la teoría de los conjuntos. Un siglo después llega la informática, que cambia las condiciones y las posibilidades del cálculo. Y resulta que, al observarlas bien, la sociedad y los matemáticos viven hoy contradicciones cercanas —y a veces idénticas— a las que vivían en el tiempo de Platón o de Euclides. La mayor parte de las colectividades humanas buscan símbolos, siguen apegadas al pensamiento mágico y, como siempre, lo alimentan con los números. Se utiliza el número para justificar conclusiones falsas. Se le explota para asentar el poder de algunos, y aquel conocimiento que debía ser el pilar de la ciencia se vuelve así un instrumento esencial del oscurantismo.

Se puede contar aunque no se sepa leer ni escribir. Antes de poseer la escritura, los hombres de las sociedades arcaicas habían creado diversos sistemas de conteo y apreciación de las cantidades. Se establecieron negociaciones sobre cantidades directas de objetos: "aquí hay más" o "aquí hay menos". Esta apreciación cuantitativa no numérica depende de una actitud mental llamada "numerosidad". La apreciación numérica exige una comparación. Pero el conteo es considerablemente más complejo. Esta facultad de conteo aparece durante el desarrollo del niño. Cuando éste tiene tres años y medio sabe decir la secuencia de los cinco primeros números. Hacia los cuatro o cinco años aparece la función de definición numérica precisa de los objetos. Es entonces que surge la noción de cantidad global. Seis meses más tarde logrará aparear uno a uno el mismo número de canicas que un modelo dado. Hacia los seis años podrá combinar nociones de "largo", de "denso" y de "amplio". En su espíritu el número se vuelve un elemento que existe independientemente, es decir que se vuelve "abstracto", sin necesitar referirse a sus percepciones. Es en este nivel que se adquiere la noción de "número".

Esta aptitud al conteo se manifiesta de manera innata. Aparece a un momento determinado del desarrollo de la inteligencia. La numerosidad es mucho más simple que todas las etapas necesarias para contar cubos. Esta numerosidad, que bastaba a los primeros negociadores de la humanidad, está presente en el pequeño humano de una manera inmediata, desde los seis o siete meses.

Las civilizaciones antiguas que nos han dejado fuentes matemáticas fueron la babilonia y la egipcia. La primera comprende un conjunto de pueblos que han vivido en Mesopotamia entre el año 5000 a. C. y el principio de nuestra era, con Babilonia como centro principal de su actividad cultural. Hoy podemos reconstituir el origen del número escrito en Mesopotamia. En principio hubo bolas huecas de arcilla que tenían adentro piezas que designaban las cantidades de los bienes. Después estas cantidades fueron impresas en la superficie de la bola. Posteriormente la bola se aplastó y se transformó en una tableta y, para representar las cantidades de bienes, apareció el cálamo en lugar de las piezas. Después, los signos que designaban la cantidad y los que designaban el objeto se disociaron. ¿Cómo ocurrió esto?

Estamos a finales del cuarto milenio antes de nuestra era. Aparece el número abstracto en los textos escritos. Las piezas contenidas en las bolas huecas y que representaban las diversas cantidades de bienes, borregos, medidas de aceite o de trigo, fueron los registros de contabilidad primitiva y llevaban el sello de un propietario o de un contralor. Había que romperlas para conocer su contenido. A finales del cuarto milenio a. C. los objetos —piezas— desaparecieron; sólo quedaron sus marcas en la superficie de la arcilla. Después, sobre la placa de arcilla se combinaron los signos, círculos o rayas, mientras que un dibujo más elaborado complementa la información, clasificando la naturaleza de las mercancías. Entonces se operó una separación entre el signo escrito cuantitativo y el cualitativo: ambos siguen, independientemente, su evolución rápida hacia las matemáticas por un lado, y la literatura por el otro.

Durante el periodo llamado arcaico (del 3200 al 2800 a. C.) los signos numéricos se organizan en una docena de sistemas diferentes. Encontramos así un sistema S para las cantidades discretas, los borregos por ejemplo, y otro llamado G para la medida de las superficies y de los campos.

El periodo llamado protodinástico (2800-2350 a. C.) reforma el sistema de escritura en relación con el tamaño creciente de los intercambios comerciales entre las ciudades-Estados de Mesopotamia y de Elam. El número de los sistemas utilizados se reduce y la escritura se desarrolla, permitiendo la reproducción del lenguaje hablado. De este momento proceden los primeros textos matemáticos que son tablas y ejercicios escolares destinados a la formación profesional del futuro escriba.

Hacia principios del segundo milenio se constituyen imperios centralizados que instauran un sistema unificado de escritura y de contabilidad: el cuneiforme. Este sistema es de base sesenta. El sistema de numeración babilonio es una combinación de un sistema sexagesimal y decimal con un principio de posición: sólo dos signos diferentes intervienen y designan la unidad y el número 10; las combinaciones de esos dos signos intervienen más allá de 60, según el principio de posición. Ningún símbolo específico para el cero ha sido encontrado en los textos más antiguos. El valor numérico depende del contexto en el cual interviene; el mismo signo puede valer 1, 60, 3600, o bien 1/60, 1/3600. Aun en estos tiempos conservamos huellas de este sistema en la medición de las horas, minutos y segundos.

En cuanto a la civilización egipcia, su época más brillante fue la de la tercera dinastía (hacia el 2500 a. C.). Ahí encontramos dos sistemas de escritura: el jeroglífico (pictoral), donde cada símbolo representa un objeto, y el hierático, que utiliza símbolos. Este último es la principal fuente de las matemáticas egipcias. La numeración es con base en diez y no es posicional. Se dispone de símbolos diferentes para designar 1, 10 y 100. Para leer un número se suma el valor del conjunto de los símbolos, lo que significa que su orden poco importa. La representación puede ser tanto vertical como horizontal y es también decimal. Fuera de los enteros, los egipcios no concebían fracciones unitarias.

Después de la decadencia del imperio romano, los autores de Occidente se limitan a una aritmética especulativa que nace de Nicomaco de Geracio (siglo II). En el medioevo la matemática y el simbolismo son una misma cosa. Los números ayudan a cifrar el mundo y a dominar las fuerzas ocultas. El asunto tiene tres dimensiones: matemática, filosófica y mística. El medioevo occidental cristiano es una cultura condicionada por la Iglesia y orientada por una visión simbólica del universo. Desde los pitagóricos, cuyo pensamiento fue retomado por Platón, el número está investido por una dimensión simbólica que habría intervenido en la creación del universo y de la materia. Los cristianos serán influidos por estos conceptos. Al momento de reconstruir el dogma, San Agustín (354-430) se apoyó en su conocimiento de los platónicos, y el *Libro de la sabiduría* dice que, en materia numérica, el número está en el origen de la creación y en la idea de Dios. En otro tratado, *De la doctrina cristiana*, San Agustín dice que había que conocer el saber de los paganos y en particular la aritmética de los griegos, para comprender la creación.

La simbología de los números tuvo su cumplimiento en el siglo XII. Éste es el fruto de una cultura. Hoy los que hacen lo mismo no saben siquiera cuál es la función matemática. Para comprender el contenido simbólico del número medieval hay que interrogarse sobre la relación histórica que existe entre la aritmética y el símbolo. Esta especulación encuentra sus fuentes también en algunas corrientes orientales que van a inscribirse en el pensamiento occidental. Según todo ello, el mundo se organiza a partir de cuatro elementos. Esta aritmología va a desarrollarse en la época helénica con Proclo, luego Nicomaco de Geracio y Teón de Smirna, y florece con el sabio medieval Boecio (480-527), consejero del rey ostrogodo Teodorico I). Gran erudito, traductor de la lógica de Aristóteles, autor de obras científicas y teológicas, Boecio es considerado como el último letrado de la antigüedad y el primero del medioevo; jugó un papel clave en la historia de las ideas que sirvieron de base a la aritmología medieval.

Todo se fundamenta en las operaciones elementales de suma y multiplicación, efectuándose en números romanos. Los números llamados arábigos sólo serán conocidos en Occidente a finales del siglo XII y puestos en práctica en los medios sabios hasta el siglo siguiente. Boecio dividió los números enteros en dos categorías: pares e impares. En los últimos distingue entre números primos y números compuestos. Esto lo lleva a definir el número perfecto. Y todo ejerce una verdadera fascinación sobre los espíritus. Ahí existe la conciencia de que el número posee una dimensión filosófica. En el siglo VII Isidoro de Sevilla, primer enciclopedista del medioevo, organizó todos los restos del conocimiento antiguo en un libro titulado *Libro de los números que encontramos en las Sagradas Escrituras*. Isidoro busca en la Biblia los lugares donde aparecen estos números: Abraham vio tres ángeles, la Tierra está dividida en tres partes, hay cuatro vientos, siete planetas, diez mandamientos, etcétera. Pero en el siglo XII, cuando se desarrollan ciudades y escuelas, los clérigos parecen tomar conciencia de la necesidad de construir una verdadera ciencia y desean escribir con el mayor rigor posible. Este trabajo fue hecho principalmente por los autores de la Orden de los Cistercienses, como Odón de Morimond y Geoffrey de Auxerre. El primero era un abad y el segundo un discípulo de Abelardo en París, luego secretario de San Bernardo. Estos hombres se sitúan en pleno corazón del Renacimiento; pero el hecho de tener que usar cifras romanas los limitaba. Odón escribe un tratado analítico de los números y Geoffroy escribe sobre el carácter sagrado de éstos. Por supuesto, el método es diferente del de las matemáticas modernas y parte del principio de que los números existen *per se* y poseen propiedades significantes. En cuanto al simbolismo, su primer elemento son las referencias religiosas: dos devuelve a las tablas de Moisés, a los dos testamentos, etcétera. A propósito de catorce se escribe: "ya que la capacidad de procrear empieza a manifestarse en el transcurso del catorceavo año entre los muchachos, este número simboliza la generación". Así la Escritura hace llegar a Cristo después de tres veces catorce generaciones. La construcción simbólica parte de una propiedad matemática. Una vez puesta ésta se busca un número correspondiente en los textos y se construyen relaciones hasta obtener un valor mitológico. Había una preocupación por encontrar una explicación racional a una práctica litúrgica. Estos juegos, a menudo complejos, escritos en un latín técnico, parecen hoy superfluos, a veces divertidos. Hay que verlos en su contexto. Dios es la causa primera y había que volverlo accesible a la inteligencia del hombre. En este marco había que poner la razón al servicio de la exégesis.

La segunda mitad del siglo XII ve la llegada a Occidente de las traducciones árabes, que ponen al mundo cristiano en contacto con Aristóteles, Euclides, Arquímedes y Khawarizmi, el inventor del álgebra. Ocurre una fractura entre la simbología de los números y la matemática árabe, que se orientaba hacia una verdadera matemática en el sentido moderno, no hacia la explotación religiosa del número.

La forma del cálculo, ligada a las primeras traducciones de los tratados árabes del "cálculo indio" (*hisab al hind*), utiliza nueve cifras y el cero tal y como aparecieron en España. Las traducciones fueron llevadas a cabo hacia 1143, bajo la dirección del arzobispo Raymundo de Toledo. Éste tradujo los libros de Muhammad Ibn Musa al Khawarizmi, quien reveló al mundo, hacia 825 en Bagdad, las obras astronómicas, la primera álgebra donde se resuelven ecuaciones de segundo grado y el contenido de los tratados indios de aritmética.

Bajo el nombre de algorisma, derivado del nombre del matemático árabe, se escriben en el siglo XII obras mayores. Los copistas occidentales escriben de izquierda a derecha; los números sufren así transformaciones de su forma árabe primitiva orientada de derecha a izquierda. El cero, hasta entonces desconocido, se llama cifra (de "vacío", *sifr* en árabe), que es el número de la nada, una *figura nihili*.

Por primera vez se definen en Occidente las fracciones decimales y se enseña el algorisma en las primeras universidades. Leonardo Fibonachi, de Pisa, viaja a Egipto, Siria, Grecia y Sicilia y describe los admirables métodos del cálculo llamado indio. Se opone al uso anticuado del ábaco y desarrolla un método para la multiplicación. Pero hay que esperar casi tres siglos más para que este método llame la atención. Como consecuencia de la presencia occidental en Bizancio durante el reino franco que nació de la cuarta cruzada (1204-1261), nace otro método de multiplicación en forma de tablero de ajedrez. Este procedimiento era conocido por los árabes desde el siglo XII y tuvo un éxito considerable. Todas las obras aritméticas de los siglos XV y XVI lo retomaron. Es gracias a la difusión de la aritmética comercial sobre textos impresos que este método se instaló definitivamente y de manera exclusiva en la enseñanza del cálculo. Y, por medio del cálculo, se elaboró toda una reflexión sobre los números.

Hacemos matemáticas con nuestro cerebro, pero ninguna máquina constituida por el hombre ha podido, hasta ahora, reproducir las facultades de razón y de invención de nuestra máquina cerebral. La relación entre matemática y cerebro ha sido el centro de un debate científico y filosófico que no se ha resuelto. Para definir este debate hay que definir la naturaleza de los objetos matemáticos. ¿Acaso existen independientemente del cerebro del hombre que los descubre? Estas preguntas ya fueron instruidas en los *Diálogos* de Platón.

Las matemáticas son las mismas en París, Moscú y San Francisco. Pero, ¿serán tan universales como para poder comunicarnos con hipotéticos habitantes de otros planetas? Juegan un papel central en la vida social. Privilegian la comprensión rápida a costa de la reflexión más lenta, más globalizadora, más imaginativa. La cultura occidental se caracteriza por una suerte de mito de las matemáticas. Existe la creencia —que debemos a Pitágoras— de una virtud explicativa y casi trascendente de éstas. Para mucha gente, el hecho de describir en términos matemáticos una estructura sintáctica o unas relaciones de parentesco parece ser suficiente. Por otra parte, la computadora y sus aplicaciones confieren a las matemáticas un poder único y creciente. El desplome de Wall Street fue, en parte, debido al "comportamiento programado" de unas computadoras. Las matemáticas otorgan un terreno de comprensión, son absolutas y universales, independientes de toda influencia cultural. Las nociones que cada lengua expresa dependen de datos influidos por la cultura; pero los objetos matemáticos están libres de esta cárcel cultural. En relación con otras ciencias existiría una jerarquía: el lenguaje matemático es el único universal.

¿Cuál es la naturaleza de los objetos matemáticos? Existen dos posiciones diametralmente opuestas: la realista y la constructivista. La realista se inspira directamente en Platón y afirma que el mundo está poblado con ideas que tienen una realidad sensible. Muchos matemáticos contemporáneos se consideran realistas. Ahí estamos en plena metafísica. Descartes se refería a la metafísica a propósito de la geometría: "Imagino un triángulo, que no está en ningún lugar en el mundo fuera de mi pensamiento. Esta figura es inmutable y eterna. No la he inventado". Para los constructivistas los objetos matemáticos sólo existen en el pensamiento del matemático y no en el mundo independientemente de la materia. Éste es el punto de vista de Locke y de Hume.

Yo me considero más cercana al punto de vista realista. La secuencia de los números primos, por ejemplo, tiene una realidad más estable que la realidad material que nos rodea. El trabajo del matemático consiste en demostrar que existe una infinidad de números primos. Si alguien afirma un día de éstos que ha encontrado el más grande de ellos, sería una "marihuanada". El matemático sólo crea instrumentos de pensamiento, que no hay que confundir con la realidad matemática misma. Así pronto llegaremos al año 2000. Sin embargo, la importancia de este número sólo es un fenómeno cultural. En matemáticas el número 2000 no tiene interés alguno. Si se acepta la existencia de una realidad matemática independiente del hombre, habrá que disociar esta realidad y la manera de aprehenderla.

Nuestro cerebro utiliza una imaginería. Las posibilidades de adaptación del cerebro le permiten desarrollar una intuición. La realidad matemática tiene una coherencia independiente de nuestro sistema de razonamiento y que va más allá de la realidad que produce la intuición de los fenómenos. Los constructivistas contestan que los objetos matemáticos existen materialmente en el cerebro y tienen una realidad material; así que rechazan la opinión según la cual los objetos matemáticos existen en el universo, independientemente de todo soporte cerebral. Habrá, según los constructivistas, que situar la matemática en el contexto histórico que permitió su aparición. Ésta apareció progresivamente, en el curso de la historia de las sociedades humanas; por lo tanto, trata de objetos culturales sujetos a evolución. Todo esto nos demuestra que ni siquiera la matemática es libre de conflictos.

II

NOTA DE LA AUTORA

Aquí partimos del ignoto, cuando ni siquiera existía el Tiempo, para llegar a los orígenes de vida. La autora atraviesa la descorazonada aventura de la modernidad científica que nació del oscurántismo; relata la sorprendente complejidad del sexo; bosqueja los nuevos conocimientos referentes al cerebro; se atreve a viajar en el tiempo a través de agujeros de gusano en el espacio y, al final, establece la posición de la autora en relación con la ética y la genética.

Primera edición: *Ikram Antaki en El banquete de Platón. Ciencia 2ª serie*, Joaquín Mortiz, México, 1998.

❧

"Una montaña que da a luz a un ratón." En el lenguaje popular, esta expresión tiene un sentido peyorativo; traduce una decepción, mucho ruido para poca cosa. Pero, con sus millones de toneladas de rocas, una montaña no sabe hacer nada; tan sólo espera que el viento y las lluvias la desgasten. El ratón, en cambio, con sus decenas de gramos de materia, es una maravilla; vive, come, corre, se reproduce. Si algún día una montaña pariera un ratón, habría que gritar: ¡Oh, milagro de los milagros!

La historia del universo es la historia de una montaña que pare un ratón. Para el hombre de ciencia de los siglos pasados, la materia no tenía historia. Al final de su bello libro acerca de *Las abejas*, Maeterlinck se interroga sobre el sentido del futuro de la naturaleza: "Es pueril preguntarse a dónde van las cosas y los mundos: no van a ningún lado; ya llegaron. En cien billones de siglos, la situación sería la misma que hoy, la misma que hace cien billones de siglos, la misma desde el principio que además no existe, y será la misma hasta el final que tampoco existe. No habrá nada más, ni menos, en el universo material. Podemos admitir la experiencia o la prueba, pero nuestro mundo ha demostrado que la experiencia no sirve para nada." Hegel expresó la misma visión cuando dijo: "Jamás ocurre nada nuevo en la naturaleza."

Es con la biología que la dimensión histórica entra en la ciencia. Con Darwin, descubrimos que los animales no han sido siempre los mismos. Las poblaciones cambian, los hombres aparecen hace tres millones de años. Algo nuevo ocurrió en la naturaleza; la vida tiene una historia.

A principios de este siglo, la observación del movimiento de las galaxias ha proyectado la dimensión histórica sobre el conjunto del universo. Todas las galaxias se alejan unas de otras en un movimiento de expansión a escala del cosmos. De ahí nació la idea de un principio del universo. Éste habría nacido de una gigantesca explosión y su dilatación y su enfriamiento continúan. La materia es histórica; como los seres vivos, las estrellas nacen, viven y mueren. Las galaxias tienen una juventud, una edad madura, una vejez.

> *Paciencia, paciencia, paciencia en el azul.*
> *¡Cada átomo de silencio es la suerte de un fruto maduro!*
>   *Paul Valéry*

LA GESTACIÓN cósmica ocurre a lo largo del tiempo. Han habido crisis en esta gran ascensión cósmica; algunas fueron graves. Pero el universo siempre ha podido salir de la crisis.

En algunos casos tuvo que retroceder para volver a avanzar.

La evolución biológica nos lleva desde las bacterias hasta la aparición de la inteligencia humana. La vía de la complejidad podría seguir: el corazón del mundo sigue latiendo. El hombre nació del primate; alguien podría nacer del hombre.

En el panteón hindú, Shiva es responsable del universo; en una mano lleva la llama; en la otra, la música. En el origen está el reino absoluto de la llama; luego, a lo largo de las eras, el fuego baja lentamente y la llama deja lugar a la música. En los bastidores de la evolución corren el tiempo, el espacio, la materia, la fuerza, la energía, el azar. La evolución cósmica tiene cuatro etapas: la nuclear, que va desde las partículas hasta los átomos; la química, que va de los átomos a las moléculas; la biológica, de las moléculas a las células; y la antropológica. Si pongo el escenario al revés, tengo al hombre que nace del primate, el primate nace de la célula, la célula nace de la molécula, la molécula nace del átomo, el átomo nace del quarck. Hemos sido engendrados en la explosión inicial, en el corazón de las estrellas y en la inmensidad de los espacios. Es decir, como lo afirma la tradición hinduista: la naturaleza es la familia del hombre. Las relaciones familiares se ilustran por medio de árboles genealógicos. Nuestros primeros ancestros fueron las partículas elementales, los átomos, las moléculas; y las familias se multiplican, por ello sólo mencioné a sus miembros más influyentes.

Para contar la historia del mundo hay que hacer ciencia. Voy a tratar de minimizar la aridez del discurso, aunque el rigor sufrirá por esta simplificación: que me perdonen los científicos por ello. El universo nos sobrepasa en todos sus aspectos. La manera de comprenderlo es, a menudo, la más infantil; tenemos la lógica y el lenguaje de una época dada, la nuestra; no es mucho, pero es todo lo que tenemos. El niño que se despierta a la realidad descubre que el mundo ha existido antes que él; el día de su nacimiento no es el principio del mundo. Entonces, se hace a la idea de una prehistoria anterior a él. El universo principia con una formidable explosión. Nos gustaría ir a ver lo que había antes de la explosión inicial pero, para ello, hay que atravesar "el muro del tiempo cero". Es más fácil hablar del futuro. Lo que había antes es una cuestión simple a la cual no sabemos responder. El problema mayor que encontramos aquí es que el calor destruye la información. Cuando una biblioteca se incendia, se pierde la información que tenía. En la gran hoguera inicial, las estructruas que podían almacenar información se desmantelaron. El universo se vuelve simple. Esta simplicidad elimina los recuerdos. Nos hundimos en un mundo sin memoria. En esta óptica, la cuestión ¿qué había antes? quizá no tenga sentido. Así que llamamos *tiempo cero* a ese instante más allá del cual ya no podemos afirmar nada, es el muro de nuestra ignorancia.

Muchas personas se resisten a adoptar la tesis de la expansión inicial por causa de dificultades filosóficas. El físico Lurcat escribe: "Decir que el universo ha tenido un principio (eso, si las palabras 'principio' y 'universo' tienen algún sentido) es decir que la respuesta a la pregunta ¿qué había antes? sería 'Nada'. Pero no se puede imaginar un comienzo a partir de nada."

No sólo debemos considerar nuestra ignorancia, también están los límites del lenguaje. Las palabras se han moldeado según los objetos que están a nuestra escala, han adquirido eficacia adaptándose a fenómenos o eventos de nuestro mundo cotidiano. Cuando se abordan realidades a otra escala, las palabras se vuelven fácilmente obstáculos. El único verdadero problema es la existencia misma del universo. ¿Por qué hay algo en lugar de nada? A nivel científico, somos incapaces de contestar a esta pregunta. Después de varios milenios, estamos en el mismo punto que el primer cazador prehistórico: en el cero absoluto. Nuestra ignorancia es el verdadero punto de partida. Pero hay algo: la realidad. Este problema de la existencia de la realidad es también el problema del conocimiento. El universo es lo que es, sin importar nuestros prejuicios. Hoy tenemos razones para creer que la materia misma no es eterna...

Y la naturaleza se puso a inventar...

Se necesitaba un medio que no fuera ni muy caliente (las moléculas se disociarían), ni muy frío (las moléculas se ignorarían); un medio denso que facilitara los contactos y las protegiera de los rayos letales que provienen del espacio: esta invención se llama 'planeta'. Luego, se trata de instalarse al lado de una estrella que le va a dar energía. Amarrado por la relación de gravedad a una órbita circular, un planeta puede mantenerse a una distancia en la cual la temperatura es moderada: la Tierra es el prototipo del planeta vivo. Ahora, está el asunto del agua. A escala cósmica, el agua es más rara que el oro. En la escuela nos enseñaron que la materia existe bajo tres formas: sólida, líquida y gaseosa. Nos enseñaron también que los océanos cubren 70% de nuestro planeta. Cuando se dio la hipotética división inicial de las formas, la fase líquida habría sido, a primera vista, particularmente favorecida. ¡Ah!, pero viendo la cosa desde el espacio, la situación resulta diferente. A escala del universo, la casi totalidad de la materia es gaseosa, neutra o ionizada. La fracción sólida representa tan sólo una millonésima parte, y la fracción líquida algo así como la millonésima parte de este millonésimo del universo. Los marinos balleneros que partían en expedición pasaban dos o tres años sin ver otra cosa que la extensión ilimitada de los océanos; ¿habrían creído que el agua líquida es más rara a escala cósmica que el oro sobre la tierra?

¿Qué encontramos en este océano cósmico? Se intentó reproducir en el laboratorio condiciones parecidas a los principios del universo. En la ciencia se exigen experimentos; en la búsqueda de la verdad jamás se toman suficientes precauciones. En la sopa oceánica hay muchos azúcares y alcohol, que son sustancias ricas en energía. Se han combinado otras moléculas que tienen la capacidad de capturar el alcohol o el azúcar, sacándoles su energía. Es el principio de la depredación o de la alimentación, una de las principales actividades de los seres vivos. ¿Para qué va a servir esta energía adquirida por la molécula depredadora? Quizá para romperla, dividiéndola en moléculas más simples; en este caso, sería un fracaso. Pero quizá también para facilitar nuevas combinaciones; entonces, se eliminan los fracasos y se abre la vía a nuevas aventuras. Las moléculas grasas nadan en este medio orgánico; lo propio de las grasas es rechazar el agua, es decir ser hidrofobas. La grasa de nuestra piel vuelve al cuerpo repelente, es ella la que hace que las plumas del pato no se mojen. Si nuestra estructura logra tapizar su superficie exterior con moléculas de grasa, se vuelve impermeable al agua. Está entonces aislada y puede comenzar su vida autónoma. Supongamos ahora que una molécula sea capaz de romper los azúcares y de liberar su energía (es lo que hacen las enzimas): esto corresponde a la primera digestión. Las grandes funciones de la vida: el crecimiento, la reproducción, la alimentación... ya existen en esta sopa primitiva.

¿Acaso la vida apareció realmente en el océano? Hay objeciones: se afirma que los sistemas frágiles difícilmente podrían resistir a la violencia de los movimientos acuáticos. La verdad es que, en lo que concierne la naturaleza verdadera y la localización de los fenómenos que han dado nacimiento a los primeros objetos vivos, casi todo se nos escapa. En un principio, las funciones de nutrición y de reproducción eran rudimentarias; se desarrollaban con más o menos éxito. Con la multiplicación de los sistemas consumidores, las reservas de energía oceánica están a punto de agotarse. ¡Se acaba la comida! Esta crisis podría terminar en una hambruna generalizada... entonces aparece una molécula especial, un mecanismo que prefigura la fotosíntesis, sabe captar y almacenar la energía de los fotones solares; es la salvación para todos los sistemas hambrientos. La primera crisis de la energía se resuelve con el desarrollo de la energía solar que, desde aquel día, anima todas las formas de la vida vegetal y animal.

No soy bióloga, no poseo la competencia necesaria para hacer una narración detallada de la evolución darwiniana; sin embargo, no resisto el placer de señalar algunos grandes momentos: la célula es el elemento base, el tabique fundamental de todos los seres vivos. Somos un rompecabezas de células, nuestro cuerpo contiene más de cien mil billones (10^{14}), diferentes. Unas 200 variedades conforman un ser humano; algunas constituyen los huesos, otras el cabello, otras nadan en la sangre. Las formas son esféricas, cilíndricas, arboladas... Una célula mediana contiene cerca de mil billones (10^{12}) de átomos, algo parecido al polvo interestelar. Salvo que, entre ambos, hay una diferencia abismal: en un grano celeste, la organización es mínima, se trata de un motivo simple que se repite indefinidamente: un oxígeno, un magnesio, un silicio, un hierro y de nuevo, etc... Pero ¡cuánta complejidad en las células! Otra vez, es la metáfora del ratón y de la montaña.

¿CÓMO UN SISTEMA TAN EVOLUCIONADO y tan eficiente como la célula ha podido nacer? La verdad es que no sabemos gran cosa del asunto. Hay que ir a ver lo más viejo de lo más viejo e interrogarlo. El récord temporal de la vida sobre la tierra lo tienen dos lugares —que cuentan con 3.5 mil millones de años— situados respectivamente en Australia y en África del sur. Estos terrenos nos revelan la presencia de una amplia población de microfósiles. Se reconoce, entre otros 'bichos', a las algas azules, que son organismos microscópicos formados por una sola célula, capaces de realizar la fotosíntesis. Parece que son estas células simples las que, un día de ésos, se habrían asociado para formar las células complejas de los seres vivos. Confederar a seres ya existentes para crear a un ser complejo y más eficiente es una de las recetas favoritas de la naturaleza.

Las bacterias y las algas azules parecen haber reinado durante tres mil millones de años. Los organismos pluricelulares más antiguos son, según nuestro conocimiento, las medusas. Falta mucho para llegar a la inteligencia; ésta implica la organización de algo así como 3 x 10^{28} (3 seguido por 28 ceros) de partículas elementales. Pero aún no estamos ahí: las medusas aparecen hace 700 millones de años. Probablemente habrá existido algo más viejo, pero no lo sabemos. Los vestigios son difíciles de identificar. Cien millones de años más tarde, aparecen las primeras conchas y artrópodos (crustáceos varios) que poseen un esqueleto exterior que deja huellas fósiles. Otros cien millones de años (hace 500 millones de años) y el esqueleto se hace interno; empieza el reino de los peces. La vida, hasta entonces, se habría confinado exclusivamente al océano y a los lagos. La salida de las aguas ocurrió hace 350 millones de años. Gracias a la capa de ozono, la atmósfera queda protegida de los rayos letales que provienen del espacio. Esta capa de ozono apareció debido a la respiración de los vegetales acuáticos de las eras precedentes.

Es el principio del periodo de los reptiles y de los pájaros. Los mamíferos aparecen poco más tarde, pero no florecen realmente sino hasta después de la desaparición de los dinosaurios, hace algo más de 63 millones de años. Entre estos mamíferos, una especie de pequeña musaraña que vino al mundo hace cerca de 60 millones de años, llevaba en sus genes la promesa de un cerebro humano. De su descendencia salieron los diversos linajes de simios; de uno de esos linajes vinieron los primeros homínidos y los primeros hombres. El cuerpo humano está hecho de cerca de tres mil millones de billones de partículas elementales (3 x 10^{28}). Es la organización de todas esas partículas lo que les permite concentrar su atención sobre lo que les estoy explicando.

Un evento de una amplitud considerable tuvo lugar sobre la Tierra hace cerca de 63 mil millones de años, pues razas enteras, plantas y animales, mueren y desaparecen para siempre; unas especies tan diferentes como los dinosaurios, las amonitas marinas y los helechos gigantes quedan eliminadas de la lista de los vivos. ¿Qué ha pasado? La causa de la hecatombe es probablemente de naturaleza astronómica.

¿Por qué algunos animales sobrevivieron y otros no? No lo sabemos. Lo importante aquí es que este hecho coincide con la extinción masiva de individuos y de especies animales en todo el planeta.

La situación es aún confusa; han habido varios capítulos de extinciones masivas de especies vivas en el curso de las eras geológicas: estos capítulos se sitúan temporalmente a unos 30 millones de años unos de otros. ¿Será un fenómeno periódico, asociado a un evento astronómico recurrente? Esta periodicidad está siendo analizada, pero aún no hay respuesta.

Este evento va a alterar de manera apreciable la evolución de la vida terrestre. Desde hacía 200 millones de años, los saurios representaban la rama más importante del reino animal. Los mamíferos existían desde hacía mucho tiempo, pero estaban marginados. Se trataba de animales minúsculos, de la dimensión de nuestros roedores, cuyo número estaba restringido y cuyo desarrollo era muy lento. Después de la desaparición de los reptiles gigantes, todo cambia. La población de los mamíferos crece y se acelera su desarrollo. En algunas decenas de millones de años, llegan al nivel del simio, del primate y del hombre. Una vez eliminado el obstáculo constituido por la presencia de los dinosaurios, salta la progresión ascendente de la complejidad.

¿Y afuera? ¿Acaso hay plantas y animales sobre otros planetas del sistema solar? En el siglo pasado, se hablaba de venusinos y de marcianos. La Luna y Mercurio no tienen atmósfera. ¿Por qué? Porque no son lo suficientemente masivas para amarrar alrededor suyo una capa gaseosa. Estos gases huyeron en dirección del espacio, dejando sin protección esos suelos desnudos. Venus posee una atmósfera de un gran espesor. La masa de gas carbónico funciona como un invernadero, detiene el calor del sol y hace subir la temperatura a la superficie a más de 500 grados. No hay líquidos y el calor es demasiado intenso como para permitir la vida. ¿Y Marte? En el suelo marciano hay moléculas, pero mucho menos complejas que en el mismo Antártico;

habría algunas formas de vida más bien primitiva. Algunos satélites de Júpiter y de Saturno también poseen atmósferas.

¿Y LOS METEORITOS? Los meteoritos son piedras que caen del cielo. Cada año, llegan varios cientos a visitarnos; sus dimensiones van desde algunos centímetros hasta varios metros. Da vértigo acariciar con la mano la superficie pulida de un meteorito que gravitaba hace algunos años entre los planetas del sistema solar. Esquematizando, hay dos tipos de meteoritos: los de piedra y los de fierro. Los meteoritos de piedra encierran en su textura pequeñas canicas vidriosas llamadas *chondras*; estos meteoritos, llamados *chondritas*, incorporan importantes cantidades de agua (cristalizada) y de carbono. Al analizarlo, este material carbónico revela la presencia de aminoácidos. ¿Acaso se trata de una contaminación que ocurrió cuando entraron en la atmósfera terrestre? ¡No! éstos aminoácidos existían ya en el meteorito antes de su entrada a la atmósfera. ¿Cómo lo sabemos? Se los voy a decir con un argumento acaramelado: hay dos tipos de moléculas de azúcar; ambas están constituidas con los mismos átomos (carbono, oxígeno, hidrógeno), pero su arquitectura geométrica es diferente. Aparte de eso, son idénticas, como la mano izquierda y la derecha en un espejo. Pasteur ha mostrado que, si bien los azúcares fabricados en laboratorio contienen dos variedades en cantidades iguales, los azúcares de origen viviente sólo contienen una sola variedad. En los seres vivos, los moldes que fabrican azúcar sólo pueden producir la variedad que los conforma: hay algo así como una selección. Todos los vegetales y animales fabrican el mismo azúcar, lo que prueba la gran unidad de los seres vivos sobre la tierra.

En un principio, en la sopa oceánica, la situación era diferente. Más tarde, una de las variedades desapareció. ¿Por qué? Los dos clanes de azúcar se habrían masacrado y uno de los clanes eliminó al otro. En otro planeta, el clan vencedor podría haber sido diferente. Esta situación (dos variedades posibles, una sola variedad existente) no está reservada a los azúcares: muchas moléculas complejas se encuentran en el mismo caso. En los vivientes terrestres, sólo existe un tipo de aminoácidos; el otro tipo está ausente. Pero en las *chondritas* carbonadas, las dos formas coexisten. Ésta es la prueba de que no se trata de contaminación atmosférica, sino de un aporte indígena del meteorito: estas moléculas se han formado en otra parte, fuera del planeta. Así que no hay que perder la esperanza: en otros planetas, la organización de la materia había alcanzado el nivel en el cual nacen los aminoácidos, pero aún no se habría alcanzado el nivel en el cual, por la competencia, una variedad elimina a la otra.

Más allá del sistema solar, entre los miles de millones de estrellas que componen nuestra galaxia, entre los miles de millones de galaxias que componen nuestro universo, ¿acaso hay seres vivos? No podemos ir a ver, pero podemos observar y buscar pruebas. Sabemos que las estrellas solteras son minoría; más de la mitad de las estrellas viven en matrimonio con uno o más compañeros. Algunos de estos compañeros celestes tienen una constitución parecida a la Tierra. Entre éstos algunos reciben, gracias a la posición de su órbita, un calor apropiado para el desarrollo de la vida: esto parece verosímil. El número de los planetas parecidos al nuestro podría ser muy elevado; algunos autores hablan de un millón en nuestra galaxia. ¿Cuales 'bichos' andarán en la superficie de esos hipotéticos planetas? Varias veces se ha tratado de establecer comunicación con ellos, por medio de ondas de radio, sin éxito. Hasta hoy, desde el cielo, sólo hemos recibido lo que se llama *fritanga* (ruido ininteligible); ninguna señal ha podido ser captada, que pudiera dejarnos adivinar la presencia de un escucha inteligente. No tenemos nada tangible pero no perdemos la esperanza.

¿Y el turismo interestelar? Muchos hablan de ovnis, algunos habrían sido secuestrados, llevados a bordo, desaparecidos para siempre... Una gran confusión reina; pero cuando llega el análisis crítico, la mayoría de estos testimonios se disuelven. Sólo encontramos el fraude, las alucinaciones y, más banalmente, el deseo de ser interesantes. No tenemos información válida.

TRATEMOS de ponernos en el lugar de un hombre prehistórico. Su cerebro es tan desarrollado como el nuestro; sin embargo, ignora todo de nuestras ondas de radio: le faltan los milenios de desarrollo tecnológico que han transformado nuestra percepción de la realidad. Pero, aun así, existen en la naturaleza fuerzas que escapan a nuestros sentidos.

El debate no acaba aquí. Tenemos que hablar del *principio* y del *fin*, la vida y la muerte, lo transitorio y lo eterno. Las civilizaciones antiguas confundieron en un mismo símbolo, el vientre de la Tierra y el de la madre; unas ceremonias rituales, acompañadas de vastas orgías sexuales, anunciaban la primavera. Las cosechas nuevas iban a surgir de la Tierra fecundada. Ella es la vida, ella es también la muerte, el último agente de disolución de los seres que han terminado su existencia. Sin embargo, esta disolución es incompleta. Cada planta en descomposición enriquece el suelo, lo vuelve más fértil. Vida y muerte forman los elementos de un ciclo que no se cierra sobre sí mismo. En este sentido, la Tierra es algo así como la materia prima de la cual surge la vida vegetal y animal; es la rueda de la vida. Los átomos y las moléculas que forman nuestro cuerpo tienen una larga historia; varias veces ya, lo viviente las ha usado; han sido hojas de árboles, plumas de pájaros... En algunas décadas ya no estaremos aquí, pero nuestros átomos sí; y seguirán trabajando en la elaboración del mundo.

LA ASTRONOMÍA nos enseñó que unos eventos análogos ocurren en el cielo. Cuando se me pregunta: ¿Para qué sirve la astronomía? Contesto a veces: si ha servido para revelar la belleza, ya justificó su existencia. Pero la astronomía nos enseñó también la modestia. ¿Qué somos, qué soy, qué lugar ocupo en la inmensidad del espacio y la infinitud del tiempo? Ésta es la verdadera modestia. No se trata de responder "no sé nada"; tal frase hasta podría revelarse cierta: es una constatación de ignorancia. Pero hablamos de proporciones.

Hay ciclos paralelos: Tierra-seres vivos-tierra y materia interestelar-estrellas-materia interestelar. Pero la secuencia de estos ciclos no es una simple repetición. En la Tierra y en el cielo siguen las actividades cíclicas, agentes de una complejidad creciente:

> *La tierra que es la madre de la naturaleza,*
> *es también su tumba*
> *y lo que es su féretro,*
> *es también su matriz profunda*

El hermano Laurent,
Romeo y Julieta,
Shakespeare.

Para la elaboración de este texto, me apoyé en la obra de Hubert Reeves.

"Juro por Apolo médico, por Asclepio, por Higea, por Panacea, así como por todos los dioses y diosas, juro poniéndolos como testigos, que respetaré con todo mi poder y mi juicio, este juramento y este compromiso: Juro tener a aquel que me enseña este arte en igual estima que a mi padre y madre, hacer de él el compañero partícipe de mi existencia, compartir mis recursos con él si lo necesita, considerar a los miembros de su familia como mis propios hermanos y, si quieren aprender este arte, juro enseñárselo sin retribución o condición, inculcar preceptos, instrucción oral o cualquier otra enseñanza a mis propios hijos, a los hijos de mi maestro y a los alumnos aprendices que hubieran prestado el juramento médico; pero a nadie más. Para asistir al enfermo, lo trataré según mis aptitudes y mi juicio, jamás para perjudicarlo y hacerlo sufrir. Jamás administraré un veneno a quien sea aunque me lo pida, jamás aconsejaré hacerlo, jamás le causaré un aborto a una mujer; pues quiero mantener puros y santos a la vez mi vida y mi arte. No haré uso del bisturí ni siquiera con la gente que sufre del mal de piedra, pero dejaré mi lugar a los que ejercen este método. En cualquier casa donde entre, asistiré al enfermo, me abstendré de todo daño intencional, especialmente abusar del cuerpo de un hombre o una mujer, esclavo o libre. Que de lo que escuche o vea en el ejercicio de mi profesión, tanto como fuera de ella, durante mis contactos con los hombres, si hay cosas que no deben ser comunicadas al exterior, no las divulgaré jamás y las consideraré como secretos sagrados. Si cumplo con este juramento y no lo violo, que me conserve para siempre con reputación entre todos los hombres, por mi vida y mi arte; pero si lo transgredo y cometo perjurio, que la mala suerte me golpee."

—Juramento—

Lo llamaron "el padre de la medicina". Es, como Homero, una figura semimítica, pero se trata de un personaje histórico del siglo de Pericles. Aunque tuvo notoriedad en su vida, no fue el fundador de la medicina griega. Le ha sido atribuido un número importante de textos médicos que llevan el título de *Colección Hipocrática* o *Corpus Hipocrático*. Estos textos no fueron todos escritos por él; sin embargo, periten dibujar su pensamiento y medir la aportación de esta herencia en la medicina occidental. De hecho, ahí encontramos consejos a los hombres de leyes y otras cosas. Pero hay 42 ensayos clínicos, que son los únicos volúmenes de su especie, anteriores a lo que sólo tendremos 17 siglos después: estas obras son un ejemplo de probidad profesional.

La vida de Hipócrates es conocida gracias al testimonio más antiguo y más interesante de su joven contemporáneo Platón, que cita el nombre de Hipócrates dos veces, una en el *Protágoras*: ahí aparece como el ejemplo típico del gran médico que habla con un interlocutor de lujo, Sócrates, para enseñarle el arte médico. Aparece una segunda vez en *Fedra*, cuando Sócrates alaba su pensamiento. Cuarenta años después, Aristóteles, quien era hijo de médico, cita a Hipócrates en su *Política*, como un gran hombre por su ciencia médica. Fuera de esos testimonios capitales, encontramos documentos biográficos detallados como las *Cartas de Hipócrates* (o *A Hipócrates*) reunidas en una colección probablemente apócrifa, *El discurso de la embajada*, o *Presbeuticos* (que su hijo Tesalos habría pronunciado ante la asamblea ateniense hacia finales del siglo v a.C.). Este texto contiene información sobre su familia, confirmada por descubrimientos epigráficos recientes. Fuera de eso, tenemos dos vidas de Hipócrates, una de Soranos de Efeso, médico en el siglo i-ii d.C. y otra llamada *de Bruselas*, anónima. Por fin, tenemos la obra de Galeno de Pérgamo (siglo ii d.C.) quien consideraba a Hipócrates como su modelo.

Estos datos, ciertos o probables, se dividen en dos periodos: antes y después de su partida de Cos. En la edad antigua no había una enseñanza organizada, ni títulos que autorizaran el ejercicio de la medicina; la enseñanza se localizaba en las ciudades y estaba marcada por las estructuras familiares y aristocráticas.

Hipócrates nació en 460 a.C. en la isla dórica de Cos, cerca de la actual costa turca. Pertenecía, por el lado paterno, a la rama de la familia de los Asclepíades que vivían en Cos; la otra rama vivía enfrente, en Cnide, en el Asia Menor. A veces se designa a los médicos en general con el nombre de Asclepíades, pues se trata de una gran familia aristocrática que pretendía descender en línea directa de Podaliro, hijo de Asclepios, a quien Homero cita junto a su hermano Machaon. Esta familia desempeña un importante papel político y médico en la isla de Cos.

Hipócrates pertenencía a un largo linaje de médicos que transmitían su saber de padres a hijos. Un ancestro llamado Nebros se distinguió durante la primera guerra sacra (600-590 a.C.); el abuelo de Hipócrates y su padre Heracleides fueron médicos; él pasó la antorcha a sus hijos Tesalos y Dracon. Era una tradición familiar.

Hipócrates pasó en Cos los primeros años de su carrera, se casó y tuvo tres hijos; su hija se casó con un discípulo suyo, Polibio. Lo habrían llamado a Abdere para curar la locura del filósofo Demócrito, que reía sin razón aparente. Hipócrates dijo que no estaba loco, sino que era sabio (tenemos una fábula de La Fontaine: *Demócrito y los Abderianos*, que recoge esta anécdota; también Stendhal habló de este asunto, en la *Vida de Henry Brulard*). El rey de Persia Artajerjes I le pidió sus servicios cuando la peste cayó sobre su país, pero Hipócrates se negó porque no quería ayudar a los enemigos de Grecia. En el siglo II a.C. Plutarco cita esta anécdota, y un cuadro de Girodet que se encuentra en la Escuela de Medicina de París pinta esta escena.

Hipócrates dejó su isla natal para viajar a la Grecia continental. Contrariamente al médico moderno, que no se mueve de su consultorio, el médico griego podía, en el transcurso de su carrera, recorrer el mundo como médico público o privado. Como los grandes sofistas, los grandes médicos viajaban para completar su experiencia. El caso más célebre antes de Hipócrates es el de Demócedes de Crotona, del cual habla Heródoto. Entonces, Hipócrates deja Cos para irse a Tesalia, donde ejerce rodeado de sus hijos y discípulos. En los tratados titulados *Epidemias*, encontramos por primera vez en la historia de la medicina fichas individuales de los enfermos, que hablan de la evolución de la enfermedad; algunas fichas conciernen a enfermos de Larissa, Melibea, Cranon, Farsala, Feres, Cirica, Perinto, Abdere, Tasos, Pella... Se cuenta que fue llamado a Macedonia para curar al príncipe Perdicas II, hijo de Alejandro I, de lo que se creía era la tisis, pero Hipócrates diagnosticó un mal de amor. En *El discurso de la embajada* se menciona que, en los años 419-416 a.C., había rechazado ayudar a los príncipes bárbaros del norte de Grecia a luchar contra la peste, pero aprovechó la información para poner en guardia a sus compatriotas, lo cual le agradecieron. En Delfos, los Asclepíades de Cos y de Cnide tenían privilegios especiales reservados. Hipócrates murió en Larissa a los 85 años de edad (otras fuentes mencionan que a los 109). En Cos, le rindieron un culto heroico público, lo representaron en sus monedas y, a veces, fue asociado con Heracles.

Le atribuyeron la paternidad del arte médico, porque dio a la escuela de Cos un brillo excepcional. Una verdadera revolución ocurrió en la enseñanza médica cuando ésta se abrió a los discípulos exteriores a la familia, mediante el pago de honorarios. El arte salió entonces de la raza de los Asclepíades. En el *Protágoras*, Platón le propone a un joven ateniense darle dinero a Hipócrates para que le enseñara medicina. El propio yerno de éste, Polibio, no era un Asclepíades. El *Juramento* muestra esta revolución; la segunda parte es el contrato deontológico que todo el mundo conoce, pero la primera muestra que se trata de un contrato de asociación que sólo pronunciaban los nuevos discípulos extraños a la familia de los Asclepíades. El discípulo se compromete a considerar a su maestro como su padre y a transmitir eventualmente, al hijo de su maestro, la enseñanza médica sin salario ni contrato. Los escritos biográficos citan los nombres de una decena de discípulos de Hipócrates de la escuela de Cos. La notoriedad de esta escuela y de su jefe se debe a la existencia de tratados médicos.

La tradición nos ha transmitido, como si fueran de Hipócrates, unos 60 tatados, que ni son la obra de un solo hombre, ni de una sola escuela, ni siquiera de la misma época. Tampoco hay que caer en un escepticismo excesivo; generalmente se aceptan como de la mano del maestro los *Aforismos, Pronóstico, Régimen de las enfermedades agudas* y la *Monografía sobre las heridas de la cabeza.* Hay un núcleo primitivo al cual se agregaron tratados posteriores. El núcleo central es el de los *Tratados quirúrgicos*, perfectamente redactados, que describen con precisión diferentes llagas de la cabeza y cómo curarlas. Se describe minuciosamente la trepanación. Otro tratado se ocupa de los métodos para reducir las luxaciones y fracturas. A pesar de ser técnicos, estos tratados son la obra de una fuerte personalidad, de profundas cualidades humanas y científicas, por lo que sí podrían ser de Hipócrates. Otros textos están redactados en un estilo más lacónico, como si fueran recordatorios. La obra titulada *Oficina del médico* indica las reglas que conciernen a las operaciones o curaciones en el local del médico. El tratado de *Las epidemias* dataría del periodo tesaleniano de su vida. De hecho, son siete tratados escritos en fechas diferentes. Hay tres conjuntos (del 1 al 3, el 4 y el 6, y el 5 y el 7) que van del último decenio del siglo v hasta mediados del siglo IV a.C. Sólo el primero podría ser atribuido a Hipócrates. Existe otro tratado famoso: *Aires, aguas y lugares;* su primera parte científica expone los diversos factores externos que debe observar el médico cuando se instala en una ciudad desconocida, para prevenir las enfermedades y curarlas: la orientación de los lugares en relación con los vientos, la naturaleza de las aguas, etcétera. La segunda parte explica las diferencias entre asiáticos y europeos debidas a las variaciones del clima y del suelo. En su famosa teoría de los climas, en *El espíritu de las leyes,* Montesquieu expone ese mismo argumento. Hipócrates insiste sobre la importancia del clima en un tratado breve y admirable, titulado *La enfermedad sagrada*, que dice que esta enfermedad, la epilepsia, no es más sagrada que otras y que tiene causas naturales. Ahí encontramos una polémica contra los médicos que atribuyen a esta enfermedad un origen divino y que pretenden curarla con procedimientos mágicos. El médico, dice, siempre debe saber interpretar los signos y prever la evolución de la enfermedad. En el *Pronóstico*, encontramos descripciones que se han vuelto clásicas, como el rostro alterado por la enfermedad y que anuncia la muerte próxima (el "*facies* hipocrático"). Encontramos también la terapia de ciertas enfermedades agudas en el *Régimen de las enfermedades agudas*. Ahí, leemos prescripciones que conciernen al uso de las bebidas y de los baños, a la vez que se exhorta a no tener cambios bruscos en el régimen alimenticio. *Aforismos* es el tratado hipocrático más constantemente leído, citado, editado y comentado. Su primera máxima es la más conocida: "La vida es corta, el arte es largo"; la rencontramos en un verso de Baudelaire. *Las prenociones coacas* son una especie de enciclopedia. En cuanto al famoso *Juramento,* data —como lo he mencionado— de la época en que la escuela de Cos se abrió a los discípulos exteriores. Hay también un tratado del cual Aristóteles nos dice que es obra de Polibio, el yerno de Hipócrates; se trata de la *Naturaleza del hombre*: ahí esta expuesta la famosa teoría de los cuatro humores.

La escuela de Cnide era rival de la de Cos; dejó algunos escritos que vinieron a sumarse a la Colección Hipocrática por una suerte de justicia filosófica: varias obras de médicos de Cnide encontraron así su lugar en la memoria de los hombres. Estos textos se reconocen por la polémica y la crítica que desatan en otros escritos.

Así es como ubicamos los tratados titulados *Enfermedades 2 y 3, Afecciones internas,* unos tratados ginecológicos como *Naturaleza de la mujer* y *Enfermedades de las mujeres 1, 2 y 3.* Son sucesiones de notas sobre diversas enfermedades de la cabeza a los pies, siguiendo este esquema: semiología, pronóstico y terapéutica. La descripción de los síntomas es minuciosa y encontramos, por primera vez en la historia de la medicina, la descripción del procedimiento de la auscultación inmediata.

Algunos tratados independientes de Cos y de Cnide vinieron a sumarse a la Colección Hipocrática. Los más importantes de los tratados médicos de tendencia filosófica son *Vientos, Semanas, Carnes* o *Régimen.* En estos tratados se sostiene que el hombre es un microcosmos a semejanza del universo, compuesto de uno o varios elementos fundamentales: el aire para los *Vientos*; el fuego y el agua para el *Régimen*; el éter, el aire y la tierra para las *Carnes*, y los siete elementos para las *Semanas*. Dos médicos de la colección reaccionan con vigor contra esta medicina cosmológica. Uno de ellos es el autor de la *Naturaleza del hombre*. Polibio, discípulo y yerno de Hipócrates. En un preámbulo famoso, Polibio ataca a los filósofos que piensan que la naturaleza humana está constituida por un elemento primodial único. El otro es el autor de la *Antigua medicina*, quien afirma que todo conocimiento positivo sobre la naturaleza humana debe surgir de la medicina. Los escritos llamados hipocráticos forman un *corpus* complejo, heterogéneo; sin embargo, hay una cierta unidad de pensamiento, por lo que se puede hablar de "pensamiento hipocrático", lo que le valió a Hipócrates su título de "padre de la medicina".

La primera preocupación de los hipocráticos radica en el ejercicio de su oficio de médicos, cuya finalidad es curar al enfermo. Asociaron la observación, la clasificación y el tratamiento. La observación estaba limitada y el conocimiento de la anatomía interna era sumario. La descripción de los vasos sanguíneos por Polibio, en la *Naturaleza del hombre*, fue referida por Aristóteles, pero ni siquiera se menciona en este tratado al corazón, no se hace la distinción entre venas y arterias, ni entre tendones y nervios; no se menciona ni la varicela, ni el sarampión, ni la difteria, ni la fiebre escarlatina, ni la sífilis. No se conoce el diagnóstico por el pulso: habrá que esperar para ello a la medicina de los siglos siguientes, particularmente la que se practicó en Alejandría durante el periodo helénico. Se tenían ideas muy singulares en relación con el útero: se pensaba que éste se paseaba de la cabeza a los pies. Los médicos imaginaban unos flujos de humores. Los órganos en forma de ventosa, como la cabeza o el útero, atraerían a los humores.

Sin embargo, hay observaciones concretas y precisas sobre los síntomas y el desarrollo de la enfermedad. En el tratado del *Pronóstico*, además del ya citado "rostro hipocrático" que anuncia la muerte, también se describe al llamado "dedo hipocrático", que es la curvación de la uña en algunas neumopatías. Los médicos hipocráticos practicaban la auscultación inmediata, ponían la oreja contra el pecho del enfermo, observaban ruidos en el caso de la pleuresía seca... Este método de auscultación directa conocido por los médicos hipocráticos fue totalmente olvidado por sus sucesores. El examen de los signos era indispensable para formular un pronóstico. Éste era un momento capital que ponía en juego la reputación del médico. Los médicos hipocráticos trataron de clasificar las enfermedades que observaban, ya fuera por el principio cnidio, según su localización de la cabeza a los pies, o según el método más elaborado de Cos. Así, se oponían las enfermedades internas a las demás, las generales a las locales y las agudas a las crónicas. Se tomaban en cuenta las constantes: estaciones del año, naturaleza del lugar... y las variables: edad del paciente, sexo, tipo de vida, etcétera.

El tratamiento era esencialmente alopático. Hay un esfuerzo de clasificación y de síntesis terapéutica. El médico usa tres tipos de tratamientos: los evacuantes (por arriba o por abajo), las incisiones (para sangrar) y las cauterizaciones. Un aforismo dice: "Lo que el fuego no cura debe ser considerado como incurable." A esta terapéutica, la medicina hipocrática agrega el régimen: prescripciones alimenticias, modo de vida, ejercicios físicos, uso de los baños... Todas estas recomendaciones están detalladas en el tratado llamado *Régimen*. Ahí leemos: "Mientras más alimentamos los cuerpos, más los dañamos. Generalmente, una comida por día debe bastarnos."

La *Colección Hipocrática* muestra la humanidad del médico ante el enfermo. Se le recomienda escoger el tratamiento menos violento. El médico tiene un sentido exigente de sus deberes. En *Epidemias I*, leemos la fórmula: "Ser útil o no lastimar." Con el *Juramento*, el médico se compromete a no practicar ni aborto, ni envenenamiento, a no repetir en el exterior nada de lo que ha visto dentro de la casa del enfermo, así como a abstenerse de toda empresa de seducción. Los deberes del médico y del enfermo vienen en *La ley* y en obras más tardías como *El médico* y *Preceptos y buenos modales*. Ahí se dan precisiones detalladas sobre la limpieza de las manos y de los instrumentos. También leemos: "Cuando entras en la casa de un enfermo, sé reservado; que tus palabras sean decisivas, breves; contrólate, aléjate de toda agitación y desorden; sé rápido en tus hechos; no seas demasiado duro; observa el estado de fortuna de tu paciente; a veces, ofrece tus servicios gratuitamente. Allá donde hay amor por los hombres, lo hay por el arte."

Este médico no era sólo un practicante, sino un pensador. Un gran movimiento de fermentación intelectual y científica había nacido en Ionia en el siglo vi a.C., con los pensadores de Mileto (Tales, Anaximandro, Anaxímenes) o de Samos (Pitágoras), y continuó en Atenas en el siglo de Pericles, que vio el nacimiento del racionalismo, el humanismo, las artes o ciencias (*tecnai*). Como los demás pensadores, los médicos han pensado sobre su arte y sobre la ciencia en general. La medicina hipocrática se caracteriza por su espíritu racional, rechaza la intervención de una divinidad en el proceso de la enfermendad así como la terapia mágica: rezos, encantamientos, purificaciones. Varios médicos despotrican contra los adivinos y charlatanes que se meten a curar. Los médicos hipocráticos rechazaban la creencia popular en una enfermedad enviada por los dioses. Sin embargo, se practicaba una medicina religiosa en los templos de Asclepios. El racionalismo hipocrático no era un ateísmo; no rechazaba la noción de lo divino, sino que consideraba como divinos los elementos permanentes del universo. Se recuperaba lo divino en la explicación y se le transformaba en algo racional.

El racionalismo hipocrático se acerca al de Tucídides: el concepto de naturaleza (*physis*) es central tanto para Hipócrates como para el historiador; tanto el arte médico como la comprensión de los hechos históricos se fundan sobre el conocimiento de las leyes de la naturaleza humana. La misma idea de "naturaleza humana" varía al tiempo que lo hace el medio externo en el cual se vive. Cada humor del cuerpo crece y decrece en función de las estaciones. Las características físicas de los hombres, su inteligencia, también varían. El médico se hace etnógrafo, compara las características de los europeos con las de los asiáticos. Por primera vez, vemos la oposición entre *physis* (natura) y *nomos* (uso, ley), y se explica cómo lo que se adquiere por el uso puede modificar a la naturaleza. Los médicos griegos definen el lugar del hombre en su medio, reflexionan sobre su arte y el lugar que ocupa en la historia. La medicina es un arte civilizador: el descubrimiento del régimen siguió al descubrimiento de la cocina. Ésta encontró la manera de adaptar la comida bruta a la naturaleza humana: cociéndola y mezclándola. La medicina descubrió cómo adaptar la comida cocinada a la gente sana y a la enferma; es entonces el signo de un humanismo superior.

La medicina es también un arte modelo para otras artes. En el tratado titulado *Arte,* tenemos la primera tentativa de epistemología general de la antigüedad. Ahí se afirma que es imposible para la ciencia *no ser* y para la no-ciencia *ser.* Ahí tenemos una filosofía del lenguaje, una teoría del conocimiento que opone ciencia y suerte, azar y necesidad, que hace pensar en los grandes sofistas y en Platón. La *Colección Hipocrática* es también un precioso testimonio sobre la crisis de identidad que conoció la medicina a finales del siglo v a.C., cuando el arte médico empieza a afirmar su autonomía en relación con la fi-losofía. La medicina servirá a su vez de modelo de referencia para Platón. Más tarde, Galeno une la reflexión hipocrática a la de Platón para definir al médico ideal.

Durante veinte siglos, Hipócrates ejerció sobre el pensamiento médico una influencia análoga a la de Aristóteles sobre el pensamiento filosófico. Fue contestado o admirado, pero siempre, invariablemente, constituyó un modelo de referencia: la teoría *de los humores* sobrevivió hasta el siglo XIX.

Sin embargo, Hipócrates no fue el único. La medicina laica tuvo cuatro escuelas en verdad, no sólo las dos de las que ya hablamos, Cos y Cnide, sino también la escuela de Crotona en Italia y la de Sicilia. En Acragas, Empédocles, medio filósofo, medio milagrero, compartía los honores médicos con el médico racional Acrón. En 520 a.C., se cita al "médico" Demócedes, que había nacido en Crotona y ejerció en Egina, Atenas, Samos y Susa, y que curó a Darío. También en Crotona, la escuela pitagórica cuenta entre sus adeptos al más célebre de los médicos griegos anteriores a Hipócrates: Alcmeón, considerado como el verdadero padre de la medicina griega, aunque, por supuesto, él también fue el último de un largo linaje de médicos emancipados del empirismo religioso. Alcmeón publicó una obra titulada *De la Naturaleza* (*peri physeos*); fue el primero entre los griegos en localizar el nervio óptico y la trompa de Eustaquio, disecó animales, elucidó la fisiología del sueño, reconoció en el cerebro el órgano central del pensamiento y, como buen pitagórico, definió la salud como la armonía de todas las partes del cuerpo. En Cnide, la figura dominante fue la de Eurifrón, quien compuso un breviario médico titulado *Sentencias cnidias* y reconoció en la pleuresía una afección de los pulmones, atribuyó muchas enfermedades a la constipación y se hizo famoso como partero. También fue famoso el maestro de Hipócrates, Heródicos de Selymbria.

El papel histórico de Hipócrates y de sus sucesores consistió en liberar la medicina tanto de la religión como de la filosofía; eran unos realistas que no gustaban del misterio.

Otros, como Syennesis de Chipre y Diógenes de Creta, redactaron cuadros del sistema vascular. Éste último conocía el funcionamiento y el papel del pulso. Empédocles descubrió que el corazón es el centro de la circulación sanguínea; siguiendo a Alcmeón, hace del cerebro el sitio del pensamiento y de la conciencia. En el pequeño museo de Epidauro vemos los forceps, las sondas, los escalpelos, cauterio y espéculos antiguos casi análogos a los de hoy. Algunas mujeres médicas escribieron tratados que fueron autoridad. El estado no sometía la carrera a un examen público, pero sabemos que había médicos públicos. Los mejores, como Demócedes, recibían "dos talentos" como honorarios anuales. Sabemos también que en la profesión existía una minoría incompetente e inescrupulosa. La medicina griega no revela progresos esenciales sobre los conocimientos médicos y quirúrgicos de los egipcios, anteriores por un milenio. En cuanto a la especialización, parece que retrocedió en comparación con Egipto, pues el progreso de la ciencia griega fue impedido por las persecuciones infligidas a Anaxágoras, Aspasia y Sócrates.

El otro gran momento de la historia de la medicina antigua se dio con Galeno.

GALENO

Era prolijo, genial e insoportable para sus contemporáneos;
fue tanto filósofo como médico, pero el médico le ganó al
filósofo. Era un personaje excepcional, de una gran potencia especulativa. Fue un escritor fecundo que dejó una obra
inmensa: los 20 tomos de la edición Kühn sólo son una parte de ella. Esta extensa obra fue la base de la enseñanza médica hasta principios del siglo XVIII; su éxito fue la causa de
su caída: había sido la base de la enseñanza médica durante
tantos siglos que el rechazo vino de manera radical. Pero
tenemos que devolver la obra a la historia y estudiarla *per se*,
hacerla pasar de las manos de los médicos a las de los historiadores.

El *corpus* galénico es enorme y complejo; muchos escritos desaparecieron, otros están en árabe o en un latín pobre
o en traducción de traducción. El hombre es más conocido que su obra. Nació en 129 d.C. en Pérgamo, fue educado
por su padre Nikon, un arquitecto culto; de él sacó el gus-
to por las matemáticas y las demostraciones rigurosas, a la
vez que una formación compleja, una libertad de espíritu,
un ideal exigente tanto intelectual como moral: esta noble
figura paterna fue el mejor maestro. De Pérgamo va a Es-
mirna, para escuchar al filósofo platónico Albinos; luego a
Corinto y, por fin, a Alejandría, gran centro para el estudio
de la anatomía. Vuelve a Pérgamo y se hace médico de gla-
diadores; deja su ciudad natal en 166 a causa de problemas
políticos y pasa cuatro años en Roma. Ahí hace investigaciones anatómicas intensas, pero los celos feroces de los
demás médicos lo obligan a dejar la ciudad. La farmacolo-
gía tendrá en él un gran maestro. En 168, fue llamado por
los emperadores Marco Aurelio y Lucio Vero a Aquilea.
Galeno se queda al lado de Cómodo, hijo del emperador.
Durante ocho años estudia y escribe, hasta el incendio de
Roma, en 191, que destruye muchos de sus manuscritos. Ya
viejo, Galeno tuvo la valentía de reempezar la redacción de
varios de ellos. Vivió y escribió hasta una edad muy avanzada.

obtener un valor mitológico. Había una preocupación por encontrar una explicación racional a una práctica litúrgica. Estos juegos, a menudo complejos, escritos en un latín técnico, parecen hoy superfluos, a veces divertidos. Hay que verlos en su contexto. Dios es la causa primera y había que volverlo accesible a la inteligencia del hombre. En este marco había que poner la razón al servicio de la exégesis.

La segunda mitad del siglo XII ve la llegada a Occidente de las traducciones árabes, que ponen al mundo cristiano en contacto con Aristóteles, Euclides, Arquímedes y Khawarizmi, el inventor del álgebra. Ocurre una fractura entre la simbología de los números y la matemática árabe, que se orientaba hacia una verdadera matemática en el sentido moderno, no hacia la explotación religiosa del número.

La forma del cálculo, ligada a las primeras traducciones de los tratados árabes del "cálculo indio" (*hisab al hind*), utiliza nueve cifras y el cero tal y como aparecieron en España. Las traducciones fueron llevadas a cabo hacia 1143, bajo la dirección del arzobispo Raymundo de Toledo. Éste tradujo los libros de Muhammad Ibn Musa al Khawarizmi, quien reveló al mundo, hacia 825 en Bagdad, las obras astronómicas, la primera álgebra donde se resuelven ecuaciones de segundo grado y el contenido de los tratados indios de aritmética.

Bajo el nombre de algorisma, derivado del nombre del matemático árabe, se escriben en el siglo XII obras mayores. Los copistas occidentales escriben de izquierda a derecha; los números sufren así transformaciones de su forma árabe primitiva orientada de derecha a

Galeno se opone a la visión mecanicista; ataca a sus enemigos, el médico alejandrino Erasistrato y Asclepíades (siglo I a.C.). Las otras facultades, llamadas psíquicas, introducen a las sensaciones y al papel del corazón y del cerebro. Eso lo lleva al problema del alma, su naturaleza, sus partes, sus localizaciones. Galeno no se pronuncia sobre lo que considera como incognoscible por medio de la investigación fisiológica y sin utilidad para la medicina. En cambio, la cuestión del "sitio" del alma, que es responsable de la sensación y del movimiento, es fundamental para él. Como Platón, Galeno la localiza en el cerebro o, más bien, en el "pneuma" psíquico —lugar de sus actividades—. El corazón tiene un papel secundario, sirve para mandar al cerebro, por medio de las arterias, la sangre "pneumatizada" que participa en la formación del "pneuma" psíquico, propio de las funciones superiores.

¿De qué manera se producen la sensación y el movimiento? Se transmiten desde el cerebro hacia los músculos por medio de los nervios. Para Galeno, el nervio óptico es el único que aparece hueco. Trata de mostrar el acuerdo entre Platón e Hipócrates sobre el alma, ataca la concepción del estoico Crispio, demuestra que la voz está ligada a la respiración, que esta última se realiza a través de los músculos movidos por nervios, ellos mismos dirigidos por el cerebro. Su táctica polémica preferida consiste en mostrar la autocontradicción de sus adversarios. Galeno da mucha importancia a los hechos visibles, o fenómenos, en el conocimiento anatómico. Es heredero de sus maestros y se considera continuador de Hipócrates. Para él, la anatomía hipocrática es una fuente infalible de la verdad. El conocimiento de la anatomía tiene un fin: es indispensable para la cirugía y da acceso al conocimiento de la naturaleza.

A principios de su carrera, escribió opúsculos prácticos: un tratado sobre la anatomía del útero destinado a una partera, tratados destinados a los principiantes. Esta anatomía útil impide a los médicos cometer graves errores. Él atribuye a muchas afecciones una causa local que afecta, por "simpatía", a otras estructuras. Con eso, tuvo éxitos terapéuticos famosos como el hombre paralizado de los dedos a quien curó ocupándose de su columna vertebral, no de sus dedos.

La anatomía es el principal medio de acceso a la comprensión de los procesos fisiológicos; el paso de las estructuras a las funciones no es simple. Galeno se alejó del principio simplista de la "deducción anatómica". Las características de los órganos (textura, densidad, composición, relaciones, etcétera) son indispensables para sus funciones porque están adaptadas a la naturaleza. El conocimiento de las funciones permite avanzar en la comprensión de las estructuras particulares.

Galeno se refiere a la anatomía sin cesar. En un gran tratado de 14 libros titulado *Uso de las partes del cuerpo*, afirma que la naturaleza escogió la mejor de las formas posibles para sus funciones. El medio principal para acceder al conocimiento anatómico es la disección animal, la única que él practicó. El sufrimiento de los animales no le importaba. Quería probar la responsabilidad del cerebro y no del corazón, en el movimiento y la sensación. La experimentación tenía para él un poder demostrativo, y la practicó varias veces, en sesiones públicas, en Roma. Quería dar una exposición accesible tanto a los especialistas como al público en general.

Galeno recurre al concepto de causalidad aristotélico, a las nociones de equilibrio, proporción, intercambio o "simpatía". Estos modelos lo llevan a veces a ir más allá de la observación. Su sistema explicativo coherente parte del principio de que la naturaleza no hizo nada en vano. En cambio, dio poca importancia a la medida cuantitativa. Los sabios se han sentido intrigados por el hecho de que Galeno no se haya dado cuenta de la circulación de la sangre, cuando tenía todos los elementos para comprenderla, y sólo notara la medida cuantitativa de la orina, en relación con la cantidad de líquido ingerido. Su sistema descansaba sobre un equilibrio de los intercambios. Estaba persuadido de que el descubrimiento de la verdad pasaba por un buen método de razonamiento. Para él, como para Aristóteles, la base del conocimiento descansa sobre hechos o axiomas reconocidos por todos y accesibles por la evidencia. A partir de ahí, deduce unos enunciados generales, unos teoremas. Le exasperan triángulo, que no está en ningún lugar en el mundo fuera de mi pensamiento. Esta figura es inmutable y eterna. No la he inventado". Para los constructivistas los objetos matemáticos sólo existen en el pensamiento del matemático y no en el mundo independientemente de la materia. Éste es el punto de vista de Locke y de Hume.

Yo me considero más cercana al punto de vista realista. La secuencia de los números primos, por ejemplo, tiene una realidad más estable que la realidad material que nos rodea. El trabajo del matemático consiste en demostrar que existe una infinidad de números primos. Si alguien afirma un día de éstos que ha encontrado el más grande de ellos, sería una "marihuanada". El matemático sólo crea instrumentos de pensamiento, que no hay que confundir con la realidad matemática misma. Así pronto llegaremos al año 2000. Sin embargo, la importancia de este número sólo es un fenómeno cultural. En matemáticas el número 2000 no tiene interés alguno. Si se acepta la existencia de una realidad matemática independiente del hombre, habrá que disociar esta realidad y la manera de aprehenderla.

Nuestro cerebro utiliza una imaginería. Las posibilidades de adaptación del cerebro le permiten desarrollar una intuición. La realidad matemática tiene una coherencia independiente de nuestro sistema de razonamiento y que va más allá de la realidad que produce la intuición de los fenómenos. Los constructivistas contestan que los objetos matemáticos existen materialmente en el cerebro y tienen una realidad material; así que rechazan la opinión según la cual los objetos matemáticos existen en el universo, independientemente de todo soporte cerebral. Habrá, según los constructivistas, que situar la matemática en el contexto histórico que permitió su aparición. Ésta apareció progresivamente, en el curso de la historia de las sociedades humanas; por lo tanto, trata de objetos culturales sujetos a evolución. Todo esto nos demuestra que ni siquiera la matemática es libre de conflictos.

la naturaleza y se opone a la concepción (que él atribuye a los judíos y a los cristianos) de una omnipotencia divina capaz de sacar cualquier cosa de nada. Su dios toma en cuenta las necesidades naturales. La acción de la naturaleza guarda para él un cierto misterio, como sucede con el proceso de la generación: reconoce estar sin respuesta ante ella.

Galeno se ha preocupado mucho de la transmisión del saber médico. En esta transmisión el papel de la segunda escuela de Alejandría (IV-VI d.C.) fue capital, ya que permitió la difusión de esta obra entre los sabios. Traducida al siriaco, luego al árabe, fue enseñada a lo largo de los siglos de la dominación árabe en la España musulmana por Rhazés y Al Magusi (Haly Abbas). En Córdoba, Averroes constituyó un factor de tranŝmisión crítica. Este saber médico fue traducido al latín después de la reconquista cristiana. Toledo era un gran centro de enseñanza, con la reproducción de los manuscritos y las traducciones antiguas. En el medievo, hubo traducciones a partir del árabe hechas por Constantino el Africano en el siglo II, o Gerardo de Cremona en el XII; éstas entraron en el *cursus* de las universidades medievales; luego, con el florecimiento helénico del Renacimiento, se editaron las obras completas de Galeno a partir del texto griego. La edición Aldina de 1525 fue el resultado de un trabajo considerable de los humanistas: se volvía a las fuentes del saber antiguo y, mediante el pensamiento se liberaba de un periodo bárbaro. Nuevas traducciones latinas del texto griego fueron hechas por grandes sabios que se alimentaron de este redescubrimiento de Galeno. En el siglo pasado, los médicos se interesaron por él. La empresa había dejado de tener un propósito utilitario; ahora dependía de la historia de la medicina y de la filología. Desde hace unos veinte años, se ha mostrado un nuevo interés por los estudios galénicos, para aclarar sus aspectos menos conocidos: epistemología, aspecto clínico, religioso... Se trata de reubicar a Galeno en su tiempo, integrarlo en su sociedad, voltear la imagen que se tenía de él, de su sincretismo filosófico. Trátese de casualidad, lógica, empirismo o doxografía, descubrimos lo que el pensamiento antiguo le debe. Nos interrogamos sobre la transmisión de Platón o de Aristóteles; podemos leer, a través de él, lo que fue el empirismo.

¿Y DESPUÉS? Al final de su tratado *Sobre la juventud y la vejez, la vida y la muerte*, Aristóteles escribe: "La salud y la enfermedad no son sólo asunto del médico, sino también del físico, que debe explicar sus causas." Los físicos presocráticos tenían interés por la medicina. Empédocles, Alcmeón de Crotona, Arquelaos, han sido considerados médicos y filósofos. Parménides fundó una escuela médica. La vieja física trató de elucidar los fenómenos vitales y buscar en ellos los modelos explicativos del universo entero.

El mismo sentido de la palabra "física" ha cambiado. Para Aristóteles, ya no era la ciencia abarcadora que pretendía dar cuenta del cosmos en su totalidad. La física aristotélica es la ciencia de los seres y de su dinamismo. Los seres vivos constituyen realidades físicas. Hay un enraizamiento de la medicina en la física. Existen relaciones entre la biología, la medicina y la física en el sentido antiguo de la palabra. La biología es parte de la física, y por lo tanto, de la filosofía. Entre los médicos, hubo desde el siglo v a.C. una querella sobre la dependencia que la medicina debía aceptar de la filosofía. El tratado hipocrático *De la antigua medicina* y el tratado del enciclopedista latino de principios de la era cristiana, Celso, titulado *De la medicina*, se oponen a los filósofos médicos como Pitágoras, Empédocles o Demócrito, a Hipócrates, quien "fue el primero en separar la medicina de la filosofía". Con Aristóteles, la física perdió sus pretensiones totalizadoras. Nuestra noción de biología no tiene un equivalente exacto entre los antiguos. En la física aristotélica los elementos (fuego, aire, agua, tierra), que son los constituyentes elementales de la materia, pertenecen a la misma categoría de los vivos, ya que contienen en sí el principio de su movimiento. El cosmos entero está considerado como un ser vivo. Sólo a principios del siglo xix nació la biología en su sentido moderno (Lamarck fue uno de los primeros en utilizar la palabra), cuando la vida en sí se consideró como un modo de ser específico. La biología re-quiere una delimi-

❦

"Una montaña que da a luz a un ratón." En el lenguaje popular, esta expresión tiene un sentido peyorativo; traduce una decepción, mucho ruido para poca cosa. Pero, con sus millones de toneladas de rocas, una montaña no sabe hacer nada; tan sólo espera que el viento y las lluvias la desgasten. El ratón, en cambio, con sus decenas de gramos de materia, es una maravilla; vive, come, corre, se reproduce. Si algún día una montaña pariera un ratón, habría que gritar: ¡Oh, milagro de los milagros!

La historia del universo es la historia de una montaña que pare un ratón. Para el hombre de ciencia de los siglos pasados, la materia no tenía historia. Al final de su bello libro acerca de *Las abejas*, Maeterlinck se interroga sobre el sentido del futuro de la naturaleza: "Es pueril preguntarse a dónde van las cosas y los mundos: no van a ningún lado; ya llegaron. En cien billones de siglos, la situación sería la misma que hoy, la misma que hace cien billones de siglos, la misma desde el principio que además no existe, y será la misma hasta el final que tampoco existe. No habrá nada más, ni menos, en el universo material. Podemos admitir la experiencia o la prueba, pero nuestro mundo ha demostrado que la experiencia no sirve para nada." Hegel expresó la misma visión cuando dijo: "Jamás ocurre nada nuevo en la naturaleza."

Es con la biología que la dimensión histórica entra en la ciencia. Con Darwin, descubrimos que los animales no han sido siempre los mismos. Las poblaciones cambian, los hombres aparecen hace tres millones de años. Algo nuevo ocurrió en la naturaleza; la vida tiene una historia.

A principios de este siglo, la observación del movimiento de las galaxias ha proyectado la dimensión histórica sobre el conjunto del universo. Todas las galaxias se alejan unas de entró en conflicto con el ideal de la ciudad; entonces, la medicina tuvo que adaptarse a un ambiente político.

Entre la escuela coaca de Cos y la escuela cnidia había diferencias esenciales. Esta última tenía una clasificación rígida, detallada, de las enfermedades; distinguía tres tipos de tétanos, sólo usaba un número restringuido de medicinas (leche, purgativos...). Para la de Cos, la escuela cnidia era arcaica, pues los médicos de Cnide clasificaban las enfermedades de la cabeza a los pies y las identificaban; luego venía la semiología, la terapéutica, el pronóstico. Todo esto muestra el retrato profesional e intelectual del médico cnidio, que no sólo aplicaba recetas, sino que era un hombre que tenía una larga práctica terapéutica, una importante acumulación de observaciones: era un hombre práctico que aplicaba un saber. Se trata de una medicina empírica que se da en un marco de transmisión de una generación a otra.

Los médicos serán llevados a seguir el ejemplo de los filósofos. Algunos tratados (como *Vientos*, o *Arte*) se han considerado ejercicios de virtuosidad retórica y se han atribuido a unos sofistas que frecuentaban la medicina. El autor de *Vientos* piensa que todas las enfermendades tienen una causa única que es el aire. Ambos tratados tienen un carácter apologético, defienden la medicina contra sus detractores y recurren a los ciudadanos cuya opinión es determinante en las decisiones de la ciudad; estos textos se oponen a otros que se dirigen a los especialistas. Hay tratados técnicos, como las *Fracturas* o *Epidemias*, que son fichas de enfermos publicadas en siete libros; y se trata de enfermos, no de enfermedades. Hay también tratados especulativos que plantean directamente el problema de las relaciones entre medicina y filosofía. Considerando este panorama, vemos que Herófilo se inscribe en la tradición hipocrática de una medicina racionalmente fundada y argumentada, que reivindica su autonomía práctica y teórica en relación con la filosofía.

Desde Celso, tenemos una secuencia que junta a tres parejas: Hipócrates y Diocles de Cariso (autor, en el siglo IV a.C., del primer tratado de anatomía); Praxágoras de Cos y Crisipe de Cnide; Herófilo y Erasístrato, un poco más joven que el primero y gran figura de la medicina alejandrina, que fue sin duda alumno de Crisipe, como Herófilo fue alumno de Praxágoras. Erasístrato se formó en la escuela de Cnide, que para entonces parecía haber perdido su antiguo carácter empírico y arcaico.

Entre ellos existe una diversidad doctrinal. Los médicos hipocráticos comparten una concepción de la enfermedad y del funcionamiento del cuerpo cuya primera huella encontramos en Alcmeón de Crotona (siglo vi a.C.). Éste definía a la salud como el equilibrio de las cualidades elementales que componen el cuerpo (frío, caliente, seco, húmedo, dulce, amargo). La enfermedad sería la monarquía de una de esas cualidades. El legado esencial de la medicina hipocrática, "la teoría de los humores", encuentra su origen en las especulaciones de los físicos presocráticos. Existen varios sistemas humorales; el más famoso sobrevivió hasta principios del siglo xix, y se lo debemos al yerno de Hipócrates, Polibio. En su tatado *De la naturaleza del hombre*, se describe al cuerpo como el lugar de los flujos entremezclados de la sangre (humor primaveral, húmedo y cálido), de la bilis amarilla (humor estival, cálido y seco), de la bilis negra (humor otoñal, seco y frío) y de la flema (humor invernal, frío y húmedo). La patología describe las aventuras de esos humores que se desbordan, dejan un vacío, se fijan sobre los órganos. El saber del médico busca el pronóstico, predice el desarrollo de la enfermedad, sus días críticos, la periodicidad de los síntomas, las fiebres. Algunos tratados de la Colección Hipocrática intentan fundar los ritmos de la vida humana sobre los números: el siete daría la llave de la evolución de las enfermedades, del crecimiento del feto, la crisis durante la cual se restablece el equilibrio del cuerpo. La intervención del médico no debe ocurrir ni muy pronto, ni demasiado tarde. A veces, leemos críticas duras contra el imperialismo teórico de la filosofía y se piensa que la verdad del síntoma no reside en lo que se ve, sino en las causas ocultas que el médico debe encontrar. Una red causal gobierna los fenómenos.

Herófilo, contemporáneo de Erasístrato, fue un gran anatomista; le debemos la práctica de la disección, pero sus continuadores la abandonaron y ésta sólo volvió a usarse en Occidente a finales del medievo. Herófilo distinguió entre qué hay algo en lugar de nada? A nivel científico, somos incapaces de contestar a esta pregunta. Después de varios milenios, estamos en el mismo punto que el primer cazador prehistórico: en el cero absoluto. Nuestra ignorancia es el verdadero punto de partida. Pero hay algo: la realidad. Este problema de la existencia de la realidad es también el problema del conocimiento. El universo es lo que es, sin importar nuestros prejuicios. Hoy tenemos razones para creer que la materia misma no es eterna...

Y la naturaleza se puso a inventar...

Se necesitaba un medio que no fuera ni muy caliente (las moléculas se disociarían), ni muy frío (las moléculas se ignorarían); un medio denso que facilitara los contactos y las protegiera de los rayos letales que provienen del espacio: esta invención se llama 'planeta'. Luego, se trata de instalarse al lado de una estrella que le va a dar energía. Amarrado por la relación de gravedad a una órbita circular, un planeta puede mantenerse a una distancia en la cual la temperatura es moderada: la Tierra es el prototipo del planeta vivo. Ahora, está el asunto del agua. A escala cósmica, el agua es más rara que el oro. En la escuela nos enseñaron que la materia existe bajo tres formas: sólida, líquida y gaseosa. Nos enseñaron también que los océanos cubren 70% de nuestro planeta. Cuando se dio la hipotética división inicial de las formas, la fase líquida habría sido, a primera vista, particularmente favorecida. ¡Ah!, pero viendo la cosa desde el espacio, la situación resulta diferente. A escala del universo, la casi totalidad de la materia es gaseosa, neutra o ionizada. La fracción sólida representa tan sólo una millonésima parte, y la fracción líquida algo así como la millonésima parte de este millonésimo del universo. Los marinos balleneros que partían en expedición pasaban dos o tres años sin ver otra cosa que la extensión ilimitada de los océanos; ¿habrían creído que el agua líquida es más rara a escala cósmica que el oro sobre la tierra?

¿Qué encontramos en este océano cósmico? Se intentó reproducir en el laboratorio condiciones parecidas a los principios del universo. En la ciencia se exigen experimentos; en la búsqueda de la verdad jamás se toman suficientes precauciones. En la sopa oceánica hay muchos azúcares y alcohol, que son sustancias ricas en energía. Se han combinado otras moléculas que tienen la capacidad de capturar el alcohol o el azúcar, sacándoles su energía. Es el principio de la depredación o de la alimentación, una de las principales actividades de los seres vivos. ¿Para qué va a servir esta energía adquirida por la molécula depredadora? Quizá para romperla, dividiéndola en moléculas más simples; en este caso, sería un fracaso. Pero quizá también para facilitar nuevas combinaciones; entonces, se eliminan los fracasos y se abre la vía a nuevas aventuras. Las moléculas grasas nadan en este medio orgánico; lo propio de las grasas es rechazar el agua, es decir ser hidrofobas. La grasa de nuestra piel vuelve al cuerpo repelente, es ella la que hace que las plumas del pato no se mojen. Si nuestra estructura logra tapizar su superficie exterior con moléculas de grasa, se vuelve impermeable al agua. Está entonces aislada y puede comenzar su vida autónoma. Supongamos ahora que una molécula sea capaz de romper los azúcares y de liberar su energía (es lo que hacen las enzimas): esto corresponde a la primera digestión. Las grandes funciones de la vida: el crecimiento, la reproducción, la alimentación... ya existen en esta sopa primitiva.

¿Acaso la vida apareció realmente en el océano? Hay objeciones: se afirma que los sistemas frágiles difícilmente podrían resistir a la violencia de los movimientos acuáticos. La verdad es que, en lo que concierne la naturaleza verdadera y la localización de los fenómenos que han dado nacimiento a los primeros objetos vivos, casi todo se nos escapa. En un principio, las funciones de nutrición y de reproducción eran rudimentarias; se desarrollaban con más o menos éxito. Con la multiplicación de los sistemas consumidores, las reservas de energía oceánica están a punto de agotarse. ¡Se acaba la comida! Esta crisis podría terminar en una hambruna generalizada... entonces aparece una molécula especial, un mecanismo que prefigura la fotosíntesis, sabe captar y almacenar la energía de los fotones solares; es la salvación para agrega la pneumatista, por la importancia que daba al "pneuma" (caliente/frío, rápido/lento, pesado/ligero). La escuela dogmática, o racionalista, ha sido llamada así por sus enemigos historiadores. Los empíricos se constituyeron en escuela a partir de su rivalidad con los herofilios. Para ellos, las causas ocultas son desconocidas y sólo la experiencia puede indicar el tratamiento. Así, la medicina ya no era una ciencia sino una historia, es decir: experiencia acumulada. La filosofía escéptica tuvo sobre ellos una gran influencia; sin embargo, los historiadores modernos tienen prevención contra ellos. Entre los mismos empiristas, existen diferencias significativas: Filinos no reconoce las causas evidentes: heridas, excesos alimenticios; los demás rechazan la argumentación racional en medicina. Serapión de Alejandría (siglo III-II a.C.) condenaba todo uso del razonamiento, contrariamente a Heráclito de Tarento (siglo I a.C.), quien aceptaba el "epologismo". En general, se niegan a pasar de la observación sensible a las entidades reales por medio de la sola razón. Con Menodoto (siglo II d.C), el empirismo presenta rasgos bastante modernos. Hay que tomarlos muy en serio: no se trata de la doctrina de unos sofistas que buscan construir un sistema médico que no recurre a la razón, ni de unos reaccionarios que quieren volver a la medicina arcaica. Eran médicos críticos que rechazaban la demostración.

El problema principal de toda la medicina antigua yacía en la contadicción entre una virtuosidad teórica y una incapacidad terapéutica. Los metodistas eran antidogmáticos, su fundador fue Temisón de Laodicea (siglo I a.C.) o quizá, Tesalos de Tralles (siglo I d.C.). Galeno no los quería, pero dejaron muchos textos, como los de Soranos de Éfeso (siglo I-II d.C.) y de Caelius Aurelianus; pensaban que el médico no tiene por qué explicar los estados, que las realidades ocultas, existentes o no, le son inútiles. Sólo se interesaban en los fenómenos pero, a diferencia de los empíricos, creían que el tratamiento de un estado patológico no se descubría experimentalmente; la afección misma era indicativa del tratamiento: si se tenía sed, el tratamiento sería beber. Su construcción conceptual era la de "las comunidades evidentes". Éstas eran tres: lo recogido, lo relajado y lo mixto. Todo estado patológico del cuerpo viene de uno de esos estados y el cuerpo se describe en términos de condensación y de rarefacción, por lo que necesita, para ser tratado, de una terapéutica adversa. Toda enfermedad tiene un principio, un crecimiento, un punto culminate y un decrecimiento. Galeno es nuestra fuente principal sobre los metodistas y los presenta de manera absurda y grotesca. A pesar de algunas originalidades chocantes (como el decir que las circunstancias de edad, sexo y medio no tienen importancia alguna), los metodistas trataron de crear un verdadero empirismo y se negaron a escoger entre las escuelas racionalista y empírica.

A partir de finales del siglo II a.C., vemos una modificación de los datos patológicos; empieza el tiempo de las "nosografías", que durará muchos siglos. El médico tenía que decir, ante los síntomas del enfermo, cuál era la enfermedad. Se pasa del pronóstico al diagnóstico y se distingue entre enfermedades agudas y crónicas, según el método introducido por Temisón. En su opúsculo titulado: *El buen médico es también un filósofo*, Galeno escribe que aquel que no sabe dividir las enfermedades en tipos y géneros se equivoca. Esta medicina ya no sufrirá modificaciones hasta finales de la antigüedad. A la vez racional y precientífica, sufre de una inflación teórica y de una impotencia práctica. La teoría médica presenta dos rasgos disímiles: se conoce admirablemente el cuerpo humano gracias a la observación y la experiencia (el esqueleto; los músculos, que Aristóteles ignoraba; los grandes sistemas, por ejemplo el circulatorio, con venas y arterias, sin alcanzar la idea de una verdadera circulación de la sangre). Para los antiguos, la sangre se transformaba en carnes y se reproducía gracias a la alimentación. Se describe el sistema nervioso, se distingue entre nervios sensitivos y motores, pero no se tiene idea de cómo funciona todo esto. Se conoce la anatomía pulmonar, pero no se sabe para qué sirve la respiración: se pensaba que su propósito era el de enfriar al cuerpo. La digestión era vista como una cocción y las glándulas como excrecencias destinadas a atraer los líquidos que se encuentran en exceso en el cuerpo. Las consecuencias terapéuticas de estos descubrimientos son magras. Los médicos no pasan de la vieja farmacopea. En la época de Galeno, vemos importantes

¿Por qué algunos animales sobrevivieron y otros no? No lo sabemos. Lo importante aquí es que este hecho coincide con la extinción masiva de individuos y de especies animales en todo el planeta.

La situación es aún confusa; han habido varios capítulos de extinciones masivas de especies vivas en el curso de las eras geológicas: estos capítulos se sitúan temporalmente a unos 30 millones de años unos de otros. ¿Será un fenómeno periódico, asociado a un evento astronómico recurrente? Esta periodicidad está siendo analizada, pero aún no hay respuesta.

Este evento va a alterar de manera apreciable la evolución de la vida terrestre. Desde hacía 200 millones de años, los saurios representaban la rama más importante del reino animal. Los mamíferos existían desde hacía mucho tiempo, pero estaban marginados. Se trataba de animales minúsculos, de la dimensión de nuestros roedores, cuyo número estaba restringido y cuyo desarrollo era muy lento. Después de la desaparición de los reptiles gigantes, todo cambia. La población de los mamíferos crece y se acelera su desarrollo. En algunas decenas de millones de años, llegan al nivel del simio, del primate y del hombre. Una vez eliminado el obs-táculo constituido por la presencia de los dinosaurios, salta la progresión ascendente de la complejidad.

¿Y afuera? ¿Acaso hay plantas y animales sobre otros planetas del sistema solar? En el siglo pasado, se hablaba de venusinos y de marcianos. La Luna y Mercurio no tienen atmósfera. ¿Por qué? Porque no son lo suficientemente masivas para amarrar alrededor suyo una capa gaseosa. Estos gases huyeron en dirección del espacio, dejando sin protección esos suelos desnudos. Venus posee una atmósfera de un gran espesor. La masa de gas carbónico funciona como un invernadero, detiene el calor del sol y hace subir la temperatura a la superficie a más de 500 grados. No hay líquidos y el calor es demasiado intenso como para permitir la vida. ¿Y Marte? En el suelo marciano hay moléculas, pero mucho menos complejas que en el mismo Antártico;

LOS QUIERO llevar a una época oscura, dominada por la teología y que, sin embargo, produjo a uno de los hombres más admirables de la historia de la ciencia: Copérnico. El ambiente no le era propicio: el saber hermético de Egipto, el pitagorismo místico, el seudoneoplatonismo, la Cábala del judaísmo, obnubilaban mil cerebros. Las leyendas y los milagros eran el pan diario de las conversaciones. Los viajeros hablaban de dragones que escupían fuego y de brujos que escalaban el aire. Cualquier suceso más o menos raro de la vida pública o privada se interpretaba como causado por Dios o por el demonio. Se aseguraba que los metales viles podían ser transformados en oro. Había charlatanes itinerantes que vendían talismanes contra las brujas y los malos espíritus. Aun la misa era utilizada como medio para provocar la lluvia, o el sol , o la victoria o la guerra. En los años que van de 1526 a 1531, los monjes de Troyes excomulgaron oficialmente a los gusanos que acababan con las cosechas y agregaron que la excomunión sólo sería eficaz sobre las tierras cuyos campesinos hubieran pagado sus impuestos eclesiásticos.

Ahora bien, se atribuían más eventos al diablo que a Dios. Por ejemplo, la mayoría de las enfermedades eran supuestamente causadas por los demonios que entraban en el cuerpo; muchas medicinas se administraban según la posición de los planetas. En el siglo XVI, hubo 30 mil astrólogos en París. Tanto Lutero como la Sorbona condenaban la astrología y la Iglesia la desaprobaba oficialmente; sin embargo, uno de los más grandes espíritus de esta época, Pablo III, le daba crédito. Catalina de Médicis, Carlos IX, Julio II, León X y Adriano VI consultaban a los astrólogos. Uno de éstos, popular aún hoy, era Nostradamus, quien se ostentaba también como médico. En 1564 predijo que Carlos IX viviría 90 años, pero vivió 24. Cuando Nostradamus murió, dejó un libro de profecías redactadas en un estilo que dejaba a cualquier predicción la posibilidad de resultar cierta en el futuro.

Lutero, Calvino y el papa Inocencio VIII se dedicaron a perseguir brujas. Las acusasiones de brujería servían para acabar con enemigos personales, y las torturas para obtener una confesión del acusado. Estas torturas se convirtieron en un sistema cuya ferocidad era desconocida en los tiempos paganos; por ellas, muchas víctimas fueron convencidas de su propia culpabilidad. Algunos acusados se suicidaban.

Contrariamente a lo que se cree, la Inquisición española no era la peor; tendía más bien a considerar las historias y confesiones de brujería como alucinaciones de espíritus débiles y recomendaba a sus agentes ignorar la exigencia del pueblo que reclamaba ejecuciones. Algunas voces se elevaban tímidamente para tratar de moderar este frenesí.

La historia de Fausto es representativa del espíritu de la época. Tenemos una primera referencia a este personaje en el año 1507, cuando fue acusado de charlatanería. "Fausto" significa *favorecido* o *afortunado*. El Fausto histórico moriría en 1539: el diablo le habría roto el pescuezo. Cuatro años más tarde, la leyenda dijo que tenía relaciones con el señor de los infiernos. Así es como un charlatán histórico se transformó en un personaje legendario del teatro y de las artes: el hombre habría obtenido poderes mágicos por medio de pactos con el diablo, porque la erudición secular era impotente; la insolente vanidad del hombre era susceptible de llevarlo al infierno. Durante un tiempo, se pensó que la leyenda era una caricatura inventada por los católicos contra Lutero, como muestra de un repudio religioso del saber profano: había que aceptar humildemente a la Biblia como verdad y erudición suficientes. La leyenda de Fausto se transformó en realidad con Cornelio Agripa, hijo de una familia respetable de Colonia quien fue a París y ahí se relacionó con algunos místicos y charlatanes que reivindicaban una sabiduría esotérica. Agripa tenía sed de saber y de reconocimiento, se dedicó a la alquimia, a la Cábala, y llegó a la conclusión de que existía un mundo inaccesible a la razón y a la percepción. Dejó un manuscrito de ocultismo filosófico inédito durante 20 años;

dio clases en Pisa y estudió en Pavía; viajó a Amberes. También escribió un libro sobre la incertidumbre y la vanidad de la ciencia; luego publicó su obra de ocultismo filosófico que la gente consideró ofensiva aun sin entenderla. Esta obra tuvo muchas ediciones póstumas y hubo leyendas de pactos entre Agripa y el diablo: lo habría acompañado bajo forma de perro, le permitía volar alrededor de la tierra y dormir en la luna; pero ni la magia ni la alquimia podían permitirle alimentar a su familia o impedirle ir a la cárcel por deudas. Esta obra sobre la incertidumbre y la vanidad de la ciencia fue el libro más escéptico del siglo XVI. Años antes de Montaigne, decía que "no saber nada es la garantía de una vida feliz". Consideraba a la ciencia como fuente de discordia, criticaba a los gramáticos, se mofaba de los poetas, dudaba de la verdad de la historia, decía que la elocuencia es la madre de los errores. Ahora algunos sabemos que todo ello es cierto, que la historia es de quien la escribe, que el escepticismo es el principio de la inteligencia; pero otros insisten en linchar a todo aquel que les mueve el piso de sus seguridades. Agripa agregaba que la Cábala no era nada más que una superstición, que las filosofías se anulan, que las creencias dependían del lugar y del tiempo: lo que en una época es considerado como un vicio, será considerado como una virtud en otra; decía también que las artes y las ocupaciones están viciadas por la vanidad, que el comercio es un robo y los tesoreros unos ladrones, que la guerra es una masacre y la medicina un arte de asesinos. El resultado de todo ello fue su muerte a los 48 años. Mientras, había rechazado el poder temporal de los papas, quería que la Iglesia gastara menos en catedrales y más en caridad. Lo encarcelaron, lo exiliaron, lo reencarcelaron y, de toda esta obra escéptica y valiente, su único libro realmente popular fue un folleto sobre ocultismo que había escrito en su juventud para luego rechazarlo.

No es sino hasta 1544 cuando Stifel introduce el uso de los signos *más* y *menos*; en cuanto al signo *igual*, lo encontramos por primera vez en 1557. Algunos astrólogos habían predicho el segundo diluvio para el 11 de febrero de 1524. En Tolosa, se construyó un arca y las familias serias almacenaron víveres en las zonas altas. Había instrumentos astrológicos e instrumentos propiamente astronómicos: esferas celestes y terrestres, cuadrantes, cilindros, compases; con estos modestos objetos, Copérnico cambió el mundo.

No era un tiempo propicio y sin embargo, algunas circunstancias empezaban a favorecer la ciencia; el descubrimiento de América y la exploración de Asia, la industria, el comercio, traían conocimientos que sacudían la fe tradicional. Las traducciones del griego y del árabe estimulaban tanto las matemáticas como la física. Pero era una época difícil; los viajeros mentían y la imprenta promovía tanto la imbecilidad como la ciencia. La época amaba la literatura, respetaba a la filosofía, pero era indiferente a la ciencia. Sin embargo, los papas León X, Clemente VII y Pablo III tenían un criterio amplio; Pablo IV, en cambio, fue más reaccionario. En Italia, se desarrolló la Inquisición y se publicaron los decretos dogmáticos del Concilio de Trento; todo ello volvió los estudios científicos difíciles y peligrosos. El protestantismo se fundó sobre una Biblia infalible, que no dejaba campo para la ciencia. Lutero rechazaba la astronomía de Copérnico porque la Biblia decía que Josué le había ordenado al Sol, no a la Tierra, detenerse. Calvino se mostraba desinteresado sobre estos asuntos.

NICOLÁS COPÉRNICO nació en Thorn —en Polonia— en 1473. Thorn formaba parte de Prusia, pero fue cedida por los caballeros teutónicos a Polonia unos años antes del nacimiento de Copérnico. Su madre venía de una casa rica, su padre era comerciante en metales. Entró a la Universidad de Cracovia para prepararse para el sacerdocio. Las universidades eran entonces un monopolio de la Iglesia; poco a poco, accedieron a la laicidad. Estudió luego matemáticas, física y astronomía en la Universidad de Bolonia. Uno de sus maestros criticaba el sistema de Ptolomeo y enseñaba a sus alumnos cómo los antiguos griegos habían dudado de la inmovilidad y de la posición central de la Tierra, mientras que Ptolomeo, en cambio, había reafirmado esta teoría en el siglo II y nadie se atrevió a contradecirlo. Ptolomeo había decretado que, cuando se trata de explicar los fenómenos, la ciencia debía adoptar las hipótesis más simples. Aquello era a menudo cierto, ya que lo más profundo se encuentra frecuentemente en lo más simple; pero en la ciencia, las cosas no siempre van en la misma dirección que el sentido común, ese lugar simple de nuestros prejuicios.

Poco antes, Leonardo da Vinci había escrito que la Tierra no era el centro del círculo del Sol, ni el centro del universo. En 1500, a los 27 años, Copérnico se va a Roma para dar algunas conferencias. Ahí, trata de sugerir el movimiento de la Tierra, luego pide permiso para continuar sus estudios en Italia. Pretendía dedicarse entonces a la medicina y al derecho canónico. Sus superiores se encantaron por estas disposiciones. Durante seis años, Copérnico vivió en el castillo episcopal de Heisberg; ahí elaboró las matemáticas que sirvieron de fundamento para su teoría; luego siguió practicando la medicina, curaba a los pobres gratuitamente; hacía también muchas otras cosas que, a la distancia, no parecen corresponder con la imagen que tenemos del personaje. Así, elaboró para el rey Segismundo I de Polonia un plan de reforma de la moneda prusiana a la vez que sendos estudios eruditos sobre las finanzas; en uno de éstos podemos leer lo que sería más tarde conocido como la "ley de Gresham" en economía: "la mala moneda desplaza a la buena", en el sentido de que, cuando un gobierno emite una moneda devaluada, la buena moneda desaparece de la circulación, mientras que la mala moneda es utilizada para los impuestos, y el rey "recibe [de rebote] su propia mala moneda". En medio de todas esas ocupaciones, Copérnico seguía sus investigaciones en astronomía.

Su situación geográfica no le ayudaba. Vivía en Frauenburgo, cerca del mar Báltico (por ello adoraba el sol); no es lo mismo hacer ciencia en Cambridge, o en Harvard, que en la Universidad de Kuala Lumpur. Para ser un escritor reconocido, no es lo mismo escribir en francés, ruso o inglés, que en urdu; en cuanto al sol...

Hacia el año 1514, Copérnico resumió sus conclusiones en un *Pequeño comentario*. Esta obra, que causó la mayor revolución de la historia cristiana, no fue impresa en vida del científico; sólo se distribuyeron de ella algunos ejemplares manuscritos.

Decía que el centro de la Tierra no era el centro del universo, sino solamente el centro de gravedad de todo lo qué está sobre la Tierra y el punto central de la trayectoria lunar y que todos los cuerpos celestes giran alrededor de un centro que es el Sol. Los raros astrónomos que vieron el *Comentariolus*, no le otorgaron la menor atención; en cambio, el papa León X expresó el interés de un espíritu abierto y pidió a Copérnico una demostración de su tesis filosófica.

Fue en la corte pontificia donde la hipótesis de Copérnico gozó del favor más considerable. En 1530, Lutero rechazó esta teoría: ¿Cómo?, ¿acaso este loco polaco pretendía sacudir toda la astronomía?, y Calvino remató: ¿Quién se atrevería a poner la autoridad de Copérnico por encima de la autoridad del Espíritu Santo? Copérnico se sintió desanimado por la falta de aceptación de su *Comentario* y, cuando terminó su obra principal, hacia 1530, decidió no publicarla. Siguió con sus labores, hizo un poco de política; a los 60 años, lo acusaron de fornicar con quién sabe quién...

En 1539, un joven matemático llamado Georg Rheticus entró como una tormenta en esta vejez resignada; tenía 25 años, había leído el *Comentario* y deseaba ardientemente ayudar al viejo astrónomo, quien esperaba con paciencia el final de su destino al borde del mar Báltico. Este jovencito lo llamó "el mejor y más grande de los hombres". Rheticus estudió el grueso manuscrito de la nueva obra del maestro y le pidió insistentemente publicarlo. Copérnico se rehusó, pero aceptó que Rheticus publicara un análisis simplificado de sus cuatro primeros libros.

Así fue como en el año 1540, en Danzig, el joven erudito publicó *El primer aporte sobre el libro de las Revoluciones de los cuerpos celestes*.

No hubo un millón de textos entusiastas. Un año más tarde, un teólogo escribió: "Algunos piensan que es una realización distinguida la de edificar una hipótesis tan loca como la del astrónomo prusiano que hace que la Tierra se mueva y que el Sol se quede quieto." Varias veces, Rheticus suplicó a su maestro que diera a conocer su propio texto al mundo. Por fin, Copérnico cedió y lo autorizó para mandar su manuscrito a un impresor de Nuremburgo, quien se encargó de todos los gastos y de todos los riesgos; éstos fueron de hecho minimizados: se diluyó la revolución copernicana, sugiriendo que la nueva opinión fuera presentada como una hipótesis más que como una verdad probada. Frecuentemente, el mismo Copérnico había tratado sus teorías como simples hipótesis. En su prefacio escribió: "Nadie debe esperar una certidumbre de la astonomía en lo que concierne a las hipótesis; no puede." Pero su flexibilidad no sirvió: el prefacio mismo fue condenado.

Copérnico había vivido con su teoría durante 30 años, había lllegado a considerarla como parte de sí mismo y como una descripción de los hechos reales del universo. Esta idea era conmovedora, revolucionaria, nos recuerda que nuestras descripciones del universo son comparables a las declaraciones falibles sobre unas gotas de agua en relación con el ancho mar; probablemente serán a su vez rechazadas o corregidas. Ésta es la gran diferencia entre la ciencia y el dogma: la primera es refutable, el segundo insiste en que es la verdad verdadera. El libro aparece finalmente en la primavera de 1543, bajo el título de *Primer libro de las revoluciones*; más tarde nos quedó el título de *Revoluciones de los cuerpos celestes*. Uno de los primeros ejemplares le llegó a Copérnico el 24 de mayo de 1543 sobre su lecho de muerte, leyó la primera página. Imagino que su rostro se habrá apaciguado; luego su paz se hizo real en lo que llamamos la muerte.

Copérnico sabía que su teoría estaba en absoluta contradicción con la letra de las Escrituras, por ello le tomó tanto tiempo aceptar que se publicara su libro. Decía que más valía seguir el ejemplo de los pitagóricos, quienes acostumbraban transmitir su conocimiento oralmente, no por escrito, y sólo a sus amigos cercanos. Él reconocía su deuda hacia los astrónomos griegos.

Empezó por exponer su idea con unos postulados: primero, el universo es esférico; segundo, la Tierra es esférica porque la materia, dejada a sí misma, gravita alrededor de un centro y toma, en consecuencia, la forma de una esfera; tercero, los movimientos de los cuerpos celestes son mociones circulares porque el círculo es la forma más perfecta.

Generalmente, un progreso de la teoría humana lleva con él numerosos vestigios de la teoría que remplaza. Copérnico basa sus concepciones sobre obervaciones transmitidas por Ptolomeo. Habrá que esperar a Kepler para rechazar estos elementos. Copérnico transfiere, de la Tierra al Sol, dos ideas hoy rechazadas; el Sol es el centro aproximativo del universo, y es inmóvil.

No debe sorprendernos hoy que a los hombres les tomara tanto tiempo adoptar un sistema que no era del todo revolucionario. Se pedía a la gente considerar que la Tierra giraba en el espacio a una velocidad alarmante, contrariamente a la evidencia directa de los sentidos, y también acceder a un laberinto matemático novedoso. Kepler, Galileo y Newton elaboraron el mecanismo de la nueva teoría; entonces se pudo decir del Sol lo que Galileo dijo de la Tierra: *eppur si muove*, (sin embargo se mueve). La Iglesia católica no elevó ninguna objeción contra la nueva teoría mientras sólo se presentaba como hipótesis, pero la Inquisición reaccionó sin piedad cuando Giordano Bruno admitió la hipótesis como una certidumbre. En 1616, la Congregación del Índice prohibió la lectura de las *Revoluciones*... "hasta que se corrigiera". En 1620, autorizó a los católicos a leer las ediciones de las cuales se habían suprimido nueve frases. En 1758, el Índice fue revisado, pero sólo se retiró la prohibición del libro hasta el año de 1828.

Los hombres se sentían mal parados sobre un pequeño planeta cuya historia estaba reducida a no ser más que "una simple rúbrica local en las noticias del universo". ¿Qué significa "el cielo", si "arriba" y "abajo" pierden todo sentido? Así, Jerome Wolf escribe a Tycho Brahe, en 1575: "Ningún ataque contra el cristianismo es más peligroso que la grandeza y la profundidad infinita de los cielos." Los hombres se sorprendieron ante la idea de que el creador de este cosmos inmenso y ordenado habría mandado a su hijo a morir sobre un planeta mediocre. "Toda la poesía del cristianismo parecía volar como humo", dice Goethe. La astronomía obligó a los hombres a concebir a un nuevo Dios y dirigió hacia la teología el mayor desafío de la historia de la religión. Es por ello que la revolución de Copérnico fue mucho más profunda que la Reforma; frente a ella, las diferencias entre los dogmas católico y protestante parecían triviales. En el siglo XIX, la catástrofe darwiniana se agregó a la de Copérnico y no quedaba más que una protección contra estos hombres: que sólo una minoría reconociera su pensamiento. El Sol seguirá *levantándose* y *poniéndose* a pesar de Copérnico. En 1581, erigieron un monumento a Copérnico contra el muro interior de la catedral de Frauenburgo. En 1746, este monumento fue remplazado por la estatua de un obispo.

LAS RELIGIONES nacen y pueden morir, dice Will Durant, pero la superstición es inmortal. Pocos, muy pocos pueden aceptar la vida sin mitología, pero la mayoría sufre y la medicina ideal contra este sufrimiento es la magia, lo sobrenatural, la fantasía. Aun Kepler y Newton mezclaban la mitología con su ciencia. Kepler creía en la brujería y Newton escribió tanto sobre ciencia como sobre el Apocalipsis. En 1572, se dejó de enseñar astrología en la Universidad de Bolonia, pero siguieron enseñándola en la Universidad de Salamanca hasta 1770. Tycho Brahe declaró: "Cada animal ha recibido de la naturaleza un medio para proveer a su existencia; así, el astrónomo recibió la astrología que le permite vivir." Se creía en "las artes mágicas", pero se perseguía a la magia. Es en España donde las persecuciones fueron menos severas. En general, cuando se acusaba a alguien, las acusaciones eran rechazadas como fantasiosas o vengativas y las ejecuciones por brujería eran raras. En la Lorena, en el noroeste, entre Francia y Alemania, 800 personas fueron quemadas por brujería en 16 años; en Estrasburgo, fueron quemadas 134 en cuatro días de octubre de 1582; en Berna, ciudad protestante, 300 personas fueron quemadas en la última década del siglo XVI y 240 en el primer decenio del siglo XVII. Católicos y protestantes rivalizaban en su entusiasmo para mandar brujas a la hoguera. El arzobispo de Treva hizo quemar 120 personas en el año de 1596 bajo la acusación de prolongar el frío por medios diabólicos. En 1598, una epidemia entre los cerdos del distrito de Shiongai fue atribuida a las brujas y el consejo de la ciudad pidió la ejecución de 63 de ellas. De 1627 a 1629, el obispo de Wurtzburgo hizo quemar a 900 brujas; en Ellingen, 1500 brujas fueron quemadas en 1590. Los eruditos alemanes estiman que las ejecuciones por brujería en su país, en el siglo XVII, fueron de cerca de 100 mil personas. Algunas voces se elevaban para llamar a los hombres a la razón pero, para cada uno de esos cuerdos, había una docena de excitados.

El delirio decreció, la religión dejó de ocupar un lugar tan grande en los odios de los hombres, la imprenta se expandió, los libros se multiplicaron, las escuelas mejoraron, se abrieron nuevas universidades; lentamente, el campo de lo sobrenatural encogió y el campo de lo natural y de lo temporal creció. Los primeros héroes fueron los impresores y editores: gracias a ellos el saber pasó de un espíritu a otro y de una generación a otra. Se fundó una dinastía de impresores en Leyden, que fue el Olimpo de los sabios, y otra en Zurich. Volvieron a surgir las bibliotecas. La primera publicación regular fue el semanario de intereses mercantiles y financieros *Avisa Relation oder Zeikung*, fundado en Haugsburgo en 1609. La censura era universalmente practicada. La Iglesia instituyó, en 1571, la Congregación del Índice, para proteger a los fieles contra los libros considerados como susceptibles de dañar a la fe católica. El renacimiento humanista cedió ante la reforma teológica y la idolatría de los clásicos paganos fue remplazada por el culto de la Biblia.

Sin embargo, se hicieron algunos progresos. Los príncipes alemanes trabajaron para instituir una escuela elemental en cada aldea. El principio de la instrucción universal obligatoria fue proclamado por el duque de Saxe-Weimar en 1619, para todos los niños y niñas de seis a 12 años. En 1719, este sistema se generalizó en toda Alemania. Las escuelas secundarias estaban cerradas a las mujeres, pero se multiplicaban y mejoraban. Los profesores estaban miserablemente remunerados y muchos vendían cerveza o vino para poder sobrevivir. Tanto en los países católicos como en las regiones calvinistas, los eclesiásticos ejercían un control sobre la instrucción. Se abrieron las "academias": en 1603, se fundó en Roma la *Academia dei Lincei*; hoy es la Academia de Ciencias a la cual ingresó Galileo en 1611. La Academia del Cemento tenía como divisa: *ensayar y reensayar*. Estas casas pondrán las bases intelectuales y técnicas del mundo científico.

Pero se necesitaban instrumentos científicos: microscopios, telescopios, termómetros, barómetros, hidrómetros, relojes, básculas más precisas; unos tras otros empezaron a aparecer. La invención que transformó la biología fue el microscopio compuesto, que combina varios lentes convergentes; de este invento nacieron la biología y la medicina modernas. Otra aplicación de estos principios transformó la astronomía. Mientras tanto, basándose en los principios de Hero de Alejandría (siglo III), Galileo inventó el termómetro. Un alumno de Galileo, Evangelista Torricelli, demostró que las variaciones del nivel del mercurio en el tubo podían ser utilizadas como medida de las variaciones de la presión atmosférica: éste fue el primer barómetro. La más bella de las invenciones fue el sistema decimal. En Europa continental, el sistema métrico se aplicaba a medidas de amplitud, de volúmenes y de monedas, pero el círculo y el reloj conservaron el sistema matemático babilónico, es decir, la división entre 60. Las matemáticas eran el objetivo y el indispensable instrumento de todas las ciencias. Kepler observó que, cuando el cerebro abandona el campo de la cantidad, "empieza a errar en la oscuridad del mundo"; y Descartes y Spinoza aspiraban a reducir la metafísica a una forma matemática.

La ciencia comienza a liberarse de la placenta de su madre, la filosofía; se libera de Aristóteles y se acerca a la naturaleza, y luego busca mejorar la vida del hombre sobre esta tierra. Las ciencias avanzan unas tras otras. A través del tiempo, el siglo XVII fue aquel que vio el gran salto de las matemáticas y de la física. El XVIII fue el siglo de la química, el XIX fue el de la biología. ¿Y el XX?; el de la sicología, por supuesto. El gran nombre de la física de este periodo es Galileo (1564-1624). Antes de hablar de él, habrá que dibujar su época.

La alquimia era aún popular, particularmente entre los gobiernos que esperaban resolver así el problema de la devaluación de sus monedas: todos tenían a sus alquimistas predilectos encargados de fabricar plata y oro. La química nació de estas experiencias, de las necesidades de la metalurgia y de la tintorería, y de los esfuerzos de Paracelso en la quimioterapia. Todas estas "ciencias naturales" contribuyeron a mejorar la producción industrial y las guerras. Los técnicos aplicaban los nuevos conocimientos a las leyes del péndulo, a la trayectoria de los proyectiles, al refinamiento de los metales. La geología no había nacido aún, ni siquiera existía la palabra; al estudio de la tierra se le llamaba mineralogía; y la religión y los textos bíblicos frenaban la aventura astronómica. Bernardo Palissy fue denunciado como herético porque revivió la antigua noción según la cual los fósiles eran los vestigios petrificados de organismos muertos. La geografía, en cambio, progresaba: los misioneros, los exploradores, los comerciantes se esforzaban por difundir su fe y aumentar sus conocimientos y sus ventas. Unos navegantes españoles exploraron los Mares del Sur y descubrieron varias islas que fueron llamadas Islas Salomón, porque ahí se esperaba descubrir las minas del rey israelita. Los cartógrafos seguían los pasos de los exploradores, pero la biología esperaba. La botánica se desarrollaba gracias a los estudios sobre las propiedades curativas de las plantas exóticas como la quinina o la vainilla. En Padua, Próspero Alpini deduce la doctrina de la reproducción sexual de las plantas, que Teofrasto había expresado en el siglo III a.C.

Se creía a pie juntillas y universalmente en la generación espontánea de los organismos minúsculos a partir de la carne podrida. La zoología estaba en pañales. En 1632, Galileo escribió al gran duque de Toscana: "A pesar de que los hombres y los animales tienen diferencias enormes, podemos decir que éstas no son más grandes que aquellas que existen entre los hombres mismos." El espíritu moderno recuperaba lentamente lo que los griegos ya sabían hacía dos mil años.

Era como un ejército de la ciencia y del conocimiento que avanzaba; su guerra era noble, contrariamente a todas las demás, y en esta lucha la mayor de las batallas era, por supuesto, la de la vida contra la muerte, una batalla que todos perdemos a nivel individual, pero que, a nivel colectivo, vamos ganando regularmente. Sus enemigos eran: la suciedad corporal, la suciedad pública, las cárceles horrendas, las pociones mágicas, los místicos seudocientíficos, los curanderos y los *amateurs* de todo tipo.

La lepra prácticamente había desaparecido, la sífilis había disminuido. En 1564, Falopio inventó un preservativo contra esta enfermedad y pronto se pusieron a utilizarlo como anticonceptivo; lo vendían los barberos y los padrotes. Pero aparecieron las epidemias de tifo, de fiebre, de tifoidea, de malaria, de difteria, de escorbuto, de gripe, de varicela, de disentería. Entre 1630 y 1631 hubo un millón de víctimas de la peste solamente en el norte de Italia. Las 2/5 partes de todos los niños morían antes de su segundo año. Pero la higiene pública mejoraba, los hospitales se multiplicaban, la enseñanza médica se hacía más rigurosa aunque todavía se podía practicar la medicina sin diploma. Algunos médicos con buena reputación prescribían que había que coser en una bolsita unos sapos secos y colgar la bolsita al cuello del enfermo; este remedio debía ser magnífico para curar la peste. Dos escuelas de terapia se disputaban a las víctimas: el iatromecanismo, según el cual todos los procesos corporales son mecánicos, y el iatroquimismo, inaugurado por Paracelso.

Paracelso nació en Suiza en 1493; Maquiavelo tenía 24 años, Lutero 10, Da Vinci 41, Copérnico 15. El mundo volvía a nacer, el lugar del hombre en él cambiaba, el saber estaba trastornado. Con el estudio de la realidad, aparecía una nueva manera de pensar la naturaleza. Paracelso quería "escudriñar la profundidad secreta de las cosas, los misterios de la naturaleza y de Dios". Esta voluntad lo llevó a pasar su vida de quijote de Lisboa a Moscú, de El Cairo a Uppsala, de Londres a Kiev, de Orán a Constantinopla, y a dar al estudio de la naturaleza una dignidad filosófica. Era una visión que integraba el hombre al universo y todo lo que vive, animales, plantas, metales, piedras, astros, a un alma común; su medicina buscaba "ver" lo invisible que articulaba las cosas, es decir, la complejidad.

La medicina era un oficio de individuos infames. Montaigne nos habla de su farmacopea: "el pie izquierdo de una tortuga, la orina de una lagartija, excremento de elefante, hígado de topo, sangre sacada del lado derecho de una paloma blanca y... para nosotros que tenemos piedritas en los riñones... las caquitas pulverizadas de un ratón". Estas delicias tenían un precio impresionante; se dejaba el arte dental a los barberos.

Gasparo Tagliacozzi, especialista de la reconstrucción plástica de narices, orejas y labios, fue condenado por los moralistas por haberse inmiscuido en la artesanía de Dios. Su cuerpo fue enterrado en tierra no consagrada. La posición social de un médico no era superior a la de un maestro de escuela. Hoy día, parece que volvemos a aquellas épocas, prueba de la barbarie de la nuestra.

En cuanto a la astronomía... La misma Iglesia que acallaría a Galileo mostró el camino con una realización mayor: la reforma del calendario. El calendario juliano estaba atrasado unos 12 días sobre la realidad de las estaciones. En 1576, un calendario revisado fue entregado a Gregorio XIII y éste firmó la bula que instituyó el calendario gregoriano en los países católicos. Las naciones protestantes se opusieron al cambio; el pueblo provocó motines porque creyó que el Papa quería robarle diez días; incluso Montaigne protestó: mediten sobre la fuerza de la costumbre y sobre el formidable poder de queja de los hombres. Pero el nuevo calendario, que no necesitaría de ninguna otra corrección durante 3,333 años, fue aceptado poco a poco. Déjenme decirles algo sobre él: teóricamente debía tener 13 meses, cada uno de 28 días, con un día feriado sin fecha (o dos días los años bisiestos) al final del año. Este calendario había sido imaginado sobre una hoja, con un dispositivo rotativo para indicar el mes y el año, y podía servir indefinidamente para todos los meses de cada año. Cada día de la semana caería en las mismas fechas de cada mes y de cada año. El año comercial estaría regularmente dividido en meses iguales y trimestres iguales y, ¿saben por qué no fue adoptado?: porque habría provocado el desorden y la confusión entre los santos.

En Italia, la astronomía copernicana, su estudio y su enseñanza, estaban autorizadas si se presentaban como hipótesis y no como un hecho demostrado. Campanella se preguntaba ya si los habitantes de otros planetas creían ser, como los terrícolas, el centro y el objetivo del universo. Los teó-

logos protestantes rivalizaban con los católicos para condenar al nuevo sistema y el mayor de los astrónomos del
medio siglo que siguió a la muerte de Copérnico lo condenó: Tycho Brahe. Este científico danés entró a los 13 años
a la Universidad de Copenhague y a los 16 a la Universidad
de Leipzig; ahí estudió derecho durante el día y las estrellas durante la noche. Se peleó en duelo y entonces perdió
gran parte de la nariz. Se mandó hacer una nueva nariz de
plata y de oro que llevó hasta el final de su vida. Predijo la
muerte de Solimán el Magnífico cuando éste ya había muerto, y murió él mismo porque le reventó la vejiga mientras
estaba comiendo en un banquete: le pareció poco elegante levantarse de la mesa para ir a orinar.

Tycho Brahe tenía una reputación europea. Se había casado con una joven campesina porque estimaba que una ama
de casa era la mejor compañía posible para un astrónomo.
No tenía telescopio, pasaron otros 28 años antes de que éste
fuera inventado, sin embargo, fueron las observaciones de
Tycho Brahe las que guiaron a Kepler.

En 1588 muere Federico II. Tycho Brahe deja Dinamarca
y se va a instalar, en Praga, al lado del emperador Rodolfo
II, quien esperaba de él predicciones astrológicas. Entonces
tomó a un asistente: Kepler.

Fue una suerte para la ciencia que Tycho Brahe fuera a
Praga porque Kepler heredó su conocimiento y dedujo así
las leyes planetarias que prepararían el camino para la teoría de la gravitación de Newton. De Brahe a Kepler, de éste
a Newton, de Copérnico a Galileo, y de vuelta a Newton.

Kefler nació cerca de Stuttgart. Hijo de un militar que acabó
abriendo una taberna; el futuro astrónomo servía ahí a los
clientes, luego se volvió maestro de escuela; enseñaba latín,
retórica, matemáticas; publicaba cada año un calendario astrológico y, un día, publicó el *Mysterium Cosmographicum* (1596)
donde defendía el sistema copernicano. Tycho Brahe lo invitó a venir a Praga y, a su muerte, Kepler fue nombrado para
sucederle. En 1604, llegó a su descubrimiento fundamental e
histórico: la órbita de Marte alrededor del Sol es una elipse,
no un círculo como los astrónomos desde Platón hasta Co

pérnico habían supuesto. Aquello lo llevó a preguntarse si todas las órbitas planetarias no eran igualmente elípticas.

Durante 10 años Kepler reflexionó sobre el enigma de la relación entre la velocidad de un planeta y la dimensión de su órbita, luego publicó la *Armonía del mundo* (1619). Mezclaba el misticismo con la ciencia; ¿será un defecto del personaje? Goethe decía que los defectos de un hombre son los errores de su época, mientras que sus virtudes son propias. En la *Armonía...* podemos leer: "Este libro está escrito para que sea leído ahora o por la posteridad; me da igual. Puede esperar a su lector un siglo, como Dios ha esperado 6,000 años a un descubridor."

Kepler corrigió el sistema copernicano. El tratado fue puesto en el Índice de los libros prohibidos. Durante un tiempo, el astrónomo gozó de prosperidad y de las aclamaciones del público. Él creía, como todo el mundo, en la brujería; su madre fue acusada de practicarla y fue encarcelada durante 13 meses; murió poco después de su liberación. Esta tragedia familiar ensombreció los últimos años del astrónomo. Tenía dificultades para alimentar a su familia, por lo que solicitó un empleo de astrólogo. Hacía horóscopos, publicaba almanaques astrológicos... Así se fueron consumiendo sus fuerzas. Murió en 1630, a los 69 años. Había logrado algo inmenso: revelar que el universo era una estructura de leyes, y que las mismas leyes regían la Tierra y las estrellas.

GALILEO nació en Pisa el día de la muerte de Miguel Ángel (el 18 de febrero de 1564) y el mismo año que Shakespeare. Su padre era un florentino culto, quien le enseñó latín, griego, matemáticas, música. Ésta última fue su consuelo cuando envejeció y se quedó ciego. Le gustaba también dibujar y pintar. Aún era el Renacimiento y los hombres aspiraban a ser completos. Galileo creía poder hacerlo todo. En la Universidad de Pisa estudió medicina y filosofía, pero la lógica de las matemáticas le pareció superior. En 1585 dejó la Universidad de Pisa sin diploma y se fue a Florencia, donde se dedicó con pasión a las matemáticas y a la mecánica. Tuvo que ganarse la vida, solicitó puestos en la enseñanza... y fue rechazado. Llegó a tal desesperación que pensó en viajar a Constantinopla para poder trabajar. Pero hubo un puesto vacante en Pisa, donde le hicieron el favor de aceptarlo. Esto no le impidió pasar hambre. Muchos filósofos envidiosos, sus rivales, se oponían a él. Galileo no menciona a Pisa en sus escritos: ahí no fue feliz; sufría del odio y del resentimiento que le tenían otros profesores de la ciudad. En 1592 dejó la universidad y se fue a Padua, donde enseñó geometría, mecánica, astronomía; transformó su casa en laboratorio, tomó una amante y le hizo tres hijos.

Al final de este recorrido se podría decir que nadie, desde Arquímedes, ha hecho tanto para la física. Descubrió la ley de la inercia, según la cual un cuerpo en movimiento seguiría indefinidamente en la misma dirección y a la misma velocidad si ninguna fuerza interviniera para pararlo o acelerarlo.

En Padua, Galileo consagró cada vez más tiempo a la astronomía. En una carta a Kepler, siete años más joven que él, escribe: "Me considero feliz de tener a un aliado tan grande como usted en mi búsqueda de la verdad; soy partidario de la opinión copernicana, he reunido numerosas pruebas, pero no las publico porque temo correr con la suerte de nuestro maestro Copérnico, quien ha sido ridiculizado y condenado por innumerables personas". En 1609 construyó su primer telescopio, lo mejoró hasta ampliar su campo de visión 1000 veces, observó nuevas constelaciones, descubrió que las Pléyades tenían 36 estrellas y no siete como se creía, que Orión tenía 80 y no 37, y que la Luna no era una superficie lisa, sino un rostro picado por la viruela de montes y valles. En 1610, Galileo descubre cuatro de las nueve lunas (satélites) de Júpiter. El mismo año, descubre el anillo de Saturno. Parece increíble, pero Galileo afirma en una carta a Kepler, que los profesores de Padua se negaban a mirar el cielo con los telescopios para no tener que reconocer sus evidencias. Fatigado de Padua, y esperando encontrar un clima intelectual más favorable en Florencia, pidió un puesto que exigía menos tiempo de enseñanza y le dejaría más tiempo para la investigación.

Cosme II lo nombró "primer matemático y filósofo del gran duque", sin obligación de enseñanza. Galileo se estableció en Florencia. Tenía el orgullo y el humor difícil de los renovadores, aun cuando, a veces, se expresaba con una sabia modestia. Era un ardiente controversista. Antes de que la Inquisición lo acusara, tenía muchos amigos entre los jesuitas. Se nombró una comisión de eruditos para examinar sus descubrimientos y ésta hizo un informe muy positivo. Cuando, en 1611, se fue a Roma, los jesuitas lo recibieron y el papa Pablo V lo acogió.

Muchos teólogos estimaban que la astronomía copernicana era incompatible con la Biblia y, si la Biblia llegaba a perder su autoridad, el cristianismo sufriría por ello; así que la Tierra no debía perder su primacía y su dignidad entre los planetas más grandes que ella.

Estos teólogos mandaron quejas a la Inquisición. El 20 de marzo de 1615, la Congregación del Santo Oficio recibió una acusación formal contra Galileo. Se le pidió insertar en sus publicaciones algunas frases declarando que la teoría copernicana era una hipótesis. Él se negó y contestó: "Pienso que el Sol está situado en el centro de la revolución de los cuerpos celestes, mientras que la Tierra gira alrededor de su propio eje y alrededor del Sol"... y agrega: "A la naturaleza no le importa si sus razones y sus métodos son aceptables por los hombres. No me siento obligado a creer que el mismo Dios que nos ha dotado de sentidos, de razón y de inteligencia, nos haya prohibido su uso."

Galileo se dirigió voluntariamente a Roma y todo el mundo ahí se puso a discutir de estrellas. El 26 de agosto de 1616, la Inquisición obligó al "tal Galileo" a que compareciera y le dio la orden de abstenerse de "enseñar y defender y aun discutir esas opiniones". Él declaró que se sometería al decreto y la Congregación del Santo Oficio y publicó este texto histórico: "La opinión según la cual el Sol se queda sin movimiento en el centro del universo es insensata, filosóficamente errónea y totalmente herética porque es contradictoria a la Santa Escritura. La opinión de que la Tierra no es el centro del universo y sufre una rotación diaria, es filosóficamente falsa y es una creencia errónea." Hay textos que se deben colgar, grabados en hierro, a los cuellos de sus autores... El Índice prohibió la publicación y la lectura de toda obra que defendiera las doctrinas condenadas. Galileo volvió a Florencia y se quedó al margen de la controversia hasta 1622. En este año, dio a conocer un manuscrito titulado *El ensayador,* en el cual rechazaba toda autoridad salvo la de la observación, la razón y la experimentación. Este texto es la obra más brillante de Galileo, una obra maestra de prosa italiana y de controversia hábil en fondo y forma. Luego, el primero de abril de 1624, vuelve a Roma donde el papa Urbano lo recibe pero se niega a levantar la condena del Santo Oficio. En su declaración, Urbano decía: "Hemos acordado nuestro amor fraterno a este gran hombre cuya reputación brilla en el cielo y progresa en la tierra." Galileo se apura en terminar su obra principal sobre los sistemas copernicanos y anticopernicanos, y obtiene el *Imprimatur* eclesiástico, con la condición de que la materia fuera manejada como una hipótesis. El libro se llamará *Diálogo de los dos principales sistemas del mundo.* Tenía un prefacio donde se podía leer: "Unos consejeros totalmente incapaces de proceder a las observaciones astronómicas no deberían, por medio de prohibiciones precipitadas, cortar las alas de aquellos que tienen cerebros pensantes." La utilización de la forma dialogada era una trampa: en el texto dos personajes, Salviati y Sagredo, defendían el sistema copernicano; un tercero, Simplicio, lo rechazaba. Hacia el final del libro, Galileo pone en la boca de Simplicio, de manera casi literal, una declaración de Urbano VIII. Los jesuitas le señalaron este hecho al Papa, haciéndole ver que su declaración había sido puesta en boca de un personaje tonto.

La Inquisición prohíbe la venta del *Diálogo* y manda a Galileo a comparecer ante ella. Tenía 68 años; su hija se había hecho monja; fue acusado de haber roto la promesa de respetar el decreto de 1616 y encarcelado. Se enfermó, rechazó humildemente lo que había hecho su vida entera y ofreció hacer penitencia. En el cuarto interrogatorio, declaró: "Ya toda duda ha desaparecido de mi espíritu; estoy de acuerdo con la opinión de Ptolomeo, según la cual la Tierra es inmóvil y el Sol se mueve; esta opinión es absolutamente cierta e incontestable." La Inquisición declaró que Galileo era culpable de herejía y de desobediencia y le ofreció la absolución con la condición de una abjuración total. Se le obligó a ponerse de rodillas y repudiar la teoría copernicana: "Abjuro, maldigo, odio los dichos, errores y herejías; juro que nunca jamás en el futuro diré ni afirmaré lo que sea, y que si tengo conocimiento de algún hereje lo denunciaré a este Santo Oficio."

La historia según la cual Galileo habría murmurado, en el momento de dejar la sala del tribunal: *"Eppur si muove"* (sin embargo, se mueve) es una leyenda que merece ser verdad. Teóricamente era aún prisionero, pero libre de seguir sus estudios, de enseñar en su casa, de escribir libros y de recibir a los visitantes. Galileo parecía ser un hombre roto, humillado por la Iglesia; recordaba que Bruno había sido quemado hacía 36 años; pero no estaba vencido. Su espíritu estaba constantemente ocupado en problemas de mecánica y de matemáticas. Su retrato era el de un genio: frente inmensa, ojos hurgadores, uno de los rostros más nobles de la historia. Se había vuelto ciego en 1638, pero ningún hombre desde Adán había visto tanto como él: "He ampliado este universo mil veces." También empezó a volverse sordo. El 8 de enero de 1692, murió a los 78 años.

Por supuesto, tenía limitaciones y defectos: el orgullo, la ira, la vanidad... eran el precio de sus cualidades: la persistencia, la valentía y la originalidad. Era reacio a aceptar el trabajo de sus contemporáneos. Este mártir de la ciencia ha ensanchado tanto el espíritu de los hombres como la aterradora inmensidad del universo y, además, como buen renacentista, escribió una de las mejores prosas de su tiempo.

No fue sino hasta 1855 cuando la Iglesia retiró las obras de Galileo de su Índice de libros prohibidos. El hombre roto, vencido, por fin había triunfado sobre la institución más poderosa de la historia.

EL DRAMA esencial de la historia moderna es esta lucha de una gran religión roída a la vez por la ciencia y por el sectarismo. Esta religión que dio a la civilización occidental sus usos y costumbres, su valentía, su arte, sufría de una lenta decadencia causada por la difusión de los conocimientos y la ampliación de los horizontes astronómicos, geográficos e históricos. El retroceso de la fe es el evento fundamental de los tiempos modernos. Ya no se trataba del conflicto entre catolicismo y protestantismo, sino del cristianismo mismo, de las dudas y de las negaciones. Los pensadores ya no discutían sobre la autoridad del Papa, sino que discutían acerca de la existencia de Dios. La proclamación del principio del libre albedrío había sacudido los cimientos de la fe. Las sectas, el estudio de la Biblia y el llamado a la razón habían puesto fin a las seguridades. Las mejorías del orden social disminuyeron el terror y la crueldad. Se empezó a concebir a Dios en términos más indulgentes que los de Pablo y de Agustín; la nueva moral le ganaba a la vieja teología. Se empezó a comparar los conocimientos y la filosofía pagana con el cristianismo. Erasmo le rezaba a San Sócrates. Las clases cultivadas encontraban cada vez más dificultades para creer en los milagros; el universo se había vuelto demasiado ancho para la divinidad vengadora del Génesis.

Ya había algunos deístas que profesaban una fe en un Dios vagamente identificado con la naturaleza y que deseaban que el cristianismo fuera más una ética que un credo. Los epicureístas alemanes se burlaban del juicio final y el infierno no les parecía tan terrible, ya que ahí se encontraba la gente más divertida e interesante. Había un escepticismo general: "Nuestras certidumbres son ficciones... Entre la infinidad de religiones, no hay un solo hombre que no crea que posee la verdadera religión y que condene a todas las demás." (Pedro Charron, amigo de Montaigne.)

Algunos argüían que *Vox populi* es *Vox Dei*, pero Charron creía que la voz del pueblo era más bien la voz de la ignorancia y que había que ser particularmente escéptico hacia lo que era objeto de fe masiva. "El alma es una actividad misteriosa, inquieta y hurgadora. La religión está compuesta de numerosos absurdos, ha sido culpable de sacrificios bárbaros y de crueldades intolerantes... Un hombre virtuoso lo es sin la promesa del cielo ni la amenaza del infierno... pero, tomando en cuenta la maldad natural y la ignorancia de la humanidad, la religión es sin embargo un medio necesario para mantener la moral y el orden." Y concluía que un verdadero escéptico jamás podría ser un hereje. Charron fue puesto en el Índice, por supuesto.

Copérnico había ampliado el mundo, pero ¿quién iba a ampliar a Dios, reconcebir la divinidad en términos dignos de esas galaxias? Éste fue Giordano Bruno. Nació al este de Nápoles, en 1548. Su nombre era Filipo. A los 17 años ingresó al monasterio de los dominicos en Nápoles y tomó el nombre de Giordano. Ahí encontró una buena biblioteca, con clásicos griegos y latinos, obras de Platón y Aristóteles, obras árabes y hebreas. Estaba fascinado por el atomismo de Demócrito, leyó a Avicena, a Averroes, a Ibn Gabirol; digirió las ideas sobre la unión de los contradictorios en la naturaleza y en Dios, y las ideas de un universo infinito, desprovisto de centro; admiraba el misticismo médico rebelde de Paracelso, el simbolismo místico de Raymundo Lulio... Todas estas influencias lo formaron y creció su hostilidad hacia la escolástica y hacia Tomás de Aquino.

Pero se encontraba en un monasterio dominico y Tomás de Aquino era el héroe intelectual de los dominicos. El joven monje perturbaba a sus superiores con sus cuestiones; reconocía que todas las nieves del Cáucaso no habrían podido apagar su instinto sexual (hay una cierta relación sutil entre el despertar sexual y el despertar intelectual). Bruno pronunció sus votos, pero sus dudas seguían. ¿Cómo es que había tres personas en un solo Dios? y ¿Cómo es que un cura podía transformar el pan y el vino en cuerpo y sangre de Jesús? Sus superiores lo regañaron. En 1576, después de 11 años de monasterio, huyó y se ocultó en Roma; dejó el hábito monacal, retomó el nombre de Filipo y se puso a enseñar en una escuela de muchachos cerca de Génova. Así empezaron 16 años de vida errante: de Savona a Turín, a Venecia, a Padua, a Brescia, a Pérgamo; atravesó los Alpes, llegó a Chambery, a Lyon. Se ganaba el pan corrigiendo manuscritos. Entre ésos se encontraba una conferencia pronunciada en la Universidad de Ginebra por un teólogo calvinista. El impresor fue arrestado y Bruno también. Había escapado a una censura para caer bajo los golpes de otra. Volvió a Lyon, luego a Tolosa, conocida por ser una ciudad tolerante. Ahí se vivía la rivalidad entre católicos y hugonotes, a la vez que se asistía a la llegada de los judíos de España. Francisco Sánchez publicó su tratado escéptico *Del noble y justo conocimiento, de que nada es conocido.* Bruno llegó a París. Había adquirido reputación de filósofo. Enrique III lo llamó y lo nombró profesor en el Colegio de Francia: tuvo así dos años de paz. En 1582 publicó una comedia, *El candelabro,* donde satirizaba a medio mundo. En el prólogo, escribía: "Verán 10 kilómetros de robos, empresas de pillos, deliciosos ascos, amargas dulzuras, decisiones insensatas, fe errónea y esperanzas mutiladas, mujeres viriles, hombres afeminados y, en todas partes, el amor por el oro. De ahí vienen los pensamientos ligeros, las locuras... Finalmente verán que no hay nada cierto, poca belleza y nada bueno"; y firmó: "Bruno Nolain, diplomado de la Academia, apodado La Peste."

En 1583 se fue a Inglaterra, donde lo recibió el embajador francés en Londres. Ésta fue la parte más feliz de su vida. Ahí escribió algunos de sus libros más importantes. Londres era un refugio contra las tormentas causadas por su carácter. El embajador era un hombre tolerante, que no tomaba la metafísica en serio; lo consolaba. Ahí Bruno conoció a los hombres más admirables de la Inglaterra isabelina así como a la gran reina. En 1583 dio conferencias en la Universidad de Oxford, habló de la inmortalidad del alma y del sistema planetario de Copérnico, luego trató a la institución oxfordiana de "viuda de la santa erudición", "constelación de ignorancia y de presunción pedantesca obstinada, mezclada con una incivilidad rústica". Él escribía sobre las estrellas y no soportaba la lentitud y pesadez de los terrícolas. Su vanidad era grande, así como su imaginación y su elocuencia. A finales de 1585 volvió a París, dio conferencias en la Sorbona y ahí, como de costumbre, despertó la hostilidad. Se fue entonces a Alemania y dio conferencias durante dos años en la Universidad Luterana, pero la teología de los reformadores no era para él. Buscó la protección de Rodolfo II de Praga y pudo enseñar en su universidad. Ahí fue feliz durante algunos meses; luego, el jefe de la Iglesia luterana lo excomulgó. Se fue a Frankfurt, a Zurich, publicó obras en latín... Era un hábil comediante, burlón, conflictivo, controvertido. Fue más guerrero que filósofo; no era apacible, reservado, objetivo y tolerante. Resultaba implacable, quería aplastar la infamia del oscurantismo y de la persecución. La visión que tenía del universo era estética, a la vez una tentativa filosófica de armonizar el pensamiento humano y adecuarlo a un cosmos en el cual nuestro planeta es una parte mínima de una inmensidad desconocida: ni la Tierra ni el Sol son el centro del mundo; más allá del mundo que vemos, hay otros mundos (los telescopios lo mostrarán pronto); no podemos concebir ni su comienzo ni su fin. Las estrellas se mueven constantemente, todas las cosas se mueven. El espacio, el tiempo y el movimiento son relativos; no hay centro, no hay circunferencia, ni arriba, ni abajo y, como el tiempo es la medida del movimiento, el tiempo mismo es relativo. Es probable que muchas estrellas sean habitadas por seres vivos, ¿acaso Cristo murió por ellos? Y, en esta inmensidad, existe una constancia eterna e inviolable de la ley. Bruno se acerca a Spinoza quien vendrá dos siglos más tarde. Para él, el Dios infinito y el universo infinito deben ser uno solo —*deus sive substantia sive natura* (Dios o substancia o naturaleza)—. No existe el motor primero de Aristóteles. Dios no es una inteligencia exterior, es el principio interior del movimiento. Este espíritu no está ahí arriba en el cielo, sino en cada partícula de la realidad. Bruno constituye un puente hacia Leibniz, a la vez que recupera el principio de evolución de la naturaleza, la *entelecheia* de Aristóteles. Hay en la naturaleza unas fuerzas contrarias, pero todos los contrarios coinciden y forman la armonía de las esferas. "Me encanta la unidad", decía, "soy libre a la vez que esclavo, feliz en la tristeza, rico en la pobreza, vivo aun en la muerte". El conocimiento de la unidad es, por lo tanto, el propósito de la ciencia y de la filosofía, y la terapia del espíritu es "el amor intelectual de Dios" del cual hablará Spinoza. Hay aquí continuidad filosófica.

Bruno tenía la ilusión de poder volver a Italia, pensaba que ahí no habrían escuchado hablar del libro que publicó en Inglaterra, *La expresión de la bestia triunfante* (la bestia sería el catolicismo, o la cristiandad, o los dogmas en general). Aceptó la invitación de Giovanni Mocenigo para ir a Venecia.

Mocenigo se interesaba en la brujería, le había dicho a Bruno que disponía del secreto de una memoria infalible. La Inquisición había declarado a Bruno fuera de la ley pero Venecia tenía una reputación de tolerancia. En 1591, Bruno vuelve a Italia. Mocenigo le pidió que le diera clases, pero tembló ante las herejías expresadas por el filósofo imprudente y preguntó a su confesor si no había que denunciarlo a la Inquisición. El 23 de mayo de 1592, Bruno fue arrestado y encerrado en la cárcel del Santo Oficio, en Venecia. Mocenigo informó a los inquisidores que Bruno se oponía a todas las religiones, que negaba la trinidad, la encarnación, que acusaba a Cristo y a los apóstoles de haber engañado al pueblo; habría dicho que todos los monjes eran unos burros, que la religión debía ser remplazada por la filosofía, que él había satisfecho sus pasiones, que las mujeres le encantaban...

La Inquisición tomó todo su tiempo para interrogarlo. El examen duró de mayo a septiembre de 1592. Bruno decía que él hablaba de filosofía, que un hombre puede, como filósofo, dudar de las doctrinas que aceptaba como católico; se arrepintió, suplicó al tribunal "acogerme en el seno de nuestra madre la Iglesia y de verme con misericordia". Lo mandaron de vuelta a su celda. En septiembre, la Inquisición romana pidió a los inquisidores venecianos extraditarlo a Roma, lo que fue hecho en febrero de 1593. Pasó un año antes de que le hicieran comparecer ante el tribunal y lo volvieran a interrogar y a torturar para obligarlo a la humildad.

Estas pruebas quebrantaron su espíritu. En el expediente del proceso, no encontramos una sola mención de sus opiniones copernicanas. En 1600, "el muy santo señor papa Clemente VIII ordenó que medidas definitivas fueran tomadas y que la sentencia fuera pronunciada". Los inquisidores lo convocaron, le dijeron que habían acordado ocho años para que tuviera el tiempo de arrepentirse, pero como proseguía con sus herejías, la sentencia iba a ser pronunciada en su contra: "para que seas castigado merecidamente". Nueve cardenales firmaron la sentencia. El 19 de febrero, desnudo, con la lengua pegada, fue amarrado a un palo de fierro sobre una hoguera en la Piazza Campo dei Fiori y quemado vivo, en presencia de una muchedumbre encantada. Tenía 52 años. En 1889, se erigió una estatua suya en este mismo lugar.

DIECINUEVE AÑOS más tarde, alguien muy parecido a Bruno tuvo un destino análogo. Vanini, de padre italiano y de madre española, viajó por toda Europa, escribió libros; era perspicaz, visionario: dijo que el hombre había sido antaño un cuadrúpedo. Se estableció en Tolosa. Dudaba de la existencia de un dios personal y se reía de la encarnación. Un desgraciado ganó su confianza (como Mocenigo con Bruno), lo hizo hablar y mandó un informe sobre él. En agosto de 1618, Vanini fue arrestado sobre la base de sus conferencias, acusado de ateísmo y de blasfemia. Él afirmó su creencia en Dios, pero sus jueces consideraron el testimonio como prueba de sus crímenes y lo condenaron "a ser entregado al verdugo, en camisa, cargando sobre sus espaldas un anuncio que decía 'ateo y blafemo'. Será llevado ante la entrada principal de la Iglesia, luego amarrado a la hoguera. Ahí le cortarán la lengua, lo ahogarán, su cuerpo será quemado y sus cenizas dispersadas al viento". Tenía 34 años. Se cuenta que cuando lo sacaron de su celda para llevarlo a la muerte, el 19 de febrero de 1619, dijo: "Vamos, vamos, *andiamo andiamo*, alegremente a morir como filósofos."

TOMMASO CAMPANELLA fue un tiempo pensionado de los dominicos. Estudió a Empédocles. En Nápoles, la Inquisición lo encarceló durante algunos meses (1591-1592); siguió cursos en Padua. Ahí, lo acusaron de incontinencia. Escribió una obra en la cual aconsejaba a los pensadores observar y estudiar la naturaleza. Empezaba a elaborar un programa para renovar la ciencia y la filosofía. De vuelta a Nápoles, se sumó a una conspiración para liberar a la ciudad del yugo español. El complot falló y Campanella fue encarcelado y torturado durante 27 años (de 1599 a 1626). En un poema titulado *El pueblo*, expresa su resentimiento y amargura:

> *El pueblo es una bestia*
> *que no conoce su propia fuerza,*

Su obra más célebre fue *Civitas polis*. Campanella imagina una ciudad, en una montaña de Ceilán. Los funcionarios serían elegidos y podrían ser revocados por una asamblea nacional compuesta por todos los habitantes de más de 20 años. Los magistrados elegirían al jefe de gobierno y organizarían los matrimonios para que de éstos resultaran los mejores hijos: "Cuidamos de la reproducción de los caballos y de los perros, pero no la de los humanos." Hoy sabemos que estas ideas son facistas. Los dos sexos recibirían un entrenamiento guerrero, cada quien estaría obligado a trabajar cuatro horas al día. Los niños serían criados en común, formados para compartir los bienes y para ser equitativos. La religión sería el culto del Sol. Este manifiesto comunista en la línea de Platón fue escrito hacia 1602 y publicado en 1622. Luego, Campanella hizo las paces con la Iglesia y fue liberado. Urbano VIII le encontró virtudes porque afirmaba que los papas debían mandar a los reyes. Urbano lo envió a París, donde fue el protegido del cardenal Richelieu. Campanella murió en una celda dominica, en 1639, diciendo: "Soy la campanita que anuncia un alba nueva."

Para la elaboración de este texto, utilicé la obra de Will Durant.

Sexo

¿Por qué hay que involucrar a dos para formar un tercero? y ¿por qué hay dos sexos y no tres, o cuatro o cinco?

En *El juego de los posibles*, el premio Nobel de medicina, Francois Jacob, se atreve a plantear estas cuestiones. Nada es tan difícil de justificar como una evidencia y la dualidad sexual lo es. Pensemos en el Yin y el Yang del taoísmo, los principios macho y hembra de los cuales todo deriva; pero también en otras series de oposiciones binarias: el día y la noche, la amistad y el odio, la luz y las tinieblas, etcétera.

La dualidad sexual funciona como paradigma de la relación dual y encarna el modelo de una relación de oposición. En un principio, dice Platón en *El Banquete*, estaban los andróginos, que fueron partidos en dos. Desde entonces, cada mitad trata de unirse a la otra. En las *Upanishad*, es el dios quien —al querer escapar de su soledad— se divide a sí mismo en dos mitades de sexo opuesto, que engendran a la humanidad. En cuanto al número de los sexos, encontramos en la literatura científica un estudio matemático muy serio, publicado en la *Theoretical Population Biology*, que demuestra que el mejor número posible no es cuarenta y cuatro, ni cinco, sino dos sexos.

El hombre desciende del sexo. La mayoría de las especies vivientes son el producto de una evolución cuyo acelerador es el sexo. La sexualidad ha permitido la multiplicación y complejidad de las formas de lo viviente; sin ella, la naturaleza jamás habría dado nacimiento a la prodigiosa diversidad —varios millones de especies— de la biosfera; ningún organismo mínimamente complejo habría podido nacer. Esta potencia innovadora es el sexo. Sin embargo, no hay que pensar que la sexualidad es una necesidad de la vida o de la evolución: los seres vivos se reproducen sin sexo desde la noche de los tiempos.

¿Cuál es la diferencia entre sexo y reproducción? La expresión "reproducción sexual" es una estupidez. Reproducirse es fabricar algo parecido, copias conforme a un modelo: éste es el caso de las bacterias, los virus y otros organismos unicelulares que producen sin cesar "clones" idénticos. Una bacteria se multiplica por dos cada media hora; al cabo de 24 horas podrá, en teoría y en un medio favorable, producir hasta 300 mil billones de copias, según un proceso muy simple: A se divide en A' y A", parecidos entre sí y parecidos a A; éste desaparece; las dos bacterias de la primera generación se dividen a su vez y dan cuatro individuos, luego ocho, luego dieciséis, etcétera. Así, encontramos en la naturaleza cadenas de vida ininterrumpidas desde hace miles de millones de años, cuyos representantes actuales son probablemente parecidos a las más antiguas generaciones. Parecidos, no idénticos, porque la reproducción tiene errores de copiado, o mutaciones, que dan nacimiento a nuevos linajes. Salvo esos accidentes relativamente raros, que representan la única fuente de diversificación en los seres vivos no sexuados, la reproducción funciona como una máquina para fabricar algo parecido.

La sexualidad funciona al revés. La procreación sexual jamás fabrica dos veces el mismo ser. Aun un verdadero gemelo, hijo de la división de un mismo huevo, difiere de su gemelo. Francois Jacob menciona que la sexualidad es una máquina que fabrica diferencias. Así que sólo la reproducción asexuada merece el nombre de reproducción, porque retoma íntegramente la materia genética de un organismo para fabricar otro esencialmente idéntico. La reproducción sexuada, en cambio, comienza por un desdoblamiento de cada cromosoma, en cuyas células hijas solamente se reencontrará la mitad de ese cromosoma; participando en la fecundación, estos cromosomas darán nacimiento a un individuo concebido según un plan absolutamente nuevo. La mal llamada reproducción sexual produce así una variedad prácticamente ilimitada.

¿De dónde viene esta capacidad de innovación de la sexualidad? En los organismos sin sexo, el potencial genético es copiado de manera exacta de generación en generación; en cambio, en las especies sexuales, la fabricación de un descendiente requiere de una mezcla íntima de dos mitades potenciales provenientes de dos padres: macho y hembra.

Existe otro mecanismo biológico responsable de la innovación genética en las especies sexuales: la meiosis. Cuando dos padres realizan una fecundación, el macho y la hembra pueden cada uno producir numerosas variantes; cada variante de gameto macho puede fecundar cualquier variante de gameto hembra. En el caso de la especie humana, esto corresponde a un número superior a 64 billones de variantes posibles por una sola pareja.

La sexualidad innova creando nuevas asociaciones de genes. El otro lado de la sexualidad es el invento de la muerte. En un sistema de reproducción, los linajes vivos perpetúan su tipo de generación en generación; el genotipo sobreviviente es inmortal. En el caso de los seres sexuados, la producción de un genotipo es imposible y el fin de un individuo significa la muerte de su genotipo. Existe entonces un flujo permanente de nuevos genotipos producidos por la fecundación, flujo equilibrado por su muerte.

De este modo, una brecha separa la sexualidad de la reproducción. Esta última es fuente de continuidad genética; el universo de los posibles está limitado por la rareza y la lentitud de la innovación. En cambio, en la sexualidad se acelera el ritmo de la evolución. Si la naturaleza hubiera contado solamente con las mutaciones para garantizar la variación y diversificación de lo viviente, estaríamos aún en el principio de la historia de la vida y no estaríamos aquí para disertar sobre sexo.

Existe un predominio de las especies sexuadas sobre las especies asexuadas. La naturaleza prefiere el sexo para la procreación de los seres vivos. De los millones de especies vivas conocidas, casi el 95% son sexuadas; las demás especies, llamadas partenogenéticas, se reproducen a partir de huevos no fecundados y sólo tienen hembras.

¿Por qué este predominio? No parece que la reproducción asexuada sea un vestigio de los tiempos pasados; por el contrario: los linajes partenogenéticos poseen reliquias de sexualidad, órganos que se han vuelto inútiles, simulaciones de aparcamiento...

Se admite que el destino de las especies está gobernado por las mutaciones y la selección natural. Al parecer, una sobrevivencia es el fruto de algunas ventajas en relación con los linajes que se apagan. La principal ventaja de los linajes asexuados parece energética: el costo de producción de los descendientes es menor; hay una autonomía en su reproducción y en la fecundación, opuestas a la maquinaria compleja de la seducción-copulación necesarias para la procreación de las especies sexuadas y que son unos verdaderos derroches de energía. Los linajes asexuados se benefician además de una ventaja aritmética: la posibilidad de proliferar más rápidamente que las especies sexuadas. En cambio, la primera ventaja de la sexualidad es la gran variabilidad genética de una especie, que lleva a la mezcla de genes de individuos diferentes durante la fecundación y las recombinaciones que siguen.

El punto fuerte del sexo es entonces la rapidez de evolución de los seres. La diversidad genética permite una mejor adaptación al clima y a la confrontación con otras especies. Pero esta mejor adaptabilidad es una ventaja *a posteriori: la evolución no prevé.*

Al observar las raras especies en las cuales coexisten sexo y partogénesis (algunos insectos), vemos que los linajes asexuales no proliferan, no soportan el invierno, mientras que los linajes sexuales sobreviven. En algunas plantas, los linajes sexuales dominan gracias a la discriminación de sus semillas más frágiles; los linajes partogenéticos tienen una duración promedio de vida relativamente breve.

Primera conclusión: casi todas las especies sexuadas son suceptibles de abandonar su sexualidad. ¿Qué pasaría con el hombre si tal evento se produjera? ¿Qué pasaría con las relaciones sociales engendradas por el sexo? ¿Exterminaríamos a estos nuevos seres para que la sexualidad humana no desapareciera? La existencia y el mantenimiento del sexo son fortuitos.

¿Cuándo apareció el sexo en la historia de lo vivo? El sexo es una carácter ancestral de la vida. El origen del sexo se confunde con el origen de la vida. Las especies de reproducción asexuada son especies que han perdido el uso del sexo; no son especies que jamás lo hayan tenido. Imaginemos nuestro planeta cuando era joven. Los microorganismos, bacterias y otros microbios tienen la misma edad evolutiva que nosotros. Son simples (a menudo es una sola célula) y sin órganos. Su éxito evolutivo nos demuestra que sería falso considerarlos como primitivos.

El sexo es el encuentro de dos informaciones genéticas diferentes que se asocian para formar una nueva entidad. ¿Qué medios hay que tener para poner estas informaciones en presencia una de la otra? Primero, es necesario tener su propia información genética: esto es fácil; segundo, hay que ser capaz de encontrar otra información genética, lo que resulta un poco más difícil; tercero: se debe tener una manera de mezclarlas. El problema mayor, entonces, es *el otro*. ¿Dónde encontrarlo? Existen tres métodos: cazarlo, tomar lo que se encuentre o establecer intercambios con aquellos que tienen el mismo problema que uno.

Todos los niveles de refinamiento son posibles cuando se trata de ir a buscar la información adecuada con la cual vamos a crear algo nuevo. Entre las bacterias, hay un instrumento particular, el *pilus*, que permite transferir una información genética; cuando esta información no está integrada, se da el parasitismo, es decir, la infección. Además, se puede generalizar esta simpática constatación: cuando hablamos de sexo, jamás estamos lejos de la infección. Herencia e infección no están lejos una de otra y el sexo puede muy bien parecerse al parasitismo. Cuando tenemos gripe, unas secuencias de ADN llamadas *virus* colonizan el organismo. La información que llevan les sirve para multiplicarse y estornudar (ése es su *pilus*). Cada vez que un virus se transmite (el virus del SIDA se integra en nuestro genoma), podemos preguntarnos si se trata de sexo o de infección. En la medida en que estas informaciones son capaces de integrarse en un genoma, ¿por qué no considerarlas como parte del genoma? No son útiles para el organismo, son más bien problemáticas. Sin embargo, si debiéramos excluir del patrimonio genético todo lo que no es útil, apenas quedaría una secuencia de cada cinco.

Frente a los cazadores que se lanzan al agua para encontrar compañero, están los oportunistas que esperan simplemente que éste venga hacia ellos. Para las bacterias, hay que tener cuidado porque existen unos agresivos que sólo tienen un programa: introducirse en una célula, multiplicarse en ella, destruirla y recomenzar.

La mayoría de los seres vivos tienen buenas razones para empezar en pequeño, lo que les permite mandar a sus descendientes lejos a diseminar sus genes. A este nivel aparece la novedad: reproducción y diseminación se vuelven asunto de sexo. Si se están preguntando por qué escribo de estas "porquerías" cuando esperaban que les hablara sobre el *Kama Sutra*, déjenme explicarles: los seres vivos actuales tienen todos un origen común; hay una casi universalidad del código genético. Las arqueobacterias son nuestras primas lejanas, pero primas, no abuelas. La duración que les separa del ancestro del mundo vivo es la misma para ellas y para nosotros. La evolución en ellas habría suprimido las estructuras que sobran y que disminuyen su eficiencia.

En muchos animales, hay dos sexos. En la mayoría de las plantas, los individuos son hermafroditas. En algunas especies existe un sistema de autoincompatibilidad que hace que dos individuos, que tienen el mismo genotipo, no puedan reproducirse entre sí (en particular, un individuo no puede entonces reproducirse consigo mismo). En el trébol, los individuos son todos hermafroditas, pero el número de grupos de reproducción de sexos puede ser de varias decenas. Así, cada individuo puede reproducirse con todos los demás salvo aquellos que tienen el mismo genotipo que él. A menudo, la madre se ocupará del descendiente durante los primeros tiempos de su desarrollo. A veces, el macho tiene que contribuir; otras veces los papeles se invierten, como en el caso del caballito de mar: ahí, la hembra pone los huevos en la bolsa incubadora del macho; o en el caso del sapo, que guarda los huevos entre sus patas y los cuida hasta que estén listos. Pero estos casos son célebres justamente porque son raros. En la mayoría de las especies, el macho no contribuye en nada; es más: puede ser el principal depredador. Cioran decía que "el espermatozoide es el bandido en estado puro". A pesar de sus diferencias de escenarios, los machos tienen un origen de parásitos.

Tratemos de imaginar los orígenes de la vida: a los intercambios anárquicos suceden los intercambios organizados con otro escogido; entonces, emerge el sexo bajo su forma moderna y, con él, aparece la especie. Ésta es un conjunto de individuos que intercambian genes de manera organizada, por medio de la sexualidad. Así que el sexo es la búsqueda del otro, el diferente, pero no mucho..., el otro genético, ni demasiado cercano, ni demasiado lejano.

En la Biblia, la aparición del sexo ni siquiera se relaciona con la reproducción. El hombre hubiera podido ser hermafrodita porque, en un principio, era andrógino. Adán fue creado macho y hembra pero, ignorando su estado de creatura, podía imaginarse haber heredado la omnipotencia divina. Para que no se tomara por un absoluto, el hombre debía tener la experiencia de la otredad. "No es bueno que Adán esté solo", dijo Dios. El nacimiento de Eva hizo nacer la dualidad de los sexos e hizo que Adán perdiera su unidad primitiva. Descubrió a la vez su identidad masculina y su imperfección. Uniéndose, el hombre y la mujer son invitados a reencontrar la plenitud originaria. La Biblia parece asignar a la sexualidad una función cumplidora, reveladora de la naturaleza humana. Si Dios se basta a sí mismo, el hombre, en cambio, no puede realizarse plenamente si no es en su relación con el otro.

Ahora, ¿por qué, en el mundo vivo, el envejecimiento y la muerte van junto con la procreación sexual? ¿Acaso la mortandad de las especies sexuadas es necesaria para la evolución?

La muerte sirve para dar lugar a las formas nuevas sin las cuales ninguna selección evolutiva podría efectuarse. Los nuevos tipos sólo podrían difundir sus combinaciones si los antiguos les dejaran el lugar. A menudo, se concibe la evolución como un proceso de perfeccionamiento que trae sin cesar formas más complejas, más evolucionadas, es decir, superiores. Éste era el punto de vista de Teilhard de Chardin, que esperaba casar la evolución con la teología. Era un contrasentido, ya que la vida es el resultado del azar y de la necesidad: el azar de las mutaciones y de las recombinaciones y la necesidad de las leyes naturales. No se puede suponer que la evolución debía necesariamente ocurrir, sin embargo ocurrió. La selección natural parece haber establecido una relación necesaria entre el sexo y la muerte. Debemos suponer dos accidentes: primero, una forma primaria de sexualidad que permite intercambiar material genético entre células no parecidas: aún no es la reproducción sexuada. Estos intercambios permiten a una célula servirse del material genético de otra célula con el fin de reparar su material genético propio. El segundo descubrimiento fue la cooperación entre células. Todo organismo complejo supone una diferenciación de funciones: es la división del trabajo. Extrapolando, esto que vemos a nivel de las células vuelve a ocurrir a nivel de la sociedad; con eso estoy diciendo que la división sexual del trabajo social está en la naturaleza.

A finales del siglo pasado, el biólogo alemán Augusto Weismann formuló la hipótesis de que ninguna modificación del individuo en el curso de su vida sabría influenciar a la generación siguiente. Esto se llamó "el muro de Weismann" y explica por qué ninguna mejoría lograda por el esfuerzo de un individuo sabría ser transmitida genéticamente a su progenie. Weismann tenía razón: esta barrera es infranqueable. ¿Acaso es necesaria? Nunca pasamos el aprendizaje y la experiencia en herencia a través de las generaciones... ¿Por qué? Para mantener la necesidad, la ineluctabilidad de la muerte.

Sabemos que la reproducción sexuada es a la vez costosa y peligrosa; costosa porque se necesitan dos individuos, en lugar de uno, para producir otros; peligrosa, porque con cada mezcla genética se destruye un plan que ha funcionado para remplazarlo por otro, rehén del azar. La reproducción asexuada aparece, a primera vista y de lejos, muy superior: es sentido común basado sobre el principio de que, si una fórmula es buena, no hay razones para traerle modificaciones que la harán más cara y menos fiable.

Sin embargo, no existe un solo organismo multicelular diferenciado que no haya utilizado el método sexual en el curso de su evolución. La selección ha favorecido las relaciones sexuales quizá porque, al mezclar las cartas genéticas, permite ganar la lucha contra los parásitos que prefieren un medio estable.

Tenemos razones para creer que la muerte del individuo es programada. Se trata de un fenómeno de apoptosis o autodestrucción sistemática. ¿Por qué esta capacidad de autodestrucción ha sido seleccionada? Las células cancerosas se han liberado de ella; éstas se reproducen por su cuenta, sin preocuparse por el organismo del cual son parte, ni por la fórmula genética que éste lleva. Se puede entonces suponer que, si el programa genético, cuya pureza está protegida por el muro de Weismann, no tuviera este mecanismo de suicidio, las células podrían degenerar rápidamente como si fueran cuerpos cancerosos; por ello, todo organismo está condenado a la sexualidad y a la muerte. El azar ha permitido, primero, el intercambio genético; luego, la simbiosis de células con una diferenciación funcional; más tarde, la necesidad de protegerse contra la acumulación de errores en la reproducción del ADN favoreció a las otras características, incluyendo la muerte del cuerpo individual.

Ahora, ¿cómo ocurren las cosas? ¿Por medio de la fecundación externa?, ¿o por la inseminación traumática?, ¿o el ritual amoroso? Si hay un campo en el cual la naturaleza fue imaginativa, éste es el sexo; las estrategias son infinitas. En el agua, todo es simple: machos y hembras pueden no encontrarse jamás. Éste es el caso de las medusas, o los erizos. En un periodo preciso del año, los óvulos de las hembras se liberan, emiten una sustancia que atrae a los espermatozoides, uno de ellos fecundará el óvulo y el resultado será un huevo. Este método de fecundación significa un verdadero derroche de células sexuales, y francamente no entiendo de dónde viene el dicho: feliz como un pez en el agua.

En unos gusanos llamados *platynereis*, después de la danza nupcial, el cuerpo de la hembra 'explota', liberando a los óvulos, mientras que el macho puede participar en otras danzas. En otro caso, un pequeño pez de agua dulce llamado buvaria, la hembra no sabe, no quiere o no puede poner sus óvulos si no es en el interior de un mejillón; entonces el macho la invita a seguirlo hacia donde se encuentra un mejillón colonizado por él, para que ponga sus óvulos dentro; luego, él deposita su esperma y el mejillón se cierra, lo que dará a los huevos condiciones de protección óptimas. El tubo que sirve para poner los huevos sólo aparece si la hembra ve el mejillón; si el tubo ha empezado a salir y se retira el mejillón de la vista de la hembra, el tubo se retrae y desaparece. Otro tipo de pez busca a su hembra, le golpetea el abdomen con la boca, le hace poner los óvulos y pasa por encima de ellos para esparcir su esperma.

Fuera del agua, todo se complica y a veces resulta peligroso. La mayoría de los machos de las especies de animales terrestres tienen un órgano: el pene, que permite la introducción de los espermatozoides en el cuerpo de la hembra; la fecundación se hará ahí adentro. El pene no es exclusivo de los animales terrestres; algunos animales acuáticos practican también la copulación, como es el caso de las ballenas; entonces, se impone la formación de una pareja y medios de seducción. Ahí, los animales nos dejan perplejos.

Les pongo de ejemplo algunas "gracias": los cabritos se aparean en julio, la gestación dura cinco meses, así que los nacimientos deberían ocurrir en invierno; pero esto significaría la muerte para las crías. ¿Cómo resolver el asunto? El huevo fecundado sólo se implantará en la mucosa uterina varios meses después del apareamiento, lo que atrasará el parto. Los lobos son generalmente castos; en el grupo, sólo una pareja legítima se reproduce. Por su comportamiento (cabeza y cola erguidas) y, a veces, por actitudes amenazantes, inhiben o impiden toda actividad sexual en los demás lobos. El macho y la hembra del pingüino emperador cantan a dúo; este canto será la memoria de la pareja, que les permitirá reencontrarse en una colonia de varios miles de individuos, de un año al otro. El grillo campestre se dedica a las justas sonoras. El macho empieza por lanzar un canto de combate para atraer a otro macho, éste viene y lo golpea y el vencedor se vuelve propietario del territorio; es hasta entonces cuando emite su canto de seducción para la hembra. Sería más simple empezar por ahí, pero ¡no! En muchas especies, la hembra no está de acuerdo y el apareamiento es muy violento; esta falta de cortesía se encuentra entre los orangutanes, las focas, algunos artrópodos. El ejemplo más traumático de una fecundación violenta es el de la pulga; ahí, el macho tiene un poderoso pene, pero, en lugar de introducirlo en la vagina de la hembra, literalmente le inyecta sus espermatozoides en todo el cuerpo. Entre los reptiles, el apareamiento puede efectuarse sin pene, con uno solo, o con dos. Para las tortugas, se requieren posturas equilibristas. Según las especies de serpientes, la cópula puede durar de diez minutos a más de 24 horas. En muchas especies de lagartijas, las hembras se reproducen entre sí. Hay animales terrestres que no poseen un pene: sus espermatozoides se encuentran en una bolsa llamada espermatóforo; el macho instala su bolsa sobre el soporte de una rama, por ejemplo y luego, a la aventura...

El caracol es un animal hermafrodita, a la vez macho y hembra, pero no se autofecunda. La naturaleza rara vez promueve la autofecundación de los organismos hermafroditas vegetales o animales. Los caracoles se aparean de manera cruzada. Eso de ser a la vez macho y hembra es bastante común y para aparearse de manera cruzada se necesita de una imaginación casi humana: no es raro que, en la estación de los amores, se encuentren una docena de esos bichos nadando uno tras otro. De hecho, se están apareando y funcionan como machos con los individuos de adelante y como hembras con los de atrás. La *crepídula fornicata*, de nombre predestinado, es un molusco hermafrodita que presenta la particularidad de cambiar de sexo con la edad: de joven, es macho y se vuelve hembra al envejecer, con un periodo de su vida en el cual no es ni una cosa ni otra. Entre los pájaros, reptiles o peces, son las hembras las que poseen dos cromosomas sexuales diferentes Z y W, mientras que los machos tienen dos cromosomas sexuales idénticos Z y Z. Para estas especies, el esquema de la determinación genética de los sexos es inverso al de la especie humana. En el hombre, es la ausencia o presencia del cromosoma macho la que determina el sexo del individuo; en los pájaros, reptiles y peces, es la ausencia o presencia del cromosoma hembra la que es determinante.

En el siglo XIX, algunos pensaban que un óvulo maduro daba un macho y uno poco maduro daba una hembra; para otros, nacía una niña cuando el padre es más fuerte y apasionado y un niño si esas cualidades eran de la madre. En el humano, la determinación sexual es de origen genético. Entre algunos animales hay otros mecanismos, como la temperatura de incubación de los huevos que modifica la acción de unas enzimas como las aromatasas. Los huevos de caimán incubados debajo de los 32 grados darán hembras y por encima de los 36 darán machos. Para algunas tortugas, es al revés y el frío favorece a los machos. Para un gusano marino del mediterráneo llamado *bonellia,* si los huevos encuentran la trompa de una hembra adulta que los fecunde, darán machos; si caen sobre el fondo rocoso, darán hembras. Para el gusano *caenor habditis elegans*, la determinación sexual es cromosómica; para otro gusano, parásito de las raíces de plantas, es la densidad de la población la que influye en la opción sexual.

Las especies que utilizan la partenogénesis parecen multiplicarse mucho más rápido que las formas bisexuadas, pero, si hay un cambio brutal en el medio, o aparecen enfermedades, son incapaces de adaptarse.

Cuando los machos tienen un órgano copulador, el pene, se impone el apareamiento y es generalmente el macho el que busca seducir a la hembra. Para eso, inventaron todo: combates, regalitos... Los machos de unos mosquitos carnívoros secretan una seda para fabricar envolturas de regalo (capullos), donde encierran a un "bicho"; el macho ofrece el regalo, la hembra abre la bolita de seda y se mete por debajo del seductor. Hay machos pocos delicados que ofrecen el "bicho" sin envolverlo; otros que ofrecen el paquete vacío... Pero estas especies se perpetúan sin embargo, porque las hembras son permisivas. Los pájaros ofrecen peces, guijarros, flores, objetos brillantes, etcétera.

¿Y QUÉ HACEN NUESTROS PRIMOS? La sexualidad entre los primates se expresa en el seno de estructuras sociales e impone límites. Los gibones (de América del Sur) han adoptado la monogamia; entre los orangutanes, los machos adultos solitarios se encuentran brevemente con las hembras para aparearse; otras especies practican la poligamia y son promiscuas. Los babuinos hamadrías machos viven en harem; los macacos machos y hembras se aparean con varios compañeros. Los bonobos utilizan la postura del misionero (cara a cara); de hecho, los machos adultos se aparean *a lo bestia* en el 90% de los casos: son los machos inmaduros los que prefieren hacerlo "cara a cara". Esta postura sería una variante sexual de comportamientos derivados de los contactos cara a cara del niño con la madre.

Los grupos sociales de los primates mantienen su cohesión durante muchos años, mientras que la sexualidad puede expresarse esencialmente durante la estación de los amores, que no excede los tres meses. Machos y hembras tejen relaciones privilegiadas fuera de esta estación, sin que exista necesariamente la cópula. Entre los primates, las hembras constituyen el núcleo permanente. Hacia la pubertad, los machos dejan el grupo; en la periferia, existen grupos compuestos únicamente por machos. El proceso de formación de un harem es largo. Los jóvenes machos de la periferia tratan de establecer relaciones privilegiadas con las hembritas muy jóvenes; éstas, contrariamente a las hembras adultas controladas por el macho dominante, van y vienen libremente. Esta libertad permite a los jóvenes machos poseerlas. Desde el primer año de edad, las jóvenes hembras aprenden a seguir al futuro posesor de un harem. Entre los babuinos hamadrías, los machos escogen a sus futuras hembras muy jóvenes, muchos años antes de que éstas alcancen la madurez sexual. Inicialmente, la hembra no escoge a un compañero sexual, sino a un compañero de juego. Por otro lado, una relación amistosa precoz no inhibe el futuro desarrollo de una relación sexual.

Los chimpancés viven en comunidades en las cuales existen relaciones muy fuertes entre madres e hijos. Ahí los machos tienen tres tipos de relaciones sexuales: las oportunistas, las de frecuentación y las posesivas. En una relación posesiva, un macho impide a los otros machos aparearse con la hembra que él escogió, lo que induce a una fuerte competencia macho-macho; pero, en el 73% de los casos, los apareamientos pertenecen a la categoría oportunista. Entre los orangutanes, las hembras escogen a su compañero y utilizan relaciones de frecuentación. La vida de los machos subadultos es más social que la de los machos adultos. Podemos resumir así la vida social y sexual de los machos orangutanes: los adultos frecuentan y combaten, los subadultos cuidan, observan y violan.

Unos pequeños monos de América del Sur llamados "tamarinos" practican la monogamia. Los hijos pueden quedarse con sus padres más allá de la madurez sexual y formar una familia amplia, en la cual las niñas ayudan a la madre en el cuidado de los chicos; pero esta tolerancia social entre madre e hija se acompaña de una inhibición de la sexualidad en las niñas. Esta inhibición es reversible si se las pone en presencia de un macho extranjero, fuera de la presencia de la madre; entonces, sus funciones reproductivas se restablecen.

Cualquiera que sea la especie y el sistema de apareamiento, machos y hembras muestran preferencias en la opción del compañero sexual. La naturaleza de esta opción es oscura: las hembras prefieren a los machos que se muestran más atentos hacia ellas, que las espulgan, que aceptan compartir su comida. Sexualidad y agresión no constituyen el fundamento de las sociedades de primates. Su organización se funda esencialmente en relaciones de atracción mutua y de familiaridad.

Ahora bien, en los grupos de primates, generalmente se evitan los apareamientos entre compañeros que estén emparentados. Entre las especies monogámicas, como los gibones, la expulsión de los adolescentes de ambos sexos conduce a evitar las formas más comunes de incesto; en las especies que viven en harem, se expulsa regularmente a los machos reproductores. Entre los gorilas, las hembras adolescentes emigran y esto lleva generalmente a evitar el incesto. En los grupos multimachos-multihembras, la emigración de los machos púberes y la preferencia de las hembras por aparearse con machos extranjeros, son mecanismos que favorecen la exogamia y evitan el incesto. Los comportamientos de los primates no-humanos muestran que los apareamientos no sólo tienen una función reproductiva, aunque la mayoría de los apareamientos se concentran en el periodo de receptividad máximo de la hembra. En la estación de apareo, el peso de los machos crece en un 25%, y los testículos doblan su volumen. Entre muchas especies, los machos adultos, especialmente los de rango elevado en la jerarquía social, sólo copulan en el momento de celo y los demás adultos y subadultos lo hacen únicamente en los periodos de menor receptividad.

Para los monos, ser físicamente macho o hembra es de origen genético pero, como sucede para los humanos, comportarse sexualmente como macho o hembra depende no sólo de esta influencia genética fijada en las hormonas sexuales, sino también de aprendizajes realizados en el curso de un lento desarrollo (cuatro años para las hembras macacos y babuinos; y de seis a siete años para los machos). Los comportamientos sociales que manifiestan los primates machos y hembras sólo difieren por su frecuencia. Por ejemplo: se espulgan mucho más frecuentemente entre hembras que entre machos. Las montas son una especialidad masculina, mas no su exclusividad. Durante su desarrollo, los jóvenes machos prefieren los juegos de lucha, mientras que las hembras prefieren los juegos de huir y perseguir. Los jóvenes machos prefieren interactuar con otros machos, en tanto que las jóvenes hembras buscan la proximidad de hembras adultas. Se dan diferencias también en lo que concierne al desarrollo de la sexualidad.

Cuando se feminiza —*in utero*— a unos macacos *resus* machos con acetato de cyproterona, de jóvenes juegan menos y se muestran menos agresivos que otros macacos machos; sin embargo, realizan igual número de montas sobre sus compañeros de juego. Por el otro lado, unas jóvenes hembras macacos *resus* tratadas —*in utero*— con testosterona, manifiestan montas y juegos característicos de machos normales.

El comportamiento sexual de los primates sólo puede desarrollarse en un contexto social. Cuando se aísla socialmente a unos jóvenes macacos *resus* de tres meses, separándolos de la madre, y se les coloca en una jaula individual, y luego se les pone en contacto con otros durante 30 minutos por día, sus comportamientos de monta son cualitativamente diferentes a los normales. Cuando unos jóvenes *resus* son criados sólo con jóvenes del mismo sexo, aparece una complementariedad sexual: las hembras efectúan más montas que las hembras criadas con machos, y los machos efectúan más presentaciones[1] (entregas) que los machos criados con hembras. Así que tenemos dos comportamientos bajo la misma dependencia hormonal, pero en medios sociales diferentes, por lo que podemos concluir que existe una influencia conjunta del medio hormonal y del medio social. Ambos permitirán el desarrollo de un comportamiento sexual adaptado a la función de reproducción y un comportamiento social adaptado a los diferentes papeles que los adultos desempeñan en el seno del grupo: protección en los machos, cuidado de los jóvenes y mantenimiento de la cohesión social en las hembras.

¿ACASO EXISTE EL AMOR A PRIMERA VISTA? Yo no quiero reducir el amor a las combinaciones químicas; sin embargo, la neurobiología nos trae una luz inédita. Algunos rasgos físicos son reconocidos por el cerebro como sexuales, como por ejemplo la dilatación de las pupilas. La experiencia en los laboratorios muestra que, entre dos rostros idénticos, los hombres prefieren aquel cuyas pupilas han sido dilatadas artificialmente. La sonrisa constituye un signo universal de amistad entre los pueblos, pero su origen podría ser la evolución de una mímica de sumisión parecida a la que encontramos en algunos primates. Entre los orangutanes y los capuchinos, en el momento del celo (*oestrus*), la hembra se vuelve extre-

---

[1] La presentación es la postura cuadrúpeda inmóvil con el trasero presentado hacia el otro.

madamente sensible a los estímulos acústicos y produce una mímica facial singular: levanta las cejas al tiempo que se retrae la piel de su cabeza y de la comisura de sus labios; mientras emite una vocalización particular, se acerca al macho dominante del grupo y lo sigue a distancia, lo toca, lo empuja y le muerde la cola; el macho no muestra interés e incluso es ligeramente intolerante hacia ella; después del celo, el comportamiento de la hembra cambia abruptamente.

Ciertos bailes copian de manera clara el acto amoroso en sí, integrándolo en un contexto social. La actividad eléctrica sexual presenta algunas similitudes con una epilepsia parcial (guardando las proporciones). Es por ello que al coito se le llama "la pequeña muerte".

No hay que confundir "placer" y "orgasmo", este momento que transforma a una ama de casa común y corriente en la igual de Santa Teresa de Ávila. El placer tiene un sabor a "volvemos". El orgasmo actúa más bien como un detergente, encargado de anular el deseo y haciendo que toda secuencia del coito en lo inmediato se vuelva no sólo difícil, sino dolorosa. Existe algo parecido a un periodo refractario. El coito en el hombre libera un promedio de cuatro mililitros de esperma; cada mililitro contiene entre 25 y 150 millones de espermatozoides.

Las hembras han sido consideradas a menudo como pasivas en los apareamientos, pero la realidad es radicalmente distinta; no sólo son receptivas: escogen e invitan. Entre los orangutanes, la proceptividad es asunto de hembras subadultas, pero los machos adultos prefieren a las hembras adultas. La proceptividad se opone a la simple receptividad, donde la hembra sólo se limita a aceptar las invitaciones del macho.

Desde la antigüedad hasta principios del siglo xx, han habido dos modelos que establecen la diferencia de los sexos en la sociedad occidental. El primero fue el más prominente hasta el siglo xviii; entonces, sólo existía un sexo: el masculino; el femenino era su revés, su estado inacabado. El segundo modelo reconoce la existencia de dos sexos radicalmente opuestos, más diferentes que desiguales, cada uno con sus características. Ambos modelos han coexistido.

Un mismo conjunto de conocimientos puede dar lugar a interpretaciones contradictorias de la diferencia de los sexos. Los textos médicos del siglo XIX, que hoy parecen anacrónicos, están llenos de esta ideología sexista. Desde el nacimiento, se instalan los niños en la positividad y las niñas en la negatividad; les falta algo: el pene que decide el sexo del niño.

Las primeras representaciones de esqueletos femeninos datan de mediados del siglo XVIII; desde entonces, la diferencia de sexos dejó de limitarse a los órganos genitales y se extendió a todo el cuerpo. Pero, en una misma población, dos terceras partes poseen un esqueleto cuyas características corresponden a su sexo genital, mientras que el resto tiene esqueletos intermedios o contradictorios. A la vez, si comparamos los grupos humanos, vemos que existen diferencias; por ejemplo: la pelvis de los esquimales es femenina en comparación con la de los europeos y la de las mujeres mediterráneas es mucho más ancha que la de las americanas. En todo caso, el promedio de diferencia de ancho entre hombres y mujeres en el caso de la pelvis es de apenas diez milímetros.

MÁS TARDE, a principios del siglo XX, se descubrieron las hormonas sexuales y se abrió el campo a la endocrinología. Entonces se pensó que las cosas eran claras: hay dos hormonas sexuales —una masculina y otra femenina— producidas por órganos específicos —testículo y ovario— que desempeñan un papel también específico en la diferenciación sexual. Y, de pronto, a partir de los años sesenta, intervienen los bioquímicos para decirnos que ovarios y testículos producen ambas hormonas y que las glándulas suprarrenales también las fabrican. Además, estrógenos y andrógenos son químicamente vecinos y derivan de un mismo metabolismo: es su tasa relativa en el organismo la que transforma los caracteres sexuales; de modo que los sexos se definirían por la "cantidad", y no por la "calidad" de las hormonas.

Para el psicoanálisis, el sexo está en todas partes. Algunos malos psicólogos llegan a reducir, de manera abusiva, lo humano a lo sexual; otros piensan que la sexualidad es un resto más o menos domado de animalidad y que lo propio del hombre es trascender esta bestialidad natural. De hecho, la sexualidad tiene un papel estructurador, organizador de lo humano, incluso en sus registros intelectuales y espirituales. La sexualidad animal y la humana tienen casi la misma biología. Bueno, los humanos no se aparean en la calle no sólo porque es más cómodo hacerlo en una cama, sino porque son seres de lenguaje y de sociedad. La sexualidad depende de prohibiciones y prescripciones; este marco constituye la base de la condición humana, de este conjunto nacen y se desarrollan las potencialidades de la imaginación, del sentimiento y del pensamiento.

Freud fue el primero en subrayar lo que todo el mundo sabe pero no dice, y es que los desórdenes neuróticos se acompañan sistemáticamente de desórdenes de la sexualidad. Esta conjunción de neurosis y sexualidad es flagrante en los histéricos. La crisis histérica se parece mucho a una explosión orgásmica. Lo que muchos se preguntan tratándose de psicoanálisis y de sexo es: ¿por qué mover este miserable pequeño montículo de secretos del pasado?, ¿por qué insistir sobre lo que hay de más animal en la naturaleza humana y devaluar los valores que la cultura edifica precisamente para sobrepasar esta animalidad? La respuesta es: porque el pasado induce el presente; las pulsiones traducen los lenguajes del cuerpo: pulsión de autoconservación, pulsión sexual, pulsión de vida, pulsión de muerte. Sin embargo, las fronteras entre lo normal y lo patológico no son evidentes. Es la sociedad la que decide a partir de qué momento tal comportamiento es sólo un poco original o es patológico.

Tampoco existe un límite claro entre los pensamientos diurnos y los sueños, Shakespeare lo dijo muy bien. El funcionamiento de los individuos está centrado fundamentalmente en el conflicto entre deseos y prohibiciones, ya sean sociales, culturales o familiares. Los deseos no son sólo románticos; se originan en el cuerpo y este cuerpo es sexuado. La célula social básica se compone de tres personas: dos tienen el mismo sexo y el tercero no; dos son de la misma generación, el tercero no; uno de los tres tiene un contacto obligado con los otros dos (la madre con el padre y la madre con el hijo), mientras que los otros dos no necesariamente tendrán algún contacto. La diferencia de los sexos y de las generaciones es el pozo de las oposiciones que genera nuestro pensamiento. Así que, si el psicoanálisis ve al sexo en todas partes, es porque ahí está. Ahora bien, hay que distinguir entre lo que se refiere a lo prohibido colectivo, cultural, necesario y fundador de lo social, y lo que se refiere al sufrimiento individual.

QUEDA DAR UN PEQUEÑO PASEO por la sexualidad antropológica. Entre los indios Crow de América del Norte, encontramos a los *berdaches*, hombres-mujeres trasvestistas que adoptan tareas y actitudes femeninas, se casan y tienen relaciones sexuales con personas del mismo sexo, pero de género diferente; su homosexualidad respeta la lógica heterosexual de la sociedad. En Albania, cuando una *vendetta* suprimía a todos los hombres de una familia, una muchacha renunciaba a su sexo para asumir el papel de jefe de familia, como si fuera hombre. Entre los esquimales, el sexo-género no es evidente, ni único, ni definitivo, porque en cada niño viven una o varias de las personas que le dieron su nombre. En la pubertad, éste se define y tomará las actividades y comportamientos de su sexo biológico con el fin de casarse y procrear. Entre los azandes del sur de Sudán, existían unos guerreros solteros que tomaban por esposa a un jovencito, pagándole a sus padres su precio; este chico hacía las tareas agrícolas, domésticas y sexuales de una mujer, mientras llegaba el tiempo de que el marido hiciera un casamiento heterosexual o de que el chico tomara a su vez a un muchacho por esposa; sin embargo, las relaciones sexuales entre mujeres eran reprobadas. El uso de muchachos por esposas y el control simultáneo de la homosexualidad femenina muestran que la homosexualidad masculina reproduce la dominación de los hombres sobre las mujeres y que la inversión del sexo no es necesariamente una subversión. En el norte de la India existen unos eunucos trasvestidos en mujeres, que hablan de sí mismos como mujeres; se les busca y se les teme; se identifican con el dios Shiva, que se habría autocastrado. La mitología india está llena de dioses y humanos intersexuados, andróginos, que cambian de sexo, etcétera.

Existen matrimonios de mujeres en unas 30 sociedades africanas, pero éstos no implican relaciones homosexuales, sino que se trata de roles sociales. En conclusión: existe el sexo biológico a la vez que una verdadera construcción social de la diferencia entre los sexos. Esta construcción se observa principalmente en dos campos fundamentales: la división socio-sexual del trabajo y la división sexual de la reproducción; el resto: ropa, actitudes, recursos materiales, intelectuales... son consecuencia de las dos primeras. Las fronteras entre los dos sexos son frágiles. Las sociedades occidentales las consideran como un hecho natural y religioso (Dios los crea hombres y mujeres), pero los demás mitos de la creación no son tan tajantes. Para los dogones de Mali, hay andróginos; para los esquimales, hay dos hombres y uno embaraza al otro; para los troqueses, una mujer pare sola a una niña... El problema es la asimetría, la jerarquización que hace prevalecer lo masculino.

La identidad sexual se basa en la conciencia del grupo, más que en lo natural. Lo importante es la elaboración cultural de la diferencia: hay una heterosexualidad. Esta óptica admite la homosexualidad y la bisexualidad masculina bajo ciertas condiciones (como las relaciones maestro-alumno en la Grecia antigua, los rituales de iniciación de los muchachos, etcétera.) Esto no contradice la dominación de los hombres sobre las mujeres, ni el control de sus capacidades reproductivas.

¿Cómo explicar todo esto? La especie humana tiene dos particularidades: la primera es que es relativamente poco fértil en relación con otros mamíferos, así que se debe garantizar la regularidad y frecuencia de las relaciones heterosexuales: éste es el papel del matrimonio. La segunda es que, en la mujer, se disocian la pulsión sexual y los mecanismos de procreación: por ahí pasa, la educación, la coerción, la economía, la división del trabajo; es un medio para crear una mutua dependencia entre los sexos, pero esta mutua dependencia es asimétrica, así que es necesario ir más lejos que una simple repartición "natural" del trabajo: se da una jerarquización que exacerba las diferencias naturales.

En todas sus formas, la sexualidad está subordinada a un orden social. La subordinación de la sexualidad a la sociedad fue la condición misma de la producción de la sociedad humana en lo que la diferencia de otras sociedades de primates. La emergencia de la sociedad humana parece estar ligada a la necesidad de los humanos de sacrificar algo de su sexualidad. Los ancestros lejanos del hombre vivían en bandas multimachos-multihembras parecidas a las de los chimpancés, pero donde ya existían unidades familiares relativamente estables que asociaban ambos sexos en la producción de sus condiciones de existencia y en la crianza de sus hijos. La división general del trabajo creó las bases de esta estabilidad, más allá de las relaciones sexuales. Este universo de cooperación entre sexos parece desconocido entre otras especies de primates. Es del lado de la evolución de la sexualidad humana donde vino el peligro: en un momento desconocido por los paleontólogos, la sexualidad humana se transformó radicalmente, cuando la mujer dejó de depender de los ritmos de las estaciones para su sexualidad. Esta pérdida del celo (*oestrus*) está ligada probablemente al desarrollo del cerebro. La sexualidad humana se emancipó del control de la naturaleza. De ahí surgió una contradicción en la necesidad de cooperación entre los sexos (por la división entre sexualidad-deseo y sexualidad-reproducción) y es de ahí de donde vienen los enfrentamientos y las destrucciones, que amenazan la reproducción de la sociedad. Por esto la humanidad se volvió la única especie de primates que se encargó de administrar social, colectiva e individualmente su sexualidad; primero por la prohibición de las relaciones sexuales entre padres e hijos, entre los hijos mismos, entre familiares. El surgimiento de las relaciones de parentesco y la prohibición del incesto fueron los dos ejes de las relaciones de filiación y alianza: hay que saber de dónde se viene para saber a dónde se va. Así que los humanos no sólo vivimos en sociedad, sino que producimos sociedad para poder seguir viviendo.

Somos los únicos seres en haber inventado el pudor; incluso entre los que viven desnudos, el cuerpo es adornado con marcas y signos, se cuidan las formas de sentarse, eso es el pudor del sexo, aun cuando se muestra el sexo.

Quiero decir con eso que el sexo es biología y cultura, y si olvidamos este aporte esencial de la cultura, no entenderemos nada al sexo. Somos esas creaturas que han transformado la alimentación en "alta cocina", con sus vajillas de Limoges, sus Cristofle, su cristalería de Bohemia; y que transformaron al apareamiento en amor con sus poemas, sus flores, sus dramas, su erotismo... Prohibimos y escogemos, y eso es cultura; la base sigue siendo la necesidad pero, desde ella ¡cuánto camino ha sido hecho!

[illegible] [illegible] [illegible] [illegible] [illegible]
[illegible] [illegible] [illegible] [illegible] [illegible]
[illegible] [illegible] [illegible] [illegible] [illegible]
[illegible] [illegible]

[illegible] [illegible] [illegible] [illegible] [illegible]
[illegible] [illegible] [illegible] [illegible] [illegible]
[illegible] [illegible] [illegible] [illegible] [illegible]
[illegible] [illegible] [illegible] [illegible] [illegible]
[illegible] [illegible] [illegible] [illegible] [illegible]
[illegible] [illegible] [illegible] [illegible] [illegible]
[illegible] [illegible] [illegible] [illegible] [illegible]
[illegible] [illegible] [illegible] [illegible]

Son sólo 1500 gramos y cerca de cien mil millones de neuronas, y con eso pensamos, recordamos, soñamos... etcétera. ¿Cómo? No sabemos mucho aún, pero algo sabemos. En relación con el cerebro estamos en el nivel de la ciencia y de la medicina del cuerpo por ahí del siglo II d.C. No es mucho; tenemos más hipótesis y suposiciones que seguridades. Les menciono esto porque lo que viene a continuación tiene que ser "tomado con pinzas", es decir, por su parte, con distancia, y de mi parte, con modestia. Sabemos poco y es este poco, el último pedazo de poco descubierto por la ciencia, lo que les voy a entregar.

¿Cómo razonamos?

Razonar pone en juego dos procesos interdependientes: la adquisición de los conocimientos humanos y la manera de usarlos en las situaciones comunes.

El primer nivel de utilización de los conocimientos es la "automatización".
Cuando los conocimientos han sido automatizados, como en el caso de manejar, no tenemos que prestar atención a la situación en que se aplican y podemos seguir escuchando música o hablando del sarampión de la niña. Ni siquiera tenemos que controlar la ejecución de nuestros actos. Encontramos esta automatización de los conocimientos en numerosas actividades humanas: a partir del momento en que los gestos y las percepciones propias a una actividad se han vuelto familiares, podemos liberarnos de nuestra atención hacia ellas. Lo mismo para la conducta automóvil que para la lectura —es decir, para hacer corresponder palabras del

lenguaje a signos escritos—, se necesita un aprendizaje difícil pero, una vez realizado, este aprendizaje se automatiza. Un lector no puede impedirse leer una palabra, ni acceder casi simultáneamente a su sentido.

Esta capacidad de automatizar conocimientos complejos es preciosa, permite a la atención liberarse y hacer otra cosa. Otro ejemplo: si tuvieramos que deletrear, no podríamos realizar un juicio sobre el contenido de lo leído, cosa que hacemos automáticamente cuando leemos un texto en una lengua conocida. Los especialistas en un campo dado reflexionan muy poco; rápidamente, activan los conocimientos pertinentes para resolver el problema planteado. Cuando se les pide justificar su dicho, responden espontáneamente: "lo sé"; habrá que insistirles para que proporcionen algo que se parezca a un razonamiento. Se trata de una justificación *a posteriori* de una respuesta producida por simple activación de unos conocimientos bien estructurados.

EL SEGUNDO NIVEL ES LA "CONDUCTA DE LA VUELTA".
Se trata de la aplicación de un conocimiento general a una situación particular. Esto se llama "instanciar", poner en instancia un esquema de conocimiento. Dicho esquema tiene tres componentes: un campo, un procedimiento y una anticipación. El proceso lleva a un conocimiento. Así es como se llega a adaptarse a situaciones diferentes que presentan un cierto número de características comunes, a la vez que tienen variables. Estas variables deben ser "instanciadas" para permitir la ejecución del procedimiento en una situación determinada. Instanciar no es razonar: basta con hacer corresponder elementos precisos de la situación a las variables que involucra el procedimiento. Ejemplo: encuentro cerrada la calle a donde voy; sigo manejando hasta la siguiente, doy la vuelta y llego a donde quería llegar. El procedimiento consiste en alejarse temporalmente del objetivo inaccesible de manera directa, para alcanzarlo luego gracias a conductas intermediarias. Cada una de estas conductas tiene su propósito propio y, sin embargo, éste se encuentra subordinado al propósito principal. En relación con la evolución,

se considera a la conducta de la vuelta como la primera manifestación de inteligencia.

EL TERCER NIVEL ES LA "ANALOGÍA".
No hay una solución inmediatamente disponible y no se puede recurrir a la conducta de la vuelta. Recordando una situación parecida, vivida algún tiempo antes, el hombre trata de reproducir el mismo tipo de solución. Esto es un razonamiento por analogía. La analogía consiste en resolver un problema nuevo tratando de aplicarle la solución de un problema ya resuelto (el problema-fuente) y que se le parece. Contrariamente a la activación de un esquema, los campos que caracterizan los dos problemas no son los mismos; se trata de utilizar el procedimiento de un problema-fuente para elaborar el procedimiento del problema-objetivo, con los riesgos de error que esto significa.

Hay dos fases en el razonamiento analógico: la primera es la fase de evocación, que activa en la memoria el problema fuente; la segunda es la correspondencia entre los elementos de un problema-objetivo y los de un problema-fuente. El tratamiento analógico tiene un papel considerable en la solución de nuevos problemas y, en general, en la adquisición de los conocimientos. Pero la analogía es difícil de formalizar porque constituye un tipo de razonamiento llamado de conclusión incierta, pues no existen reglas que permitan determinar su validez. Es una fuente importante de construcción de los conocimientos, pero produce también un número considerable de errores de comprensión o falsos conocimientos.

EL CUARTO NIVEL ES LA "CREACIÓN".
El hombre se encuentra ante un problema totalmente nuevo; jamás ha vivido algo similar; no hay ningún esquema de conocimiento: tiene que inventar, deducir, producir un razonamiento llamado "inferencial", según elementos cuya validez es cierta y otros que sólo son probables. Ahí aparece una diferencia entre las formas de razonamiento producidas por cada sujeto y las que están construidas por la lógica formal (práctica y teoría). Mientras más concreta es la situación, la diferencia es menor.

El cerebro funciona de modos diferentes; desde la activación de los conocimientos automatizados hasta la elaboración de un razonamiento, pasando por la activación controlada de un esquema y la transferencia analógica de una solución. La naturaleza del proceso establecido depende de las características de las situaciones enfrentadas y del estado de conocimiento del sistema. Se ha pensado que los conocimientos evolucionaban hacia una abstracción cada vez mayor, en la medida en que se adquirían. Hoy existe otra concepción: los conocimientos se estructuran en función de problemas que permiten resolver, se contextualizan, así que el razonamiento lógico tiene como función esencial permitir esta construcción. A esta propiedad se suma la capacidad de utilizar procedimientos cuya validez lógica no puede ser garantizada (intuiciones, emociones, sentimientos).

¿Cómo recordamos?

Un pequeño detalle llama nuestra atención, y ahí está todo un episodio de nuestra vida que vuelve a nuestra memoria, un recuerdo preciso que pensábamos olvidado; surgen otros detalles, somos capaces de reencontrar emociones. La evocación de los recuerdos es un proceso de reconstrucción progresiva: es el fenómeno de la "magdalena" de Proust.

Generalmente la evocación de la memoria pone en juego mecanismos conscientes de recuerdo: un olor, un objeto, un lugar, unas circunstancias particulares nos "recuerdan algo". Empieza entonces una verdadera búsqueda del recuerdo: sentimos que lo tenemos "en la punta de la lengua".

La primera obra sobre el fenómeno de rememoración fue publicada en 1932 por el inglés Bartlett; ahí concluye que la rememoración jamás es una simple reproducción, sino que implica una verdadera reconstrucción. Recreamos nuestro pasado integrándole percepciones e informaciones del tiempo presente. ¿Cuáles son las etapas necesarias para la evolución de un recuerdo?

Recordar un episodio particular implica que éste haya sido codificado, que haya adquirido una representación a nivel cerebral, una huella mnésica (de la memoria). Un episodio corresponde generalmente a un conjunto complejo de informaciones que se suceden en un cierto contexto. La huella mnésica no corresponde entonces a una información única, sino que se refiere a un conjunto de informaciones. Hay un carácter multidimensional del recuerdo y una multitud de huellas mnésicas. La información que proviene de cada sentido solicita la región de la corteza especializada en ella; y la representación del recuerdo, a nivel cerebral, correspondería a un complejo rompecabezas ampliamente distribuido.

La circulación de la actividad en las redes permite una notación que favorece la reproducción ulterior del rompecabezas; la representación ulterior lleva a la reactivación de una parte de la red; ésta podría, a su vez, reactivar el conjunto del modelo. Los procesos de búsqueda van a llevar a la recuperación de una información inicial: la percepción del color rojo va a llevar a la reactivación de un recuerdo ligado a una mujer vestida de rojo. En términos de redes neuronales, la percepción del colo rojo llevaría a la reactivación de una parte de la red neuronal inicial (que corresponde al color); gracias a las relaciones de asociación establecidas durante el desarrollo de un episodio, el flujo va a extenderse al conjunto del cerebro, a la representación cerebral del episodio; luego se integrará a las redes activadas por el estado presente del sujeto; de esta integración resultará un recuerdo. El contexto experimental es un poderoso índice del recuerdo, permite compensar el olvido debido al simple efecto del tiempo. Tratándose del olvido debido al tiempo que pasó, el contexto experimental constituye el índice del recuerdo más eficiente.

A nivel cerebral, una multitud de huellas mnésicas representan, cada una, las informaciones tomadas en cuenta durante el aprendizaje inicial. Los recuerdos mnésicos tienen a menudo, como punto de partida, respuestas emocionales. Cuando un sujeto se encuentra en un contexto en el cual se desarrolló un episodio particular, puede manifestarse una respuesta emocional primaria, antes de cualquier recuerdo explícito (consciente) de la situación. Esto se traduce en un sentimiento de "ya lo he visto antes"; la atención aumenta y los procesos cerebrales implicados en la evocación amnésica se ponen en marcha, se liberan hormonas y neurotransmisores que acompañan la respuesta emocional inicial y se facilitan los procesos cerebrales necesarios para el recuerdo. Éste es el caso de la noradrenalina, que es un neurotransmisor cuya liberación está ligada a las respuestas emocionales.

La existencia de varios sistemas de memoria que ponen en juego circuitos diferentes del cerebro, permite disociar dos tipos de recuerdo: uno que corresponde a una evocación consciente de un recuerdo particular que puede ser relatado y descrito; el otro, implícito, que puede llevar al recuerdo de una información sin que esto sea acompañado necesariamente por una evocación explícita del episodio ligado a la adquisición de esta información.

En algunas amnesias asociadas con la enfermedad de Alzheimer, los sujetos no llegan a recordar episodios que ocurrieron a principios de su enfermedad; estas demencias seniles están acompañadas por una pérdida masiva de neuronas en el hipocampo y en las estructuras que están anatómicamente conectadas a él. Sin embargo, estos sujetos pueden hacer las cosas de manera casi normal en una prueba de reconocimiento verbal, si no se les cuestiona directamente sobre algo: basta con proponerles una ayuda bajo la forma de un bosquejo de respuesta. No hay necesariamente recuerdo de un episodio de aprendizaje inicial. Este fenómeno del bosquejo —llamado *priming*— se manifiesta también en el sujeto sano. Los recuerdos-bosquejos implícitos llenan varias funciones, pueden acompañar y facilitar el recuerdo explícito, pero también intervienen en la vida cotidiana en relación con la información ligada a nuestras experiencias pasadas, sin atravesar la frontera de nuestra conciencia, y permiten alimentar y reforzar de manera inconsciente estas experiencias pasadas en función de nuestras experiencias presentes. Este fenómeno explica por qué no todos los recuerdos son olvidados al mismo ritmo.

Un recuerdo explícito lleva a una activación marcada del hipocampo derecho; un recuerdo implícito se traduce por una disminución de la actividad cerebral a nivel de la corteza posterior derecha. Hay que disociar dos etapas importantes en los procesos de recuerdo. En la primera, la corteza frontal se activa fuertemente cuando el sujeto pone en juego procesos de rememoración, es decir: cuando trata de recordar. La segunda corresponde al éxito de los procesos de recuerdo, "la euforia", que lleva a una activación de las regiones corticales posteriores.

HACE UNOS CIEN AÑOS, Bergson subrayaba que la memoria era "un proceso de integración en relación con la atención y la percepción del presente..." Esta intuición de Bergson resultó cierta: la huella mnésica está distribuida en numerosas estructuras cerebrales; su reactivación, en el momento preciso del recuerdo, implica una involucración de las estructuras cerebrales especializadas en la búsqueda (corteza frontal derecha) o en la "euforia" —el éxito de la búsqueda— (regiones corticales posteriores).

Paralelamente, la experiencia del presente participa en la reconstrucción del pasado. La memoria se crea.

AHORA BIEN, ¿POR QUÉ SE PIERDE LA MEMORIA CON LA EDAD? La pérdida de la memoria sin lugar a dudas está ligada a un déficit de las neuronas en las regiones críticas del cerebro, implicadas en los procesos de la memoria y de la atención, en particular las regiones corticales y el hipocampo. Hay también cambios en los sistemas neuroquímicos, que llevan a un desequilibrio de la actividad en el seno de los diversos neuromoduladores. Los sistemas noradrenérgico y colinérgico se inhiben el uno al otro. Un aumento de la renovación del almacenamiento de noradrenalina hace más grave el déficit colinérgico y el disfuncionamiento de la memoria.

Hasta hoy día, nada prueba que la práctica de ejercicios pueda mejorar la memoria. En cambio, el mantenimiento de actividades intelectuales y físicas a lo largo de la vida es primordial. El alcohol aun consumido moderadamente, la anestesia general, las toxinas del medio ambiente y el estrés están ligados a la baja cognositiva engendrada por la vejez. Por lo tanto, hay que evitarlos lo más que se pueda.

¿Qué sería de nuestras vidas y de nuestras sociedades sin la obligación cotidiana de suspender temporalmente toda actividad?

La necesidad del sueño es evidente, pero ¿cuáles son sus causas y sus funciones? Las neuronas siguen su diálogo a pesar de él. Existen muchas hipótesis, especialmente en lo que concierne al sueño paradójico. En el estado actual de nuestros conocimientos, diferentes leyes rigen el sueño, según lo examinemos desde el ángulo de la actividad neuronal o de los procesos mentales. Eso no significa que vamos a reducir los fenómenos mentales a la actividad neuronal; simplemente cada campo conserva sus leyes. En relación con las producciones mentales, el sueño se ve como una experiencia individual; en relación con la fisiología del sistema nervioso, se ve como experiencia neuronal. Por otro lado, habrá que considerar el papel del sueño a escala de la especie y de la población, como comportamiento social y como programador de los comportamientos.

Freud ha escrito dos obras sobre el tema: *Del sueño* y *La interpretación de los sueños*. Según él, el sueño protege al que duerme de las embestidas del deseo, que podría surgir y perturbarlo. Este "sueño guardián" nos parece hoy una concepción ingenua. Freud ignoraba la distinción entre el sueño profundo, desprovisto de una producción mental específica, y el sueño paradójico, que ocurre episódicamente y durante el cual soñamos. Desde el descubrimiento del sueño paradójico, el soñar ya no puede ser concebido como una actividad mental residual y errática infiltrada, y Freud lo intuía, ya que propuso una interpretación y una función a los sueños. El soñar aparece ya como un fenómeno indisociable de las fases paradójicas, que parecen haber sido concebidas para él, con una inhibición de las motoneuronas que impide la expresión motriz del sueño. En el cerebro, un pequeño grupo de neuronas, situadas en la parte llamada *locus caeruleus*, actúa como freno motor del organismo durante el sueño paradójico y bloquea toda actividad muscular. Sin él, el cuerpo no sería reprimido y manifestaría "concretamente" sus sueños. Para Freud, el soñar constituía un hecho psicológico. En 1953, Aserinski y Kleitman descubrieron el sueño paradójico, llamado REM, y apareció un "antes" y un "después". El sueño paradójico es el nombre que se da a ese tercer estado del cerebro, fundamentalmente diferente del sueño y de la vigilia, en el cual el cuerpo no muestra ninguna actividad muscular mientras que el cerebro está en plena efervescencia. Este fenómeno ocurre cuatro o cinco veces cada noche, por periodos de 20 minutos, entrecortados por periodos de sueño profundo de 80 minutos. Así, totalizamos 100 minutos de sueño por noche. No existe el menor rastro de sueño paradójico en los peces, anfibios y vertebrados inferiores; pero éste se encuentra en todos los animales de sangre caliente y parece haber nacido a partir de la evolución de los pájaros. Así, el pollo sueña durante 25 minutos cada noche, el chimpancé durante 60 minutos y el gato durante 200 minutos. El "sueño paradójico" no tiene que ver con el tamaño del cerebro, sino con el sentimiento de seguridad: el estado de sueño es un momento muy peligroso en el cual el cerebro se cierra al medio exterior, y los animales seguros le consagran un tiempo mayor.

Se distinguen varias fases: las cinco "oficiales" y varias intermedias. En las primeras, tenemos cuatro de sueño lento o profundo y una de sueño paradójico. Las cuatro lentas se distinguen por la amplitud y la frecuencia de las ondas cerebrales. A medida que el sueño se hace más profundo, las ondas cerebrales se vuelven más lentas, más amplias y más sincronizadas, contrariamente al estado de vigilia, en el cual la actividad eléctrica de la corteza cerebral parece desincronizada. Esto significa que, en estado de vigilia, las neuronas de la corteza no funcionan todas al mismo tiempo, mientras que en el transcurso del sueño lento profundo se descargan todas simultáneamente. El sueño paradójico revela una intensa actividad cerebral desincronizada, parecida al estado de vigilia, y se caracteriza por una irregularidad de los ritmos respiratorio y cardiaco, y por el movimiento rápido de los ojos. Dichos movimientos se producen principalmente durante el sueño paradójico. Mientras más movimiento hay, más rico es el contenido onírico. Más del 80 por ciento de los que ven interrumpido su sueño en la fase paradójica, son capaces de contar ese sueño. Algunos autores dijeron que el sueño paradójico podría ser la manifestación de la volcadura de la dominante cerebral izquierda a favor del hemisferio derecho. De hecho, los dos hemisferios son muy activos.

La concepción freudiana, que ha sido popularizada, parte de una visión médica más que biológica, y trata del individuo, no de la especie o de la población. La confusión sigue en algunos espíritus, para los cuales el soñar sería una particularidad de los animales dotados de palabra, capaces de relatar sus sueños. Sin embargo, a excepción del delfín, nuestros primos mamíferos sueñan, así como los recién nacidos humanos. De modo que la función del sueño no se limita al relato que se le ofrece al analista. Esta concepción psicoanalítica del sueño triunfó en las décadas de 1950 y 1960. Algunos experimentos realizados entonces fueron concebidos e interpretados en función de este prejuicio. Así, la privación del sueño paradójico provoca modificaciones en el comportamiento: agresividad, bulimia, desinhibición sexual, que han sido interpretadas como una elevación de la presión de los instintos. El sueño es una máquina infernal. Si se suprime artificialmente durante un tiempo, acumulará sus necesidades y, en la primera noche sin privación, el cerebro soñará durante 250 minutos en lugar de 100.

Ahí, la concepción de Jung parece diferir un poco de la de Freud. Jung propone hacer surgir el inconsciente en el consciente: el soñar procedería de una dramatización sin movimiento. Se trata de un escenario teatral que conserva su estructura lógica y sigue hasta su conclusión. Según Jung, la función del soñar sería compensatoria, equilibraría lo consciente con su contrario, llegando incluso a cumplir una función de alarma. Esta función compensatoria, que Jung compara con la función inmunitaria, encargada de defender la integridad del individuo, hace cumplir al sueño un papel regulador, de guía, en la edificación de la personalidad.

El aprendizaje y la memoria constituyen otra faceta de las supuestas funciones del sueño. El sueño paradójico, durante el cual el cerebro conoce una intensa actividad metabólica, podría constituir un periodo privilegiado de remodelación sináptica. El sistema nervioso se ajusta a la experiencia y esto depende de la plasticidad sináptica, que consiste en crear nuevas sinapsis, eliminar otras y modular el peso sináptico, es decir, modificar la importancia de tal o cual sinapsis.

Uno de los grandes problemas de la neurobiología de la memoria viene de la transferencia entre acumulación inmediata y acumulación a largo plazo de las informaciones. Esta consolidación de la memoria concierne a una pequeña fracción de la información, pero necesita una codificación en un circuito neuronal. Esta transición entre memoria a corto y largo plazo supone una etapa de plasticidad sináptica: ésta podría ser la función del soñar.

En una situación de aprendizaje, la rata aumenta el número de sus fases paradójicas; en cambio, si se le priva del sueño paradójico se reducen sus facultades de aprendizaje. La situación parece ser casi análoga en el hombre. La duración del sueño paradójico aumenta sensiblemente cuando el sujeto debe memorizar informaciones para restituirlas al día siguiente, y el hecho de alargar las fases paradójicas mejora la retención de las adquisiciones del día anterior.

Sin embargo, se puede interpretar todo esto de manera diferente: nuestros conocimientos son aún muy frágiles. Así, tanto el aprendizaje como la privación del sueño constituyen una situación de estrés para el animal, y el estrés también lleva con él un crecimiento del sueño paradójico. Además, la privación selectiva del sueño paradójico modifica el conjunto de la composición del sueño y altera el sueño lento.

Otra lectura opuesta de estos fenómenos cabe: si el sueño paradójico favorece la memorización de las informaciones, es quizá porque el soñar permite olvidar, evita la saturación de las redes neuronales y autoriza nuevas adquisiciones. Más que un olvido aleatorio, comparable al desgaste de la huella mnésica, el soñar sería el sitio de un proceso activo de "desaprendizaje". Así, evitaría que las redes se llenen con oscilaciones parasitarias. Estos fenómenos parasitarios tomarían el aspecto de informaciones inapropiadas (ilusiones) o repetitivas (obsesiones) o sin objeto (alucinaciones).

Durante el sueño, el electroencefalograma muestra que algunas regiones de la corteza cerebral asociadas a la visión están muy activas. La imagen onírica se produce directamente en el cerebro. Lo mismo ocurre cuando se le pide a alguien imaginar un objeto con los ojos cerrados: la actividad de la corteza visual es entonces intensa. Una alucinación funciona de la misma manera. El sujeto verá entonces imágenes irreales estando totalmente despierto.

El desaprendizaje en el cerebro dormido se efectúa de manera aleatoria; con la activación de la corteza, el destino del contenido onírico tomado al azar es el olvido. Durante las etapas precoces del desarrollo del cerebro, las informaciones que deberían ser conservadas o desaprendidas podrían ser seleccionadas según un programa innato.

Cuando abordamos las funciones del sueño a partir del estudio del funcionamiento del sistema nervioso, en lugar de abordarlas a partir de conceptos sicológicos como las pulsiones, las emociones o la memoria, no cabe duda de que el sueño resulta de la actividad de numerosas neuronas durante las fases paradójicas. El sueño paradójico se acompaña de una actividad eléctrica singular que ocurre de manera intermitente. Es un fenómeno energético. En el principio de la noche, el cuerpo transpira y crea calor por vasodilatación. En 90 minutos, la temperatura baja en 0.8 grados. A menor calor del cerebro, menor gasto de energía. Las primeras fases del sueño le permiten así hacer reservas para lo que sigue: el sueño paradójico, enorme consumidor de oxígeno y de glucosa, mucho más que la vigilia. Así, dormir tendría como función la de preparar el soñar. Entre sus otras funciones estaría la de liberar algunas sustancias, como la hormona del crecimiento en los niños.

Durante las fases paradójicas, el telencéfalo recibiría flujos excitadores o inhibidores que no llevarían muchas informaciones significativas. Las ondas activan de manera errática la corteza durante las fases paradójicas, generando señales no específicas análogas a unas informaciones sensoriales, pero sin cohesión y sin significación. A estas caricaturas caóticas el cerebro les da un sentido según el proceso de síntesis. El telencéfalo toma de las acumulaciones de memoria y genera percepciones. La visión fugitiva del sueño dependería tanto de lo que pasa en la oscuridad del cerebro como del escenario extraído de la sombra. La actividad es entonces aleatoria, pero la síntesis no lo es; esta síntesis se hace según las particularidades de la organización cerebral, la naturaleza de las acumulaciones mnésicas y las preocupaciones del sujeto.

Ahí tenemos una tentativa ambiciosa para representar el origen, el contenido y la forma del sueño, a la vez que una elegante ilustración de las relaciones entre fenómenos neuronales y procesos mentales. Esta mezcla trata de sustituir a las leyes psicodinámicas con otras leyes neurofisiológicas. En cuanto a las funciones exactas de los sueños, que contienen la activación de los programas de mantenimiento y de desarrollo de los circuitos nerviosos, o la conversión de los programas genéticos en programas de comportamiento, aún se sigue atribuyendo a las fases paradójicas un papel en la consolidación de los sueños, o también una función lúdica, creativa, que permite el florecimiento de nuevos conceptos o nuevas soluciones.

DURANTE EL SUEÑO LENTO, los mensajes ya no llegan a la corteza; se interrumpe la transferencia de las señales a nivel del tálamo, que representa la carta de acceso a la corteza. Esta interrupción se hace más marcada cuanto más profundo es el sueño lento. Durante el transcurso de éste, la corteza está desconectada de las señales internas que le llegan normalmente durante la vigilia. En cambio, durante las fases paradójicas, la transferencia de las señales a través del tálamo está en parte respetada. Los mensajes sensoriales también llegan durante estas fases; cuando menos bajo un aspecto fragmentario, filtrado o deforme. Así, la subdivisión del sueño en periodos de sueño lento y fases paradójicas correspondería a la alternancia de un sueño que bloquea las entradas sensoriales y un sueño motor, con bloqueo de salidas motrices. En cada situación, el cerebro conservaría en parte una de las laderas de su relación con el mundo que le rodea. ¿Por qué el cerebro sólo tiene un aislamiento parcial? Es difícil contestar. El cerebro que está soñando no queda desconectado e independiente de su entorno, pero integra los mensajes sensoriales al modo de funcionamiento onírico.

Entonces, situándose a escala de la especie, ¿cómo explicar este comportamiento singular que es el soñar y que imaginamos como una experiencia íntima y aislada del mundo que nos rodea? ¿Acaso es sólo un asunto individual, como tendemos a creerlo, o bien es un asunto genérico, como lo son la mayoría de los comportamientos?

El sueño paradójico es, ante todo, un sueño del feto y del recién nacido. Cuando nace, el niño consagra ocho horas diarias al sueño paradójico y un poco más durante su vida intrauterina. En el mundo animal, la duración del sueño paradójico al nacer es más elevada en las especies donde los bebés nacen inmaduros. En el humano, la duración del sueño paradójico disminuye rápidamente después del tercer mes, para quedar en tan sólo una hora y media en el adulto. El sueño paradójico está ligado, ante todo, al desarrollo del cerebro.

Ya que la parálisis muscular es imperfecta durante su sueño paradójico, el bebé emite mímicas que corresponden a las expresiones faciales cardinales —sonrisa, miedo, asco, sorpresa—, en un momento en el que es aún incapaz de ofrecer una sonrisa a su madre cuando está despierto. Estas expresiones faciales revelan una programación genética destinada a garantizar una comunicación elemental en el seno de la especie. Muchos de los comportamientos animales y humanos revelan una programación genética aunque el individuo conserva la capacidad de modificar y adaptar estos comportamientos en función de su propia experiencia. Una de las grandes cuestiones que surgen de la programación de los comportamientos, es si este conocimiento previo se transfiere a la organización del sistema nervioso. El individuo debe aprender a partir de sus genes. Pero las capacidades de codificación genética son insuficientes para guiar la creación de las sinapsis en su totalidad, como ocurre en los animales que tienen un sistema nervioso rudimentario. La experiencia individual viene, en última instancia, para ajustar el cableado según una trama programada, lo que abre el camino al aprendizaje y al determinismo. El soñar es la condición primordial de esta transferencia de los programas genéticos en la organización del sistema nervioso. Cuando permite aprender a partir del propio patrimonio genético, el soñar se transforma en el guardián de la memoria de la especie.

Esta es la hipótesis de Michel Jouvet, quien considera el patrimonio genético y el repertorio comportamental específico de una especie o de una población y se interroga sobre las variedades genéticas en el seno de una misma especie y las particularidades comportamentales de cada individuo. A escala de la especie, Jouvet piensa que el sueño permite la programación de las conductas instintivas para llegar a una expresión adaptada de los comportamientos programados, que responde a las pulsiones etológicas.

En esta función de programación de las conductas instintivas, el sueño paradójico no se limita al periodo de desarrollo, sino que persiste en el adulto aun cuando, en él, el repertorio de comportamientos innatos ya no tiene razón de extenderse, sino sólo de adaptarse a la experiencia individual. El papel del sueño paradójico se aplica a escala de las variedades individuales, más que a escala de los caracteres comunes de la especie. El soñar permite la adecuación de las estrategias de comportamientos del sujeto a sus propias particularidades genéticas y a su entorno. El soñar sería así, ante todo, el guardián y el guía de la individuación, combinaría el determinismo genético con elementos de la experiencia vivida, para ordenarlo todo en su propio programa genético. La concepción de Jouvet recupera algunos aspectos definidos por Jung, quien veía en la función de soñar un proceso directriz que guía la edificación de la personalidad. Contrariamente a la mayoría de las teorías neurobiológicas del sueño, esta hipótesis no rechaza, ni adopta, los modelos psicodinámicos freudianos.

Horne supone que el sueño paradójico es la simple sobrevivencia del sueño fetal. Éste sería un comportamiento dispendioso y complejo que habría sido conservado a lo largo de la evolución de los mamíferos, es decir que la selección se habría quedado con él. De no ser así, habría desaparecido en muchas especies, o se habría modificado más. Pero sólo el señor delfín —según toda evidencia más desarrollado que nosotros—. ha sabido escapar a lo que parece ser la característica de todos sus primos mamíferos. ¿Cómo lo hizo? No sabemos, pero quizá los fetos de los delfines sueñen en el seno de su madre.

Si no se es un delfín, resulta difícil abstenerse de soñar. Una privación prolongada del sueño en el hombre provoca manifestaciones graves, alucinaciones análogas a las manifestaciones oníricas y comparables a las que provoca la narcolepsia (que es una enfermedad descrita como una propensión excesiva a efectuar sueños paradójicos). Los narcolépticos pueden caer brutalmente en un sueño paradójico durante el día, o presentar, en vigilia, síntomas parecidos al sueño paradójico, como una parálisis·provocada por la risa o las emociones, accesos catalépticos, etcétera. Si se le impide dormir, cualquiera podría tener manifestaciones similares. Si se priva del sueño paradójico por medio de medicamentos, no se tendrán ganas de dormir, ni alucinaciones; sería como si se redujeran las necesidades del sueño paradójico. Estos medicamentos son antidepresivos, por lo que se piensa que su modo de acción consiste justamente en impedir soñar de manera parcial. Por otro lado, la privación no medicinal del sueño paradójico mejora el humor de los sujetos depresivos.

Existen afecciones neurológicas que llevan a desorganizar el sueño y casi suprimir el sueño paradójico, como una enfermedad parecida a la de Creutzfleldt Jacob (la de las "vacas locas"), debida a una mutación genética y que provoca una muerte neuronal. Contrariamente a lo que se cree, el sueño está destinado al olvido. Si se despierta a un soñador en una fase paradójica, podrá contar su sueño, pero si se le despierta sólo unos minutos después del final de esta fase, será incapaz de relatar algo. El recuerdo del sueño es lábil y se borra en unos minutos de sueño lento: por ello, sólo los sueños interrumpidos por un despertar son susceptibles de ser memorizados. Los sueños que dejan huella tienen una fuerte connotación emocional; los sueños de laboratorio (experimentales) son pobres y banales.

EL TRONCO CEREBRAL que se encuentra en la parte trasera del bulbo raquídeo es importantísimo en los mecanismos de vigilancia. Cuando está dañado, se tienen frecuentes pérdidas de conciencia: es lo que ocurre con los boxeadores; y una torsión accidental del tronco cerebral lleva a un coma irreversible. En el tronco cerebral hay dos estructuras: la formación reticulada y, en la parte superior, el *locus caeruleus*. La primera estructura motiva el despertar a la vez que el sueño paradójico, activa el paso de un estado de vigilia relajado a una actividad mental sostenida, también desempeña el papel de filtro para los estímulos del exterior cuando se trata de dormir en lugares poco confortables, ruidosos o con luz; entonces se encarga de ocultar gran parte de las señales habituales del entorno. De hecho, observamos apenas el 1% de los estímulos visuales, auditivos y sensoriales que nos rodean. La segunda estructura participa en la instauración de un estado de vigilia difusa en toda la corteza; si se destruye, hay un baja en la vigilancia. Las neuronas del *locus* son tónicas en la vigilia, pero inactivas durante el sueño paradójico. En cuanto al tálamo y el hipotálamo, si se deteriora el primero, hay una pérdida de conciencia definitiva; si se deteriora el hipotálamo posterior tendremos somnolencias, y si se daña el anterior, tendremos insomnio. Tanto el principio como el mantenimiento de la vigilia están sometidos a estructuras cerebrales.

La regulación tiene un ritmo de 24 horas llamado ritmo circadiano. Éste es nuestro reloj biológico. La parte del cerebro que lo controla tiene un tamaño minúsculo —apenas un 1 mm^3— y regula la mayoría de las grandes funciones fisiológicas (vigilia, sueño, sed, hambre, presión arterial, frecuencia de las contracciones cardiacas). Esta "cosita" coordina las actividades del organismo. En condiciones particulares de aislamiento, se puede prever que este ritmo funcione más o menos bien. El reloj biológico no es el único que actúa, también están las condiciones de luminosidad, temperatura, el sueño "atrasado"; el reloj se adapta, se pone a la hora. Si el despertador suena cada día a la misma hora, pronto se volverá inútil: despertaremos espontáneamente a la misma hora.

El hombre es un animal diurno, generalmente duerme de noche y vigila de día. El simple hecho de vivir a la luz eléctrica después de la puesta del sol, desordena el ciclo natural. Existen, al lado del ritmo circadiano, otras secuencias más cortas que influyen en el sueño; su duración es de una hora y media más o menos y se llaman ritmos ultradianos; por ellos, uno se siente más o menos activo, atento o fatigado. Cuando dormimos, esos ritmos ultradianos son los responsables de la aparición del sueño paradójico entre cuatro y cinco veces por noche. Por supuesto, las emociones y preocupaciones contribuyen a mantener un nivel alto de actividad cortical, a veces incompatible con el sueño.

El bebé recién nacido establece una distinción entre un objeto que otro mueve y un objeto que se mueve *per se*. A este último, lo interpreta como poseedor de una intención. Este descubrimiento de la intencionalidad de los objetos vuelve inevitable la elaboración de una filosofía, y ésta precede a la emergencia del lenguaje.

Cuando dos objetos dotados de intención actúan uno sobre el otro, el bebé atribuye al que comienza la acción la intención de influir en el otro, para bien o para mal. Si el movimiento es dulce, suave, lento, discreto, lo considerará como gentil; si es rápido, brutal, atropellado, lo calificará de malo.

Los sistemas del Bien y del Mal están funcionando desde el nacimiento para dividir el mundo de manera maniquea. Ahí encontramos una huella de la evolución. El carácter agradable o desagradable de una situación corresponde a la reminiscencia de un comportamiento elemental (la confrontación con los depredadores, la competencia por la comida, el territorio, la reproducción, etcétera). La reacción a una situación agresiva o apacible depende también del contexto y del estatus social de individuo dominado o dominante. Todo esto forja el carácter del pequeño animal.

PERO, ¿CÓMO SE APRENDE EL SENTIDO DEL BIEN Y DEL MAL?
Descartes pensaba que todo espíritu poseía, en sí, unas semillas de verdad, que cuando nacemos nuestro espíritu no

es una tabla rasa y dispone de algunas nociones innatas que le permiten elaborar poco a poco sus campos de conocimiento. Esta facultad de interpretar automáticamente las causalidades físicas se llama "el módulo de Michotte". Se trata de un dispositivo mental, una suerte de instrumento cognositivo, que permite a cada persona apreciar su entorno, descubrir en él las causas físicas que interfieren y comprender cómo defenderse de ellas, usarlas o apropiárselas. Este conocimiento proviene de una noción "primitiva", es decir: una noción innata, una predisposición de los humanos a aprender lo que perciben, la manera de comprender intuitivamente.

Desde los seis meses, el bebé es capaz, gracias a esta *primitiva*, de elaborar y construir una teoría de los cuerpos. Es capaz de seguir la trayectoria de un objeto y prever su impacto sobre sí mismo y sobre el otro objeto. Así es como aprende a conocer el mundo y los actores que lo componen. El bebé empieza a atribuir a los demás unos sentimientos que se revelan por sus intenciones. Pero no sólo está la causalidad física, también hay razones sicológicas. El mundo está poblado de intenciones buenas o malas, y éstas son las que llevan a actuar; esta intención puede ser un deseo, una ambición, un sueño, y su consecuencia es un comportamiento. Un adulto explica la actitud del otro en términos de intenciones, le imputa un sentimiento, un estado de espíritu. ¿A partir de qué edad aparece esta teoría del espíritu en el niño?

Su percepción de la intención es el resultado de una *primitiva*, existe desde el nacimiento de manera embrionaria y lleva a la elaboración de un nuevo dispositivo mental y un dominio cognoscitivo.

La intencionalidad es la relación que hay entre algo y la idea que se hace de él. Todo acto, todo pensamiento humano son cosas intencionales que conciernen a otras cosas, estas "otras cosas" pueden ser ficticias. Los niños son capaces de interpretar el mundo en términos de intención, describen lo que ven en términos de "atacar", "estar enojado"... perciben intenciones. Hay una *primitiva* de la intención.

También muestran una mayor atención cuando se pasa de una escena que se puede codificar positivamente (como una caricia), a otra que se puede juzgar negativamente (como un choque). Lo que detectan no es una complejidad en el escenario, sino el valor moral que le atribuyen.

Para atribuir una "intención", el niño es capaz de discernir que el objeto tiene un objetivo y en apariencia se mueve *per se*. La "intención" sería una premisa fundamental innata, una *primitiva*, que permite al bebé construirse una "teoría del espíritu" desde sus primeros momentos de vida. Los valores positivos o negativos atribuidos a los objetos intencionales, corresponden también a *primitivas*. Los niños son sensibles a la intensidad del comportamiento, codifican los choques y la violencia sistemáticamente como negativos, y las caricias y la dulzura como positivos. "Impedir" es negativo; "ayudar" es positivo.

Si un objeto intencionalmente bloquea a otro y un tercero viene a ayudar al primero o a bloquear al segundo, tenemos dos actos intencionales, uno considerado como negativo, el otro como positivo. ¿Cómo codificaría el niño toda la secuencia? Negativamente. El conjunto de una secuencia de comportamiento es codificado en función del valor (positivo o negativo) del primer acto.

A los ojos del niño, percibir una intención es también juzgarla. Este juicio es muy simple. El cerebro humano es capaz, de manera innata, de atribuir intenciones y valores a los eventos del mundo. Hacia los siete u ocho años, los niños pueden apreciar a los demás por lo que son, ya no por lo que hacen; juzgan su carácter, prefieren los rostros bellos a los feos, los amigables a los hostiles. Ya a esta edad se desarrolla una creencia muy expandida entre los hombres desde Platón, la llamada tesis de Schiller: se trata de la idea de que un hombre bello es forzosamente justo y que uno feo es necesariamente malo. Esto se manifiesta desde la más pequeña infancia y asociar la belleza con actos violentos y la fealdad con la bondad sorprende a los pequeños.

Los muy pequeños parecen tener otras *primitivas*. Una es la posesión. Un objeto intencional puede "poseer" otro (intencional o no), a partir del momento en que lo controla por medio de una fuerza mayor. El bebé espera una cierta reciprocidad de acción entre los dos objetos. Otra *primitiva* es la equivalencia: un acto devuelto debe imperativamente conservar el mismo valor que un acto dado.

Pero la *primitiva* más clara es la noción de grupo. Se percibe al grupo desde el décimo mes. Éste se compone de objetos, de fuerzas y de tamaños equivalentes, que se mueven en una misma dirección y que mantienen una relación de reciprocidad. Cuando a uno lo ataca un objeto exterior, el bebé espera que otro miembro del grupo intervenga, atacando al agresor externo. En el interior del grupo, el bebé espera que sus miembros se comporten positivamente entre sí. De modo que la noción de solidaridad es innata entre los humanos, porque los bebés tienen un conocimiento intuitivo de las reglas internas del grupo. Las reglas externas, las que se refieren a las relaciones del grupo con los objetos que no son miembros, son más tardías y parecen concernir al género masculino. Pertenecer a un grupo lleva a dos nuevas actitudes: la valorización de los miembros del grupo y la desvalorización de los que no son miembros. Esta *primitiva* es compartida por otras especies; así, vemos la agresividad de los chimpancés machos hacia los intrusos y son los niños de sexo masculino los que presentan esta actitud, mientras que las niñas parecen ignorarlos.

Estamos predispuestos por la evolución a hacernos la guerra, a partir del momento en que somos miembros de un grupo, una nación, una religión, un club de futbol.

Cuando nace, el ser humano dispone de un conjunto de nociones muy simples. Éstas le permitirán elaborar, en el transcurso de su niñez, diversas teorías (de los cuerpos, del espíritu, de la personalidad) que cubren varios campos del conocimiento. Estas teorías representan métodos que lo autorizarán a comprender a sus semejantes y al resto del mundo.

El cerebro de los homínidos ha evolucionado hasta darles los medios de razonar intencional, física y moralmente. Percibir la intención de los demás, poder juzgar sus acciones, tener la intuición del mundo desde la pequeña infancia, fueron las condiciones necesarias para el nacimiento de la humanidad.

Pero la diversidad de las costumbres parece refutar la idea según la cual la moral humana tiene fundamentos naturales. Montaigne escribía: "Ahí se come carne humana; allá se considera que matar a un padre viejo es obra piadosa; acullá los maridos prestan a sus mujeres; en otras partes éstas son comunes sin pecado..." y concluía: "las leyes de la conciencia, que pretendemos nacidas de la naturaleza, nacen de la costumbre". Los antropólogos proponen ilustraciones espectaculares de la diversidad cultural. La mayoría adopta un punto de vista relativista. Pero existen cuando menos dos tipos de relativismo: uno metafísico y el otro antropológico. Este relativismo se ejerce en dos campos: el cognoscitivo y el moral.

Algunos dicen que no hay una, sino varias verdades incompatibles entre sí. Los seres humanos pueden, en función de su cultura y de su experiencia, llegar a representaciones del mundo radicalmente diferentes. Eso lleva a afirmar que no existe un bien, sino varios bienes incompatibles entre sí. Pero hay que cuidarse de los sofismas. La pregunta es: ¿cuáles aspectos específicos de las culturas humanas son particulares y cuáles son innatos? La clasificación de los colores, aunque sea variable de una lengua a la otra, corresponde a mecanismos neuronales específicos. En cambio, la clasificación de las piezas de un motor de coche, que varía poco de una lengua a la otra, no tiene una base innata específica. La posición relativista dice que no existe ninguna disposición innata específica para adoptar algunas normas morales en lugar de otras (los extremistas relativistas dicen que incluso no hay ninguna disposición innata específica para adoptar norma moral alguna). La posición universalista, en cambio, sostiene que existe una predisposición innata a adoptar un conjunto de normas precisas. Entre las dos, hay posturas intermedias.

Existen sistemas culturales, como en el taoísmo o en el Talmud, donde la doctrina moral recibió una expresión pública bajo la forma de un discurso integrado. Esto existe también en las sociedades de tradición oral, como es el caso del código de honor de las sociedades mediterráneas o el sistema de tabúes de Polinesia. En el jainismo, se prohíbe matar a un animal, mientras que la mayoría de las religiones del mundo prescriben sacrificios sangrientos: esto parecería justificar el punto de vista relativista. ¿Cómo saber? Observando cómo los individuos justifican sus opciones morales: si invocan la opinión pública, o una norma socialmente reconocida, o la autoridad de una persona eminente, o un razonamiento que se funda sobre principios generales... Las formas de justificación en apariencia diferentes pueden converger hacia una misma fuente última de lo verdadero o del bien. Si para conocer la composición de una sustancia, me remito a un químico, es por modestia cognoscitiva. De la misma manera, un creyente se remite a su director de conciencia para una decisión moral. Se supone que ambos —el químico y el director de conciencia— tienen una competencia particular. Lo mismo se puede invocar la opinión pública o la norma social aceptada, porque serían indicativas del bien y no porque el bien se defina como eso que aprueba la opinión pública.

Ahora bien, en todo tiempo o lugar, las consideraciones de interés contribuyen o determinan ciertas prácticas, sin que éstas sean consideradas como morales. Dos culturas pueden ser diferentes a la vez que su idea del bien o del mal es la misma: eso mostraría su debilidad o su rigor. Por ejemplo, se habla de una tribu africana (los Ik) extremadamente miserable, cuya organización social y cultura están delicuescentes. Cerca de ahí, otra tribu, los Turbull, tiene actitudes más conformes a la humanidad ordinaria. Este ejemplo muestra la debilidad de los primeros, no la diversidad moral de los humanos. Los comportamientos de los Ik no vienen de su cultura sino, al revés, de la pérdida de esta cultura. La situación material lleva al desamparo moral. No todas las normas son normas morales. Hay que distinguir las obligaciones morales (no mentir, no matar, ayudar al prójimo) de las obligaciones de otro tipo, como no eructar en público. En cambio, parece evidente que es bueno ayudar a una persona en peligro y malo matar a alguien, aun en las sociedades donde ninguna convención lo prescribe. Las normas convencionales son susceptibles de variar de una sociedad a la otra. Las normas morales pretenden una mayor universalidad. Hay muchas sociedades donde esta distinción no se hace. La distinción entre normas morales y normas convencionales es típica de una sociedad que funda la moral sobre la idea de los derechos (Occidente), y extraña a una sociedad que funda la moral sobre la idea de los deberes. En las sociedades muy religiosas, la idea del deber prevalece sobre la de los derechos, y todas las normas se presentan como si emanaran de la misma fuente divina. Sin embargo, esta distinción existe en el caso hindú, el de los judíos y el de los anabaptistas. Por ello, es útil alejar del campo propiamente moral un conjunto de normas que varía de cultura a cultura y que justifica un punto de vista relativista.

La casi totalidad de las normas morales concierne a las interacciones con el otro. ¿Cuál otro? La humanidad entera. En muchas culturas, la calidad de persona sólo se aplica a los miembros del grupo, también se excluye al niño recién nacido o al moribundo, y la actitud hacia ellos difiere; pero no se trata de una actitud moral sino de un juicio cognoscitivo diferente.

La alteridad moral radical no existe; la idea de los deberes y derechos entre agentes morales no cambia tanto, sino que existe una diferenciación interna de la comunidad moral (mujeres, hombres libres, esclavos). Por ello hay que definir cuál es la comunidad moral, ¿acaso es toda la humanidad?, ¿los hombres solos?, ¿la etnia?, ¿la familia? Muchas comunidades morales que se consideran en estado de legítima defensa suspenden sus propias normas en relación con los extranjeros. Pero las morales humanas son todas expresiones de las mismas disposiciones innatas especializadas y por ello convergen. Hay relaciones entre evolución, cognición y cultura. El relativismo atropológico sufre de graves debilidades conceptuales y metodológicas y existe, de manera imperfectamente clara en las diferentes culturas, una moral humana inscrita en nuestra constitución biológica.

El cerebro se va desarrollando en medio de las emociones y los sentimientos; y toda la vida, por medio de los nervios y las hormonas, se queda sometido a ellos, modificándose gracias a sus capacidades plásticas. Está construido según los planos estrictos de sus genes, pero su plasticidad le confiere libertad e improvisación, según las solicitudes de su entorno; ahí actúan las emociones. Por medio de los sentidos, el cerebro recibe informaciones sobre el entorno; éstas se mezclan con los mensajes del cuerpo. Inversamente, el cerebro actúa dando órdenes a los músculos; así podemos cantar o poner un clavo; y el cerebro dirige estas emociones por medio de las hormonas y del sistema nervioso.

El mundo perceptible se refleja, consciente e inconscientemente, en nuestro cerebro; y esas dos formas no se pueden separar de las acciones, las órdenes motrices. Todas dependen de un conjunto de neuronas que dibujan los mapas cognoscitivos.

Todo el mundo está representado en esos mapas: son visuales, auditivos, sensitivos, gobiernan la mano y el rostro; no corresponden a las localizaciones cerebrales clásicas de las áreas sensoriales o motrices, porque varias modalidades pueden asociarse de manera transitoria: por ejemplo, en el recuerdo de la "magdalena" de Proust, estos mapas sienten la presión del cuerpo, las emociones. Las leyes que constituyen y fundan el individuo están inscritas ahí y el cerebro tiene que obedecer a esas leyes, pero puede también decidir jugar una partida de dados: no hay reglas inmutables. Los mapas no están formados con un conjunto fijo de neuronas asociadas. Las relaciones cambian entre ellas, y las neuronas activadas en territorios separados deben ser sincronizadas y quedarse activas el tiempo necesario para que pueda tomarse una decisión. Los mecanismos de la atención seleccionan los conjuntos de neuronas que quieren activar. Sin embargo, la emoción mezcla los datos y aumenta la posibilidad del error.

Existe continuidad en el tiempo, la actividad cerebral se sitúa entre el pasado y el futuro. La huella del pasado queda en los mapas como una realidad anatómica. El cerebro es un objeto histórico. Los mapas cognoscitivos no nacen ahí espontáneamente; empiezan por ser dibujados durante la génesis del embrión, siguiendo los programas genéticos. Las neuronas se dividen y se reparten en los diferentes segmentos. Cada célula nerviosa tiene una localización definida en tres dimensiones; gracias a los genes de posición, esta división da al cerebro su forma general. Es parecida en todos los vertebrados y se traduce por un fondo común de comportamiento y emociones. Una vez posicionadas las neuronas, queda el problema del cableado, es decir, las conexiones destinadas a formar mapas cognoscitivos. Las neuronas tienen prolongaciones: las dendritas (encargadas de la recepción de los mensajes) y los axones (encargados de la emisión). El viaje de estos últimos hacia su objetivo es como un viaje organizado, interactivo. Unas moléculas orientan la dirección de las conexiones. Durante su viaje, las neuronas pierden su inocencia originaria que las hacía incompetentes pero llenas de potencialidades. Su crecimiento requiere opciones restrictivas y precisas. Se forman las sinapsis: por ahí pasará la información, desde la neurona hasta la célula objetivo (generalmente otra neurona). Esta formación de sinapsis depende de la actividad recíproca de las dos neuronas relacionadas.

En el embrión y el recién nacido, las conexiones neuronales son más numerosas de lo que en realidad se necesita para que funcione el sistema. Se da una selección, por medio de mensajeros químicos, y sólo quedan las conexiones útiles. Así, serán eliminadas las sinapsis inactivas. Las que son conservadas se reforzarán por el uso y la experiencia. Sin la armonización de las señales emitidas y recibidas, el concierto de las neuronas no sería más que ruido. El espacio y el tiempo gobiernan las representaciones del mundo, y tenemos varios tiempos: uno rápido, del funcionamiento neuronal, y otro lento y permanente, de su construcción.

Los genes que determinan la constitución molecular de una neurona son casi idénticos en todos los animales. Entre los mamíferos, sólo unos detalles genéticos distinguen el cerebro de la rata del cerebro del hombre, pero estas pequeñas diferencias tienen grandes consecuencias. En el hombre, el desarrollo del cerebro es más tardío y lento que en todos los animales; de hecho, la formación de su sistema nervioso nunca se acaba. Esta plasticidad permite el aprendizaje y la memoria. Gracias a ella, el entorno y la experiencia pueden imprimir una huella personal y diversificar a los hombres.

Entonces, los mapas cognoscitivos no están establecidos de manera ciega, siguiendo las instrucciones de los genes; lo que cada quien sabe del mundo pasa por el placer o el sufrimiento. El placer es transmitido por la dopamina y las endorfinas; el sufrimiento, la repulsión, la agresión, pasan por la serotonina. Éstos son los mensajeros químicos. Si las estimulaciones son repetidas, la liberación de endorfinas se agota, los receptores se desensibilizan y la respuesta disminuye; por ello la carrera hacia la exageración, en el caso del sexo y de las drogas, etcétera.

La percepción de un estímulo agresivo o agradable por el sistema nervioso provoca la reacción de sistemas hormonales que preparan al cuerpo y al cerebro para dar una respuesta adaptada. La actividad neuronal es capaz de modificar el número y la fuerza de las conexiones neuronales.

¿Acaso se puede morir de tristeza? Las hormonas del estrés, como la corticosterona, pueden causar la muerte de las neuronas en el hipocampo. Esta región desempeña un papel crucial en la retención y la valoración de los recuerdos. También las hormonas sexuales (estrógenos y progesterona) modifican la forma y las conexiones en el hipotálamo.

A lo largo de la vida, las hormonas deciden sobre nuestra representación del mundo, organizan el cerebro del pequeño macho para combatir o seducir y el de la futura madre para ocuparse de sus crías, a la vez que permiten al cuerpo anticipar una situación. A veces, las hormonas anticipan sin razón e introducen la enfermedad en el cuerpo: así es como el estrés altera los mecanismos de defensa.

Desde muy pequeño el niño puede percibir, pero aún no puede actuar. Con el tiempo, la representación y la acción se emparejan. Hay dos regiones del cerebro muy importan-

tes para los mapas cognoscitivos: la primera ocupa la parte
frontal y anterior de los hemisferios cerebrales; cuando está
lesionada, la vida social de los individuos se encuentra per-
turbada, pareciera como si su saber social estuviera perdido,
borrado, ilegible. Estos individuos conservan su inteligencia, pero ya no pueden planear sus actividades, ni pueden
tomar una decisión, ni expresar, ni percibir emociones. La
segunda región se sitúa en la corteza cingular (el *cingulum*).
Su lesión provoca mutismo, inmovilidad completa (no hay
parálisis) y ausencia de toda reacción emocional. El
cingulum es la fuente movilizadora del individuo; si se alo-
ca, tendremos comportamientos compulsivos imparables.

LA EMOCIÓN ES LA MEMORIA DEL CUERPO, del sufrimiento, del
placer y de la especie. El cerebro está moldeado por ella, y se
acuerda. Toda emoción tiene una historia que se inscribe en
el pasado del individuo, este pasado comprende a la vez el
recorrido de los genes y el recorrido integral de la experiencia. Memoria, agresividad, sueño, comportamientos, pasan
por este conjunto. No hay un gen único que codifique un
comportamiento preciso. Aun el más elemental de los comportamientos depende de múltiples genes y cada gen contribuye en varios comportamientos; por ejemplo, se sabe de
la contribución de genes diferentes y de hormonas sexuales
(testosterona), en el comportamiento agresivo.

Mucho se ha hablado, en esos últimos años, del gen de la
criminalidad, de la música, de la agresividad, de la matemática o de la homosexualidad. Aquella búsqueda tiene que
ver con nuestro simplismo, no con la ciencia. Aquí manda
la complejidad y tampoco se trata del cerebro solo, sino del
mundo: somos genes y mundo, herencia y experiencia, neuronas y carne; por supuesto que en todo ello existe un orden, pero no tiene que ver con el orden de los cajones o de
las alacenas. Es parecido al orden del cosmos; ahí lo inmensamente grande y lo infinitamente pequeño se asemejan, y
apenas vamos descubriendo y comprendiendo estos dos
universos nuestros.

Parece tema de ciencia ficción, y lo es. Pero el viaje en el pasado no transgrede las leyes de la física, sino las de la lógica. La física moderna autoriza este viejo sueño de la humanidad, aunque las soluciones que ofrece se sitúan en la frontera entre ciencia y ficción. Sin embargo, un experimento reciente dio una base a la más fascinante de las hipótesis.

Dos investigadores de la Universidad de Yale, Ed Hinds y Charles Sukenik, pusieron en evidencia la existencia de una energía negativa. Este fenómeno, conocido bajo en nombre de "efecto Casimir", había sido previsto desde 1940. De él habló el físico alemán llamado H.B.G. Casimir, pero no fue observado de manera experimental sino hasta 1994. El efecto Casimir pone en evidencia las fluctuaciones cuánticas del vacío. El vacío está en realidad poblado de partículas virtuales, las cuales nacen y desaparecen tan rápido que no podemos verlas. La mayor parte de las veces, el vacío se queda en vacío pero, en ocasiones, las efímeras partículas virtuales se vuelven reales; es decir: duran. Ahora bien, el principio de simetría que rige las leyes de la física a escala macroscópica indica que "nada se crea, nada se pierde, todo se transforma"; por lo que, si una partícula virtual debiera perdurar, la antipartícula que le estaba asociada debería nacer y permanecer también. Pero el efecto Casimir viola este principio: se puede hacer nacer unos electrones del vacío, por ejemplo, sin producir simultáneamente los antielectrones (o protones) asociados. En física se dice entonces que hay "ruptura de la simetría" del vacío. En las ecuaciones, este fenómeno se traduce en la creación de energía negativa.

Este fenómeno —la existencia de energía negativa— es uno de los elementos necesarios para la construcción de una máquina para retroceder en el tiempo. La cuestión de si uno puede viajar en el pasado no acaba de perturbar los espíritus, aun los más racionales entre ellos. El deseo de volver al pasado es un viejo anhelo de los hombres. Para hablar sólo de los cien últimos años, los libros, las películas, los dibujos animados han multiplicado la expresión de este fantasma. Desde el libro *La máquina del tiempo*, de Herbert George Wells, publicado en 1895, hasta la película de *Volver al futuro*, pasando por *La trampa diabólica* de Blake y Mortimer, sin contar las series de televisión, la vuelta al pasado parecía ser el campo de especulaciones románticas. Pero la realidad sobrepasa, a veces, a la ficción, especialmente desde que Albert Einstein ofreció a la ciencia unas ecuaciones algo exóticas, gracias a las cuales las leyes de la física no se opondrían a este tipo de viajes, aunque tampoco los garantizarían.

Hoy ya hemos dado otro paso con un experimento que lleva concretamente a la máquina que viaja en el tiempo. Esto pone nuestro sentido común a prueba. Veamos: todo empezó en 1905, el día en que Einstein elaboró una teoría, la *relatividad restringida*, según la cual mientras más rápidamente se desplaza un cuerpo, más lentamente transcurre el tiempo para él. Este fenómeno no es subjetivo, sino absolutamente real. El límite sería la velocidad de la luz —300,000 kilómetros por segundo—, velocidad a la cual el tiempo se congela. Así, si una nave deja la Tierra y alcanza una velocidad cercana a la velocidad de la luz, los viajeros evolucionarán a un ritmo temporal más lento que los hombres que se han quedado en la Tierra. Si se comunicaran por radio, los hombres que se han quedado aquí escucharían las voces de los viajeros más lento, como si un disco de 45 revoluciones girara a la velocidad de uno de 33 revoluciones. En cambio, los ocupantes de la nave observarían el fenómeno opuesto. La "dilatación del tiempo" es una de las características del universo. Esta ley fue el primer golpe dado a la fe en la existencia de un tiempo absoluto que transcurre siempre al mismo ritmo, en los cuatro puntos cardinales de nuestro mundo. Einstein reincidió en 1916, cuando enunció la teoría de la *relatividad general*, según la cual se volvía posible construir verdaderos túneles hacia el pasado. Al enunciar las leyes de la gravedad-relatividad general, Einstein abrió la puerta a la imaginación científica. El tiempo, como el espacio, puede ser manipulado. Según esta teoría, que es un verdadero faro de la ciencia del siglo xx, mientras más denso es un cuerpo (una estrella), más "dobla" el espacio, como si fuera una pelota puesta sobre una sábana tendida. Esta *curva* precipita los objetos vecinos sobre el cuerpo masivo (es decir que éste los "atrac", como se dice en lenguaje clásico). Es así como se ejerce la fuerza de gravedad. Por ejemplo, la Tierra, que es más densa que la Luna, produce una curvatura más acentuada en el espacio que la contiene, es decir, un campo gravitacional más fuerte que su satélite natural. La densidad puede crecer, cuando menos en teoría, hasta el punto de provocar la caída del cuerpo sobre sí mismo, bajo el efecto de su propia gravedad: la pelota superdensa acaba entonces por agujerar la sábana.

Así tenemos un agujero negro, este objeto mítico que la teoría de la relatividad general prevé como estadio último de una estrella masiva que se cae sobre ella misma y que jamás ha sido observado e identificado formalmente. Sin embargo, sí se han detectado fenómenos cósmicos que dejan creer que los agujeros negros existen. Según la teoría de la relatividad general, la transformación de una estrella en supernova es la fase precedente a la caída gravitacional que da nacimiento a las estrellas de neutrones y luego a los agujeros negros. Algunos objetos celestes presentan las características de los agujeros negros previstas por la relatividad general. ¿Acaso son máquinas que permiten retroceder en el tiempo?

Estos *objetos cósmicos* presentan además otra particularidad: un agujero negro tiene tal densidad, tal fuerza de atracción, que incluso la luz no puede escapar cuando cae en su pozo. Todo lo que se le acerca será primero aplastado, luego definitivamente tragado. Además, según la relatividad general, un agujero negro a veces puede dar nacimiento a "un agujero de gusano". ¿Qué es eso? Es un túnel del espacio-tiempo que desemboca sobre una fuente de luz, o fuente blanca, algo así como la hermana gemela enemiga del agujero negro. La entrada del agujero de gusano es el agujero negro. Esta entrada absorbe la materia; la salida del agujero de gusano, la fuente blanca, la vuelve a escupir. Con las particularidades por lo menos extrañas de tal configuración, la ciencia sobrepasa, y de lejos, la imaginación. Si existen, los agujeros de gusano serían unos "achatamientos" del espacio. En las tres dimensiones donde tenemos la costumbre de movernos, los achatamientos son comunes: si un tren que corre a 100 kilómetros por hora entra en un túnel hecho en la montaña, y si un automóvil sigue el relieve de esta montaña a la misma velocidad, es el tren el que llegará más rápido a su destino. Igualmente, una partícula que entra en un agujero de gusano vuelve a salir por la fuente de luz, que puede encontrarse a miles de millones de kilómetros de ahí, sin haber tenido que recurrir físicamente esta distancia. Los agujeros de gusano son túneles agujerados ya no en el flanco de una montaña, sino en el espacio.

Pero hay cosas aún más extrañas. Según la relatividad general, el espacio y el tiempo están íntimamente ligados: forman una sola entidad llamada espacio-tiempo. La modificación de los parámetros ligados al espacio (lugar, velocidad, densidad) puede llevar a una alteración del tiempo. Kurt Goedel[1] y Kip Thorne[2] han demostrado que los agujeros de gusano podrían engendrar unos nudos temporales, unos pasajes del presente hacia el pasado. Así se vuelven verdaderas máquinas para pasear por el tiempo pasado. Si la entrada del agujero de gusano (el agujero negro) es inmóvil en relación con nosotros, y si la salida (la fuente blanca) se desplaza en el espacio a una velocidad cercana a la velocidad de la luz, el fenómeno de dilatación del tiempo tendrá una consecuencia sorprendente: el tiempo pasará a ritmos diferentes a la entrada del túnel temporal y a su salida. Suponemos que la salida del agujero de gusano se mueve a 99.99% de la velocidad de la luz; cuando habrían transcurrido 48 horas en la entrada, solamente habrían pasado 28 minutos en la salida.

[1] Kurt Goedel fue el mayor logístico del siglo xx, era amigo de Einstein y fue el primero en los años cuarenta en proponer los principios de una máquina que viajaría en el tiempo, en el marco de la relatividad general.

[2] Kip Thorne es un físico que trabajó en el Californian Institute of Technology.

Por ello, la maestría de la construcción de los agujeros de gusano permitiría escoger el momento de salida en el pasado. En el ejemplo que acabo de dar, si el viajero temporal penetra en el agujero de gusano 48 horas después de haberlo creado, sólo saldrá de él 28 minutos después del instante de la creación; habrá hecho entonces una vuelta al pasado de 47 horas 32 minutos. Entonces, la física moderna autoriza la vuelta al pasado por medio de estos túneles espacio-temporales que son los agujeros de gusano, pero con una restricción: no se puede volver más allá de la fecha de construcción del agujero. Así, si un sabio fabrica su agujero de gusano el 1º de noviembre de 1997 y entra en él el 1º de noviembre de 2037, podrá volver al pasado cuando mucho hasta el 1º de noviembre de 1997. Pero algunos problemas fundamentales se presentan en esto de los viajes en el tiempo. Primero, ignoramos si realmente hay agujeros de gusano en el universo. Que la teoría los prevea no cambia nada el asunto, porque la teoría deja un amplio lugar a la especulación. Sin embargo, algunos indicios tienden a probar que sí existen, pero sólo a escala de lo infinitamente pequeño. Medirían unos 10^{-43} centímetros, y desaparecerían después de 10^{-33} segundos[3], por causa de la inestabilidad estructural. Es muy difícil hacer pasar a un hombre y a su nave en esta cabeza de aguja espacio-temporal. Para viajar en el tiempo, habrá que construir un agujero de gusano a nuestra escala. ¿Cómo hacerlo? La inestabilidad de los agujeros de gusano se debe a su mala tendencia a caer sobre sí mismos. Una simple partícula que se acerca a la entrada del agujero negro sería acelerada y alcanzaría la velocidad de la luz en el momento de precipitarse en él. En física, se constata que la masa de la partícula aumenta a medida que su velocidad se acerca a la de la luz. A este límite, la masa sería infinita. La entrada en el agujero de gusano a masa infinita se haría sin problemas, porque sumaría su masa gravitacional a la ya de por sí enorme del agujero negro, de modo que éste crecerá. Pero, una vez atravesado, las estructuras del túnel se caerían bajo el efecto gra-

[3] Estos dos valores se llaman constantes de Planck y marcan el límite más allá del cual las leyes de la física se nos escapan.

vitacional de la partícula. Ésta cavaría su propia tumba: del agujero de gusano sólo subsistiría el agujero negro, en el cual la partícula quedaría prisionera. La única manera de consolidar el agujero de gusano sería tapizándolo con un material capaz de oponerse al inmenso campo gravitacional desarrollado por la partícula. Así, para mantener las estructuras del túnel se necesita un campo antigravitacional, es decir, un campo de energía negativa, pero a nuestra escala. No conocemos tal campo y no sabemos tampoco si podría existir. Ahí volvemos de lleno a la ciencia ficción.

Estas construcciones intelectuales acaban de abandonar el campo de la especulación para entrar en el campo de la investigación. Ya se logró poner en evidencia experimentalmente el fenómeno conocido bajo el nombre de "efecto Casimir". Si se impone una fuerte tensión eléctrica entre dos placas conductoras separadas por el vacío, se logrará crear electrones, lo que significa extraer energía del vacío. Esta energía es negativa. En otras palabras, un campo magnético muy fuerte puede engendrar una energía electromagnética negativa. Un campo gravitacional extremadamente fuerte (como aquellos que se forman en la superficie de los agujeros negros) dará nacimiento a una energía gravitacional negativa. Es lo que se necesita para consolidar los agujeros de gusano. Los planos de la máquina para volver al pasado están entonces listos, suponiendo que algún día se pueda fabricar agujeros de gusano macroscópicos.

Pero... toda realización material debe respetar algunos principios fundamentales adjuntos a las leyes físicas, como la coherencia lógica y el principio de causalidad. Fuera de la lógica no hay salvación, ni siquiera para la física más teórica. La máquina para volver al pasado desvela paradojas fundamentales. Además, se enfrenta a una temible interrogación: si el viaje en el pasado fuera posible, ¿cómo explicar que no estemos invadidos por descendientes lejanos venidos del futuro que habrían dominado esta técnica?

La respuesta es más simple de lo que se cree. Hay que imaginar un nudo temporal que sería como un túnel. Es evidente que si se abre la entrada del túnel pero no se abre la salida, no serviría para nada. El agujero de gusano temporal sigue el mismo principio: para poder utilizarlo, antes hay que construirlo. Así, si un inventor genial creara un agujero de gusano el 1º de noviembre de 1997, la entrada y la salida comenzarían su existencia en ese mismo momento. La entrada del agujero de gusano (el agujero negro) evolucionará normalmente; su salida (la de la luz) puede quedarse fija en el tiempo si se le comunica a la velocidad de la luz. Así, un año más tarde, si el inventor decide utilizar su túnel temporal, entrará por el agujero negro, que lo habría seguido en el tiempo, y saldrá por la fuente de luz, que se encuentra en algún lado entre el 1º de noviembre de 1997 y el 1º de noviembre de 1998. El inventor no podrá volver más allá de la primera fecha, la de la creación: el tiempo, a la salida, habría sido congelado. Así que nuestros descendientes no vendrán a saludarnos mientras no hayamos construido nosotros mismos nuestro primer nudo temporal (el agujero de gusano).

En cuanto a las paradojas, observen: sería posible que, el 1º de noviembre de 1997, nuestro inventor genial vea llegar por la salida de su agujero de gusano a su nieto, que no habría nacido. Supongamos que el tal nieto es un demente violento, que viene a matar a su abuelo inventor, quien aún no tiene hijos. Muerto, el inventor ya no puede engendrar hijos, por lo que su nieto no nacerá jamás. Por lo tanto, no podría matar a su abuelo. La "paradoja del abuelo" impide lógicamente cualquier posibilidad de vuelta al pasado, porque niega lo que afirma: niega la existencia del nieto y afirma que éste mata a su abuelo. Esta paradoja no es única. Si en lugar de matar a su abuelo, el viajero del tiempo da a un joven escritor el libro que lo volvería famoso en el futuro, tenemos otra paradoja. El joven proyecto de escritor sólo tendría que copiar su futuro libro para ganar la celebridad. Así, esta obra jamás habría sido escrita ya que simplemente habría sido recopiada. Esta paradoja es tan decisiva como la anterior y parece impedir a su vez cualquier vuelta al pasado. Aceptar la posibilidad de este tipo de viajes consiste en negar los principios de causalidad y de coherencia lógica sobre los cuales están construidas las teorías físicas. Así que, o la física resuelve las paradojas, o habrá que renunciar a los viajes en el pasado.

Ahí es donde interviene la física cuántica. El mundo de la física cuántica es aún más sorprendente que el de la relatividad y responde a una lógica curiosa. El mejor ejemplo de ello es la paradoja del gato de Schrödinger.

Los genios de la física imaginan cosas raras sin cesar. Imaginemos una caja, en el interior hay un gato y un dispositivo especial para que, si se emite una partícula por causa de desintegración, un martillo cargue sobre una botellita que contiene un gas mortal y la rompa; en ese caso, el gas se expande en la caja y el gato muere lanzando un último *miau*. En cambio, si la emisión de la partícula no ocurre, porque el átomo no se desintegró, el martillo no se mueve y no rompe la botellita y el gato se salvaría.

Todos estos aparatos están puestos; ya cerramos la caja. (Átomo desintegrado/ el martillo cae/ la botellita se rompe/el gato muere-átomo no desintegrado/ el martillo no cae/ la botellita intacta/ el gato vive). Hay probabilidad de que el átomo sea desintegrado y el gato sea encontrado muerto. El gato se halla en un estado incierto, ni muerto, ni vivo, lo que es una situación existencial difícil de concebir. La caja está cerrada. Si se pregunta: "¿el gato está muerto o vivo?", la frase no tiene ningún sentido. Para saber cuál es la verdadera situación existencial del gato, sólo hay un medio: abrir la caja y constatar si el animal vive o no. De las dos posibilidades, una sola se habría realizado, como si la realidad tomara cuerpo solamente si se la observara. Pasamos de la superposición de dos estados a uno solo: de un gato muerto-vivo a un gato o muerto o vivo. ¿Acaso es el hecho de abrir la caja lo que ha determinado el estado en el cual encontramos al gato? ¿Acaso el simple hecho de observar puede matar al gato? O bien, ¿el gato ya estaba como se le encuentra al abrir la caja? Estas cuestiones pueden parecer ridículas. Stephen Hawking dice que, cuando alguien habla del gato de Schrödinger, saca su fusil, lo que es una manera harto radical de resolver el problema. En realidad, es un problema delicado. El matemático Hadamard decía: "Denme 100 parámetros y les hago un elefante; denme 101 y hago que se le mueva la cola." Como la manzana de Newton, el gato de Schrödinger es una *star* de la física, muerto o vivo.

Una partícula puede encontrarse simultáneamente en varios lugares; pero, cuando se le observa, la (multi) partícula se vuelve a juntar en una sola, en un lugar determinado por una cierta probabilidad de presencia. Numerosas explicaciones de este comportamiento han sido probadas desde hace decenios. Estas tentativas van desde el extremo más racional, hasta el extremo más especulativo. En lo racional, tenemos a la teoría cuántica que es un formalismo matemático que no describe físicamente el comportamiento real de las partículas. En lo especulativo, habría tantos universos paralelos como hay posibilidades de presencia de una misma partícula en dos lugares distintos. ¿Qué significa la posibilidad de la existencia de una multitud de universos paralelos? Cuando la misma partícula se encuentra en varios lugares, se crea en realidad una superposición de universos. En cada uno de los universos, la partícula ocupará un solo lugar. Aquí ya no se trata de superposición de estados de una partícula, sino de superposición de universos. Desde el momento en que efectuamos la medida, dislocamos, separamos los universos. Cada uno de ellos seguirá su propia evolución, independientemente de los demás, y será medido por investigadores "paralelos" en cada universo. Esta interpretación, loca en apariencia, es tomada muy en serio por numerosos físicos, porque es la única que podría resolver la "paradoja del abuelo" y la "paradoja del escritor".

Así, cuando se crea un nudo temporal, se construye a la vez un puente entre dos universos paralelos. Entonces, la solución de las paradojas se vuelve fácil. El nieto del inventor vivía en su universo; cuando toma el agujero de gusano, vuelve para atrás en el tiempo, pero cambiando de universo. Se encuentra así frente a un abuelo que vive en un universo que no es el universo originario del nieto. Si mata a su abuelo, jamás nacerá en el universo donde ha caído. Pero nacerá perfectamente en el universo del cual partió, porque allá el abuelo no habría sido asesinado, ni siquiera se habría encontrado con su nieto loco que vino del futuro. Al volver al pasado, el viajero va a modificar la historia de un universo al cual no pertenece. Sus acciones no tendrían ninguna consecuencia sobre su universo originario, ni sobre sí mismo. La paradoja del escritor se resuelve de la misma manera. Un escritor recibirá el libro que su "doble" escribirá en el futuro del otro universo. El primero copiará el libro, pero éste habrá sido sin embargo "creado" en el otro universo. El acto de creación tendrá lugar cuando menos en un universo. Las paradojas se resuelven entonces al costo alto de una multiplicidad de universos.

El hecho es que todo esto parece delirio de borracho y los físicos parecen servirse de lo extremadamente improbable para explicar lo fuertemente incierto. Además, la dificultad teórica se complica con otros líos más técnicos. ¿Cómo pasar a través de un agujero negro sin ser aplastado y reducido al estado de partícula elemental? La presión gravitacional que se ejerce sobre un objeto en la proximidad de un agujero negro es tan fuerte que, *a priori*, ninguna nave, ni la más robusta, podría guardar su integridad física. El hecho es que si un día, en unos 20, 50 o 100 años, el hombre logra viajar en el tiempo, los historiadores dirán que el primer paso fue dado en nuestra actualidad.

Durante nuestra existencia, el tiempo corre definiendo para cada instante un antes y un después. El tiempo está orientado por una flecha imperturbable y parecería natural pensar que este tiempo corre uniformemente. Pero nos hemos hecho una imagen del tiempo que no es *el tiempo*. El tiempo es un misterio, el más profundo de los misterios. A partir de los trabajos de Galileo y de Newton en el siglo XVII, la física se mostró capaz de hablar del tiempo describiéndolo con una línea recta única sobre la cual cada punto representa un vector. Esta línea se prolonga hasta el infinito, en un sentido como en otro, y la imagen del tiempo que ofrece responde a la vez a la intuición (que quiere que siempre haya un antes) y a una necesidad puramente práctica de disponer de un paso del tiempo independiente de nuestros estados sicológicos e idéntico para todos. Esta concepción será la de la física clásica. Según ella, tanto el tiempo como el espacio constituyen un marco absoluto. Son el teatro vacío en el cual va a transcurrir la comedia del mundo. Los fenómenos se producen en el espacio y se suceden en el tiempo. En este contexto, parecería legítimo preguntarse qué ocurría durante y antes del Big Bang, por ejemplo... Estas cuestiones aparentemente naturales están mal planteadas. La descripción newtoniana de la naturaleza del tiempo, tan cómoda para el uso diario, no puede hablar del universo en su conjunto. Los físicos del siglo xx han aprendido, con Albert Einstein, que una línea recta es demasiado bien educada para poder hablar del tiempo que pasa. Esta teoría ve los efectos de la gravitación sobre la geometría del espacio-tiempo. La materia y su equivalente, la energía, engendran una curva del espacio que afecta la medida de las distancias y a la vez curvan el tiempo, alterando su paso. Campo de gravitación y curva del espacio-tiempo son sinónimos. Para Newton, la acción ocurría en un teatro hecho y derecho. Para Einstein, en cambio, en la construcción de dicho teatro consiste la acción de la obra. No es posible hablar de antes del Big Bang porque el tiempo sólo ha podido nacer después de él, cuando la materia y la energía empezaron a fabricarlo. Repugna al sentido común imaginar una situación fuera del tiempo, pero no se hace ciencia con el sentido común. En el momento del Big Bang, el universo debía ser de dimensión nula. A la escala microscópica, que era la suya cuando era muy compacto, la relatividad general ya no es válida. Todos los objetos, todos los fenómenos, deben ser considerados bajo dos aspectos complementarios: el ondulatorio y el corpuscular. Esto tiene como consecuencia la desaparición de unas nociones aparentemente tan intuitivas como la de trayectoria. Si logramos determinar correctamente la posición de una partícula, perdemos toda precisión sobre su velocidad; ya no sabemos hacia dónde va. Si, por el contrario, accedemos a una medida satisfactoria de su velocidad, nada nos permite asegurar con precisión su posición. En estas condiciones, es válido preguntarse qué pasa con el espacio y el tiempo a escala microscópica. Por el momento no existe ninguna respuesta satisfactoria. En la década de 1910, Max Planck puso en evidencia la existencia de una medida natural del tiempo. Así, la naturaleza privilegiaría una escala de duraciones absolutamente independiente de cualquier observador y de toda estructura material (como el reloj). El tiempo de Planck vale unos 10^{-43} segundos. ¿Qué significa entonces *el tiempo*? ¿Acaso se puede hablar legítimamente de edad? ¿Acaso existen fenómenos que ocurrirían en un tiempo más corto que el tiempo de Planck? Es la trama misma del mundo, que se encuentra *tragado* en algo de lo cual la física aún no sabe hablar. A la escala de Planck, existen posibilidades de que la flecha del tiempo se encorve al punto de formar un nudo donde el pasado y el futuro se confundan. Así, se violaría el principio de causalidad, y la lógica misma sobre la cual está construida nuestra ciencia dejaría de ser válida. Nadie sabe todavía por qué el universo se ha salido de la escala de Planck, dibujando una flecha del tiempo cósmico que orienta el devenir sin solución de vuelta hacia atrás. Lo que pasa es que el descubrimiento de la expansión del universo lo inscribe en una historia.

CON LA BORREGUITA DOLLY, nos sentimos en la antesala de *Un mundo feliz*, de Aldous Huxley.

Después del anuncio de su "nacimiento", el presidente estadounidense Bill Clinton nombró de inmediato a un consejo de expertos; el presidente francés Jacques Chirac llamó al Comité de Ética; algunos parlamentarios británicos se movilizaron; unos especialistas pidieron que se elaborara una legislación internacional, y el Vaticano exigió una prohibición mundial de la clonación humana. A la vez, el gobierno británico le retiró los fondos al Instituto Roslin, la casa madre de la borreguita clonada.

La decisión, lejos de ser aplaudida, fue recibida con suspicacia: podría lanzar al instituto a los brazos de la industria. En los mismos Estados Unidos, muchos laboratorios que trabajan en la reproducción humana son privados y, por lo tanto, son susceptibles de escapar a todo control del Estado.

¿Tiene algún sentido plantear la cuestión en esos términos? Vemos surgir escenarios apocalípticos delirantes, ¿acaso esta emoción se justifica? No podemos pretender que la clonación no existe: Dolly no volverá a su tubito. El próximo paso sería, según los prohibicionistas, la aparición —en algún lugar del mundo— de un aprendiz de brujo que trataría de reproducir el experimento en el hombre.

En la película *Los niños del Brasil*, de Franklin Schaffner, vemos al doctor Mengele clonar a su Führer en 14 ejemplares a partir de unas células tomadas de su cadáver. En la película de G. Lucas, *THX1138*, la sociedad futura define sus reglas: la reproducción debe efectuarse en un laboratorio, y el que viola la ley es castigado.

No es difícil imaginar lo que podría hacerse si se llevara a cabo la clonación en nuestra especie. Esta posibilidad debe ser tomada en consideración muy seriamente. Por el momento, la técnica es deficiente: los clones llegan, pero no en masa. Sin embargo, lo que es posible para una borreguita puede, cuando menos en principio, aplicarse al hombre. Todos los mamíferos son biológicamente cercanos. Además, como dice Jacques Monod, "lo que es verdadero para la bacteria, es verdadero para el elefante". Los comités de ética pueden indignarse y oponerse; la historia de la biología muestra que todo lo realizable acaba por realizarse.

La nuestra es una discusión maltrecha, a base de fantasmas y de espejismos pintados sobre un fondo de catástrofe. Debemos cuidarnos de los prejuicios y de los escenarios ficticios e interrogarnos sobre la verdadera naturaleza de los seres multiplicados.

Mientras más avanzamos en el conocimiento anatómico, biológico y genético de nuestra especie, más nos damos cuenta de que la humanidad no se reduce a estos mecanismos. Hoy, la clonación humana nos parece contraria a la idea que nos hacemos del hombre, en el respeto de su identidad. Su duplicación sería violadora de la dignidad humana que descansa sobre la singularidad de cada individuo. ¿Acaso no es dar demasiada importancia a las determinaciones genéticas?

Abordar este asunto por el lado de la sola prohibición de la clonación sería reducir al hombre a su genoma. La naturaleza que produce, sin ninguna manipulación, gemelos o trillizos o cuatrillizos perfectos, nos enseña cada día que éstos son diferentes en lo esencial. Y, antes de hablar de los dictadores locos con sus ejércitos de clones, hay que recordar que los dictadores jamás han necesitado de la clonación para disponer de ejércitos de esclavos obedientes: con el terror basta.

Existe un factor excepcional en el ser humano y es que la persona tiene primacía sobre la especie. No hay genotipo sin fenotipo. Y el fenotipo resulta a menudo de una interacción entre la formación genética y el medio en el cual se expresa. La persona es un fin en sí; la instrumentalización operaría una deshumanización; pero esta instrumentalización también se da en el medio. Sabemos del papel considerable de éste en el desarrollo de un individuo desde los primeros días de la vida de un embrión. Un ser humano no puede resumirse a una molécula, aun si ésta es la prestigiosa doble hélice del ADN. El individuo es el producto histórico de una sutil e incesante dialéctica entre "natura" y "cultura", lo innato y lo adquirido, el destino genético y la influencia del medio. Éste esculpe la conciencia más que el material genético.

De modo que lo "humano" no puede alcanzarse y explicarse o manipularse. Se puede remplazar el conjunto de las partes visibles materiales del hombre, sin tocar a su humanidad. El hombre es cuerpo y espíritu: no nos hemos acercado al espíritu y nadie puede imaginar un espíritu artificial, ya que éste escapa a la idea de accesibilidad material.

¿Acaso no sabemos aún que el proceso de hominización se acompaña de numerosos sufrimientos que lo favorecen? El problema está más en el desafío lanzado a la civilización que en la genética. La civilización es un conjunto de realidades sociales y humanas movidas por el deseo de transmisión. Este último conoce formas parentales ligadas, o no, a la herencia. ¿Dónde cabe en este proceso la nueva figura del Kama-Sutra que nos propone Dolly? La clonación permite procrear sin sexo, sin compañero y sin espermatozoide. Es el fantasma narcisista del otro "Yo". Se saca a la sexualidad de la jugada, se elimina incluso la fecundación *in vitro*, y se transforman los mamíferos en bacterias que se reproducen por desdoblamiento celular. Caímos muy bajo, pero eso es lo menos grave.

Después de las antiguas disociaciones entre placer sexual y reproducción, luego entre procreación y matrimonio, introdujimos una nueva disociación entre sexo y fecundación y, por fin, entre fecundación y reproducción.

Hans Jonas ha teorizado sobre este temor a las disociaciones percibidas como un mecanismo de destrucción de la humanidad.

La artificialización creciente de la vida humana no data de hoy: es históricamente observable, y la clonación no hace más que ir en el mismo sentido. El asunto Dolly sólo es la secuencia de un debate sobre la manipulación genética que empezó el 26 de julio de 1974; en 1976 se logró la síntesis del gen de la hemoglobina; en 1978 nació el primer bebé de probeta; 1981 vio la primera transgénesis animal; 1984 nos dio la clonación de una bacteria que ataca el gen de la hemofilia humana; en 1990 logramos las primeras terapias génicas; en 1991 empezamos a hacer diagnósticos genéticos y en 1993 se intentó clonar un embrión humano.

Según los entusiastas, la clonación de un individuo genéticamente perfecto (o vuelto perfecto) sería la cumbre de la maestría del hombre sobre la naturaleza. Habría que calmar este entusiasmo. Esta clonación no constituiría necesariamente un progreso, ya que la selección natural mejora constantemente las *performances*. El premio Nobel de medicina Francois Jacob habla en su libro titulado: *El ratón, la mosca y el hombre,* de la importancia de lo imprevisible. Si se clonara la mejor variedad en un momento preciso, se obtendría un ventaja inmediata para el conjunto, pero se impediría un progreso ulterior.

En el caso de Dolly, se ha empleado un ADN ya viejo, maltratado por la vida, el medio ambiente y los rayos cósmicos, mientras que durante un nacimiento normal con fecundación, tenemos una renovación del proceso de la vida a partir de cero que garantiza, en principio, la eliminación de las combinaciones genéticas defectuosas o dudosas. Fecundación implica competitividad.

Por el otro lado, se trata obviamente de un proceso de selección. Aquellos que se oponen a la manipulación genética ven en ella el peligro supremo, ya que se modificaría definitivamente la herencia con la transmisión a la descendencia de datos genéticos diferentes de los originales. Esto sería una verdadera "derrota del pensamiento", ya que la dignidad de la persona humana no estaría ahí, y se cambiarían los criterios para definirla.

ESTÁ EMPEZANDO UN PROCESO. La genética abre considerablemente el campo de los posibles y las perspectivas se anuncian extraordinarias, tanto como los temores. Las utilizaciones médicas no necesitan producir clones en masa; existen otras aplicaciones en el campo de la prevención. Esta evolución se ha acentuado con el desarrollo de las técnicas de la genética molecular.

¿Quién dudaría de la nobleza del motivo? La prevención es útil, es también la crónica de una vida anunciada. Así es como pasamos de algo loable a un verdadero juicio genético, y la misión de los médicos no es ser jueces de lo que es normal o no, conforme o no; su misión es de curar. La verdadera finalidad de la medicina es, ante todo, terapéutica.

Tomemos el caso de la enfermedad llamada "chorea de Huntington": ¿acaso se puede interrumpir en el huevo una vida que, durante 40 años, podría ser normal?, ¿acaso se pueden borrar 40 años de vida? El diagnóstico prenatal de la enfermedad de Alzheimer correspondería a negar 60 años de vida para evitar un fin anunciado. Así es como llegamos al diagnóstico prenatal de la muerte.

Admitir el reconocimiento, desde el principio de la vida, de las diferencias ineluctables, lleva a clasificar a los hombres según sus riesgos y a institucionalizar sus diferencias. ¿Acaso se puede vivir una existencia ya conocida?

Debemos tener conciencia de la evolución que, poco a poco, conduce a situaciones muy diferentes de aquellas que habían motivado su inicio.

Dos peligros acechan: la *deriva eugenística* y la *deriva normativa*. Este doble peligro se construye sobre el abandono del criterio de gravedad variable en medicina y el abandono del criterio de curabilidad, y consiste en escoger la supresión en lugar del tratamiento. Además, se abandona el criterio según el cual el niño debería ser tomado en su integridad y en su independencia; otros factores agravantes o atenuantes, como el nivel socio-económico o los antecedentes familiares, tendrían un papel relevante. Por fin, se abandona la noción de certidumbre diagnóstica por la sola noción de riesgo.

La tentación eugenística se acerca a la idea del exterminio, y cabe en el delirio de querer distinguir la vida biológica digna de la que es indigna. Eso autorizaría a designar aquella que tiene el derecho de expresarse y la que tiene la obligación de desaparecer.

La deriva normativa, conjugada con la deriva eugenística, plantearía una interrogante fundamental sobre la naturaleza misma que se otorga a un ser pasible de rechazo o de aceptación, en función de la calidad del patrimonio que recibe.

No hace mucho, el premio Nobel de medicina, Francis Crick, afirmó que "ningún niño recién nacido debería ser reconocido como humano antes de haber pasado un cierto número de *tests* sobre su dotación genética. Si no los pasa, pierde su derecho a la vida".

HAY QUE TENER CUIDADO. Es prácticamente imposible definir los límites entre el bien y el mal, lo normal y lo anormal, lo aceptable y lo inaceptable, el ser humano real y el ser humano potencial, la vida y la muerte. Es imposible traducir el recorrido de las conciencias, o pretender poseer la sola verdad en una sociedad donde la decisión de cada quien compromete a toda la colectividad y donde la decisión colectiva influye en cada quien.

EL ASUNTO SE REFIERE A LOS FUNDAMENTOS de la existencia. El hombre ya no es un misterio. Empujamos el misterio descubriendo los secretos.

La Iglesia invoca el motivo de sacralidad: el hombre tendería a igualarse con Dios. Pero, además de que esta condena cubre toda forma de procreación médicamente asistida, la pretensión a la divinidad es la revuelta por excelencia de lo humano. Y la actitud religiosa por excelencia es el temor a este hombre que se toma por Dios, a la vez que el temor a lo desconocido: por ahí pasa el dogma de la respetabilidad de los procesos naturales.

El dogma es viejo: sólo Dios puede crear. Atenea, madre de nuestra civilización, salió de la cabeza de Zeus armada y con su casco. La esposa de Zeus era Metis, la técnica, a quien el dios teme y a quien engulle: de ahí el dolor insoportable que sufre y que sólo puede ser curado cuando Hefesto le abre la cabeza para permitir que salga de ella la madre de todos nosotros.

La prohibición de la clonación humana nace de la religión, de cualquier religión. A pesar de las apariencias, ésta sigue presente y fuerte bajo las formas laicas. En la literatura, en el cine, usurpar el poder de Dios nos devuelve al mito del Golem o de Frankenstein.

Así que debemos reconocer que la prohibición absoluta es una posición religiosa, y aceptar que las religiones son cinturones de seguridad contra la inquietud y la angustia.

La ciencia y la técnica constituyen una revuelta contra las prohibiciones religiosas de conocer y transformar a la naturaleza, incluyendo a la naturaleza humana. Algunos mitos, milagros y utopías se realizan. Hemos violado el dogma de la intocabilidad que cubre toda intervención del hombre en los procesos fundamentales de lo vivo. Hemos cuestionado la idea de un orden de la naturaleza, hemos provocado un corto circuito en las reglas del parentesco. Detrás de esta controversia se encuentra la cuestión fundamental de la transmisión, pero ¿acaso hay que resacralizar, santuarizar la procreación humana?, ¿por qué?

Porque cuando cuestionamos las estructuras del parentesco, acabamos con la paternidad-maternidad, con la prohibición del incesto, con la Ley del Padre y del Nombre, y suprimimos el nivel simbólico que es la distancia de uno a uno mismo. A partir de esta supresión, el arte, la política, la economía, se vuelven imposibles. Lo que está en juego a través de todas estas cuestiones, es la totalidad de la construcción social, las relaciones humanas y el equilibrio sicológico del hombre.

La herencia de cada persona no es una serie de objetos: sólo se vuelve tal si se la apropia después de haber sido reconocida por la sociedad y en su historia familiar. Si perturbamos las referencias de identidad y de filiación, si perturbamos el estatus y el funcionamiento de la identidad humana, hacemos surgir un mundo posthumano. La perturbación no sólo releva de la inquietud del "doble", o de la angustia de "lo mismo". El clon no es ni el otro, ni el mismo. La relación es confusa, el reconocimiento desaparece; pero el clon sería un ser completo. Nos acercamos a la demencia.

MÁS ALLÁ DEL SUFRIMIENTO y de la enfermedad, es la idea misma de morir la que nos es insoportable. La utopía de la salud perfecta, del cuerpo inmortal, de la pureza de Adán antes de la caída, no es ciencia: es ideología. Tratamos de evitar el sufrimiento y la muerte diferida. Y nos confrontamos con la inmortalidad.

¿Quién, y en el nombre de qué, nos impediría esta interrogación sobre la vida, el sufrimiento y la muerte, que gesta nuestra dignidad humana? La vida misma, sin la noción de muerte, no tendría sentido.

¿POR QUÉ LOS MÉDICOS Y LOS CIENTÍFICOS SE HAN VUELTO HOY LOS PARARRAYOS DE LOS GRANDES DEBATES? Porque los políticos e ideólogos parecen incapaces de ofrecer un ideal de acción. El saber científico los ha desplazado como punto de referencia de los ciudadanos... Y son los mismos médicos y científicos los que se interrogan en cuanto al sentido profundo de su acción, se inquietan del poder que les confieren los progresos de la genética médica y vacilan ante el angelismo beato y el conservadurismo.

Durante mucho tiempo, las cuestiones de la ética habían quedado como subsidiarias frente a las certidumbres de la ciencia y los temores de la opinión. La ciencia puede sentir la tentación de minimizar sus propios riesgos; la opinión tiende a menudo a confundir ficción y realidad, y siente un placer casi erótico al imaginar los pequeños monstruos dóciles que la clonación podría fabricar.

Pero la cuestión del científico es complicada. Dice Jean Bernard: "Todo lo que no es científico no es ético." Esto significa que sólo puede conducirse de manera ética aquel que, en plena conciencia, tiene el sentimiento de involucrarse en una vía científica que respeta los requisitos indipensables definidos antes de él, y a los cuales debe referirse, especialmente si es para dar un paso hacia adelante.

La ética consiste en abrir un universo de valores que tomará en cuenta la libertad de cada quien y las capacidades sociotécnicas de volverlos realizables. Entonces podría pronunciarse el derecho y, después de él, lo hará el Estado. Su responsabilidad consistiría en delimitar el campo de lo permitido y de lo prohibido.

No esperemos mucho: en el debate sobre ética y genética no se vislumbra, por el momento, ninguna solución satisfactoria. Confrontado con el desafío que se lanza a sí mismo, el hombre se da cuenta de que su inteligencia lo lleva a dominar mejor su propio destino. Mientras que el asunto se limitaba a hacer funcionar un gen de insulina, de la hormona del crecimiento, o del *interferón* humano en un *colibacilo*, no existía ningún problema ético. Se trataba simplemente del desarrollo de una nueva forma de industria famacéutica.

Se pensaba que la frontera pasaba por la separación entre células somáticas y células germinales. Escribe Henri Atlan: "La terapia génica sobre células somáticas no presenta problemas éticos, porque las modificaciones del genoma no se transmiten a la descendencia. Sólo la terapia génica sobre células germinales plantea problemas serios." Pero Dolly nos mostró que aquella brecha no existe.

Más allá de la ética del riesgo ligada a las técnicas, existe también el peligro de una deriva comercial real. ¿Acaso hay que legislar? Partimos de una reflexión de fondo: parece que la extinción de una especie es un proceso que siempre ha sido ineluctable, en plazos variables, en las especies más complejas como los vertebrados. Así que no se puede excluir la hipótesis de la extinción de *Sapiens sapiens*. Constatamos la fragilidad de la especie humana, por lo que conviene protegerla por las vías jurídicas: el derecho debe encontrar nuevas formas para proteger a la persona humana.

¿Acaso serán leyes restrictivas? No cabe en el proyecto del hombre renunciar al conocimiento; renunciar es contrario al deseo de vivir. La ciencia abre territorios desconocidos: no la limitemos. El descubrimiento no puede enmarcarse; es hijo del azar. A la vez, todos los grandes descubrimientos son portadores de peligros potenciales.

Pero lo que es científico y que se presume no-terapéutico, ¿acaso podría ser ético? En todo caso, no se trata de prohibirlo y aun las restricciones leves son contrarias a la eficacia.

Una legislación sobre los programas de investigación implicaría un trabajo de aduanero científico. Las leyes están hechas para durar, no para volverse obsoletas al mismo tiempo que las técnicas. Éstas evolucionan permanentemente por lo que no deben elaborarse leyes circunstanciales, sino evitar las derivas posibles a partir de la utilización de ciertas técnicas.

Ni la técnica en tanto que técnica, ni el conocimiento en sí, deben regularse, sino su utilización. El problema compete a la sociedad en su sentido más ancho. No se trata de tomar medidas autoritarias que introducirían un orden moral. El problema actual principal está en la propiedad del genoma y su uso. Desde siempre, la frontera entre la invención y el descubrimiento ha sido frágil. En la práctica, debemos ponernos de acuerdo para dejar un *corpus* básico al conocimiento universal, que escaparía a la propiedad privada. Cada herencia sería así una parte del patrimonio común de la humanidad. Esto supone que la herencia sea inapropiable. De lo contrario, se operaría una ruptura con las vías culturales y sociales de la transmisión. Las manifestaciones de las leyes de la naturaleza son parte del patrimonio común a todos los hombres, de acceso libre para todos y reservados a cada uno. Cada quien debe apropiarse de este universo, plantearse la pregunta del paso personal al "deber-hacer", a la prohibición o al permiso, al imperativo y a la ley.

En el campo genético, en materia de propiedad intelectual, reina un vacío jurídico-legal vertiginoso, y no hemos logrado situar el centro de gravedad entre la propiedad de los derechos comerciales y la libre circulación de las ideas. Así que no hay que poner marcos a la ciencia, sino dar reglas para su aplicación. Ésta es una vía estrecha que se define por dos rechazos: ni una confianza ciega en la ciencia, ni una desconfianza sistemática.

Nos tememos a nosotros mismos; no estamos seguros de poder actuar sobre este "yo" íntimo, porque el hombre es siempre objeto de un conflicto interior entre el bien y la tentación del mal. Ésta es la complejidad de la condición humana. Siempre han habido guerras y crímenes, a la vez que nociones de justicia, de respeto y de solidaridad. Sin un mínimo de confianza en el hombre, la vida no valdría la pena de ser vivida; así que estamos condenados a confiar en él a largo plazo.

Hoy, observamos el surgimiento de un verdadero odio por el saber y una criminalización de los biólogos, a quienes se reprocha el riesgo de destruir a la humanidad. Se utiliza el sofisma del "encadenamiento fatal", cuya función es justificar la prohibición. Éste es un enunciado de un pesimismo absoluto, que impide cualquier acción y mata en el huevo la voluntad de saber. La "maestría de la maestría" es estéril, porque desemboca sobre la prohibición absoluta, que es la expresión de la desesperanza.

Cuando se plantea el principio de que la clonación humana es inaceptable y no se argumenta, se queda en la petición de principio.

La condena no es evidente y la repulsión es una reacción primaria. Debemos aceptar el riesgo de discutir sobre estas cuestiones y abrir el debate filosófico fundamental. La grandeza de la democracia consiste en permitir este debate.

El diálogo inédito entre la sociedad y la medicina suscita múltiples interrogantes que deben estar marcadas por el sello de la humildad. Existe una especie de cuadratura del círculo difícil de resolver y que pasa por la pregunta siguiente: ¿cómo progresar en el terreno de la sabiduría a la misma velocidad que en el terreno del conocimiento?

El punto de referencia serán los derechos humanos. La igualdad de todos ante las diferencias genéticas sería el corazón de este nuevo contrato social, y los conocimientos científicos sólo deberán ser utilizados para servir a la dignidad, la integridad y el futuro del hombre; pero nadie puede impedir su adquisición. Este compromiso sería la expresión del sobresalto ético y democrático que necesitamos.

Epílogo

Hace no mucho, alguien me preguntó si los enigmas de la ciencia constituyen en sí mismos preguntas filosóficas por resolver. La respuesta es que, más allá de lo desconocido por la ciencia, existe un desconocible que es inherente a las leyes del universo pero inaccesible a la observación humana. Todas las culturas, en todas las épocas, han sido habitadas por el deseo de saberlo todo. La nuestra más que las otras. Pero esta carrera desenfrenada hacia el conocimiento choca contra muros de ignorancia, de lo incognoscible, de lo incomprensible. El más infranqueable es quizá aquel mismo que constituye el límite del entendimiento humano, que no nos permite saber con certidumbre si lo que sabemos es verdadero o solamente probable, y si no tenemos, en el fondo de nuestro inconsciente, algunas ideas sobre lo que creíamos ignorar. Más que establecer el catálogo sin fin de los misterios que la ciencia no ha elucidado, prefiero tratar de situar las fronteras que separan el saber de la ignorancia; lo que supone un cuestionamiento de los conocimientos incontestados y la búsqeda de saberes inconscientes; revisar las certidumbres introduciendo la duda en los espíritus, sacudir saberes pretendidamente seguros, perseguir las falsas creencias, los prejuicios, la intolerancia inherente a la ignorancia, develar lo que sabemos sin saberlo, esta parte inconsciente de la memoria que confiere al espíritu humano su superioridad sobre la inteligencia artificial de la máquina más poderosa... De todo esto, la ciencia no sabe gran cosa y nuestro lenguaje mismo no permite expresarlo. ¿Acaso podemos saberlo todo? ¿Acaso debemos saberlo todo?

Además, el conocimiento evoluciona en función de la historia y de los instrumentos de reflexión que vuelven todo conocimiento provisional. Pero las ideas viejas siguen clavadas en los espíritus. El sol "se pone": hace mucho tiempo ya

que sabemos que no es cierto, pero las palabras que reflejaban la visión del mundo de una época lejana se han quedado. ¿Quién se acuerda todavía que tener "mal humor" es
una expresión médica del tiempo en que se creía que los
humores negros llenaban el cuerpo y lo enfermaban? Nuestra lengua guarda la huella de todas las falsas verdades que
han marcado la evolución del conocimiento, y se enriquece
de palabras nuevas. Pero conocer una palabra no basta para
adquirir su sentido. Con las palabras nos apropiamos de la
ilusión de un saber; esto es peligroso y más aún cuando el
conocimiento científico nos ha acostumbrado a las certidumbres y cuando los descubrimientos pasan inmediatamente
al conocimiento público, por medio de la prensa. Este saber
sólo es provisional. Cada nuevo descubrimiento revela una
ignorancia. Los científicos se plantean preguntas que sus predecesores no han imaginado y cuestionan saberes pretendidamente adquiridos. Los descubrimientos se encadenan
a gran velocidad, revelando más y más complejidad, es decir,
más y más incomprensión. Las verdaderas cuestiones están
aún por preguntarse. Sin embargo, cada revolución científica da la impresión de que se ha alcanzado el término del
saber. En materia de conocimiento, el hombre tiene el culto del punto final. Ve en cada gran descubrimiento un paso
hacia la certidumbre: Edgar Morin llama a eso "un embarazo sicológico". El descubrimiento choca con la tradición.
Un descubrimiento sólo se transforma en "saber", cuando
la sociedad está lista para recibirlo como tal. Es peligroso
creer en las certidumbres. Por otro lado, hay un saber inconsciente que es la esencia misma de la naturaleza humana: "Si sabes que esto es una mano, entonces te otorgamos
todo lo demás", escribe Ludwig Wittgenstein en el preámbulo de su libro titulado *De la certidumbre*.

La ciencia jamás tendrá respuesta a todo y sus progresos
nos revelan una ignorancia que ninguna revolución tecnológica podrá reducir. El progreso de las tecnologías y de los
métodos de análisis permite ya afirmar que existe, más allá de
lo desconocido, un desconocible que escapará siempre a la
exploración humana, en razón misma de las leyes que rigen
el universo. Más allá de nuestra incapacidad para aprehen

der el universo en tiempo real, su exploración choca contra un muro infranqueable que los científicos llaman la "esfera de causalidad". Este muro nos impide observar el universo en su conjunto. La geometría del universo evoluciona en el transcurso del tiempo. El universo es incognoscible en su conjunto, no por causa del estado actual de nuestra tecnología, sino por causa de las leyes de la naturaleza. El universo es enigmático y el futuro imprevisible. La evolución de todo sistema complejo es caótica. Uno de los últimos muros infranqueables que hemos descubierto se encuentra a la escala infinitamente pequeña de las partículas subatómicas. Además, las ciencias sólo explican el cómo de la vida, sin jamás aclarar el porqué. Frente a este desconocido, la duda o la fe siguen siendo las únicas respuestas humanamente posibles. ¿Cuál es nuestra razón de ser?, ¿acaso hay una razón para que estemos aquí, si sabemos que la vida no tiene un papel particular en las leyes fundamentales del universo, que han llevado sin embargo a su aparición? La ciencia no tiene respuesta a nuestras interrogantes angustiadas. Hay que admitir que no sabemos, y la filosofía, hija de la ignorancia, nos ha enseñado, desde Sócrates, a encontrar en estas interrogantes la expresión más pura de la razón. Aun si supiéramos redibujar los primeros instantes del universo, aun si comprendiéramos cómo se ha organizado la materia, la cuestión de ¿por qué hay algo en lugar de nada?[1] sigue sin respuesta. El misterio de la vida, el misterio de la muerte, el misterio de la conciencia siguen siendo unos legajos sobre los cuales la humanidad, desde el principio de su historia, no ha avanzado realmente.

Por supuesto, la manera de formular las cuestiones es diferente. El hecho de saber que la humanidad tiene unos cinco millones de años ha dado un golpe al viejo mito creacionista. Tomar conciencia de que la Tierra no es más que un planeta banal en los suburbios de una galaxia banal, en un rincón banal del universo, ha dado un golpe a nuestra visión ombliguista del mundo. Tomando en cuenta nuestra posición geográfica, ya no somos el centro de las preocupaciones del Creador. La interpretación de los grandes mitos fundadores en el origen de las religiones ha tenido que ser revisada a medida que avanzaban nuestros conocimientos. Cuando Einstein dijo: "Dios no juega a los dados", para refutar la parte de lo desconocido que involucra la física cuántica, es porque no podía admitir que esta física, que muestra que el universo es imprevisible por esencia, implica que el Creador mismo —si es que existe—, no puede conocer el destino del universo que ha creado. Sin embargo, la física cuántica no dice nada sobre la existencia de Dios; simplemente cuestiona su omnisciencia. La cuestión de Dios, que resume finalmente todas nuestras cuestiones metafísicas, no es del dominio del saber. Los investigadores se abocan al cómo, buscan responder al qué, pero se callan ante el porqué. Las teorías científicas explican la evolución de lo viviente. Ninguna puede dar una explicación sobre su finalidad. Esto está fuera del campo del conocimiento y nada puede informar o confirmar el interés o la necesidad de creer.

ÍNDICE